Lehr- und Handbücher der Statistik

Herausgegeben von
Universitätsprofessor Dr. Rainer Schlittgen

Bisher erschienene Werke:

Böhning, Allgemeine Epidemiologie
Caspary · Wichmann, Lineare Modelle
Chatterjee · Price (Übers. Lorenzen), Praxis der Regressionsanalyse, 2. Auflage
Degen · Lorscheid, Statistik-Aufgabensammlung, 3. Auflage
Harvey (Übers. Untiedt), Ökonometrische Analyse von Zeitreihen, 2. Auflage
Harvey (Übers. Untiedt), Zeitreihenmodelle, 2. Auflage
Heiler · Michels, Deskriptive und Explorative Datenanalyse
Miller (Übers. Schlittgen), Grundlagen der Angewandten Statistik
Naeve, Stochastik für Informatik
Oerthel · Tuschl, Statistische Datenanalyse mit dem Programmpaket SAS
Pokropp, Lineare Regression und Varianzanalyse
Rasch · Herrendörfer u.a., Verfahrensbibliothek, Band I und Band 2
Rinne, Wirtschafts- und Bevölkerungsstatistik, 2. Auflage
Rüger, Induktive Statistik, 3. Auflage
Schlittgen, Statistik, 8. Auflage
Schlittgen, Statistische Inferenz
Schlittgen · Streitberg, Zeitreihenanalyse, 7. Auflage

Fachgebiet Biometrie

Herausgegeben von Dr. Rolf Lorenz

Bisher erschienen:
Bock, Bestimmung des Stichprobenumfangs
Brunner · Langer, Nichtparametrische Analyse longitudinaler Daten

Nichtparametrische Analyse longitudinaler Daten

Von
Universitätsprofessor
Dr. Edgar Brunner
und
Dr. Frank Langer
Universität Göttingen

R. Oldenbourg Verlag München Wien

Die Deutsche Bibliothek - CIP-Einheitsaufnahme

Brunner, Edgar:
Nichtparametrische Analyse longitudinaler Daten / von Edgar Brunner und Frank Langer. – München ; Wien : Oldenbourg, 1999
(Lehr- und Handbücher der Statistik : Fachgebiet Biometrie)
ISBN 3-486-24915-0

Rosenheimer Straße 145, D-81671 München
Telefon: (089) 45051-0, Internet: http://www.oldenbourg.de

Gedruckt auf säure- und chlorfreiem Papier
Gesamtherstellung: WB-Druck, Rieden

ISBN 3-486-24915-0

Vorwort

Longitudinale Daten sind solche Daten, die an denselben Individuen über die Zeit erhoben werden. In biologischen Wissenschaften fallen immer dann longitudinale Daten an, wenn das Verhalten von Individuen über die Zeit von Interesse ist. Seitens der Anwender besteht ein sehr großer Bedarf an adäquaten Verfahren zur Auswertung solcher Daten.

So sind denn in den letzten Jahrzehnten zahlreiche Modelle entwickelt worden, in denen die interessierenden Behandlungs- und Zeiteffekte über Parameter beschrieben werden, die entweder natürliche Parameter von speziellen Verteilungen sind (parametrische Modelle) oder als Lokationsparameter einer bestimmten Klasse von Verteilungen definiert sind (semi-parametrische Modelle). Eine zusätzliche Modellierung der Abhängigkeit über die Zeit führt schließlich zu einer Fülle von Modellen, die der reine Anwender kaum noch zu überblicken vermag. Insbesondere erhebt sich die Frage, wie robust die auf den entsprechenden Verfahren beruhenden Schätzungen und Entscheidungen gegenüber Abweichungen von den Modellannahmen sind.

Daher hat man in den letzten Jahren versucht, Verfahren zu entwickeln, bei denen nur triviale Modellannhmen benötigt werden. Hierbei ist im wesentlichen die dem bekannten WILCOXON-MANN-WHITNEY-Test zugrundeliegende Idee aufgegriffen worden, nämlich die Untersuchung der Wahrscheinlichkeit für ein besseres bzw. schlechteres Versuchsergebnis (relative Behandlungseffekte). Zur Entwicklung von entsprechenden Verfahren waren mehrere Schritte nötig - und müssen sicher noch weitere gemacht werden. Zum einen mußten sinnvolle Effekte und Hypothesen in Versuchsanlagen mit longitudinalen Daten formuliert werden, für die sich dann auch überschaubare Verfahren entwickeln ließen. Weiterhin mußte bei der Herleitung der Resultate darauf geachtet werden, daß alle Ergebnisse für beliebig unstetige Verteilungen gültig sind, um auch Bindungen, Zähldaten und sogar rein ordinale Daten mit den Verfahren behandeln zu können. Ferner sollten die theoretischen Resultate technisch soweit entwickelt werden, daß auch der Fall fehlender Werte und singuläre Kovarianzmatrizen berücksichtigt sind.

Ein weiterer, für die Anwendung sehr wichtiger Gesichtspunkt ist das Verhalten der Verfahren für kleine Stichprobenumfänge. Diesem Gesichtspunkt ist unserer Meinung nach bei der Entwicklung der (semi-)parametrischen Modelle viel zu wenig Aufmerksamkeit geschenkt worden. Hier mußten Statistiken untersucht werden, deren Verteilungen für kleine Stichprobenumfänge mit hinreichender Genauigkeit approximiert werden konnten.

Bei diesem Stand der Entwicklung hielten wir es für angemessen, die Ergebnisse in Form eines Buches zusammenzustellen, um dem Anwender die Möglichkeit zu geben, diese Verfahren in der Praxis zu erproben. Wir haben dabei versucht, die einzelnen Versuchsanlagen durch zahlreiche Beispiele aus der biometrischen Praxis zu motivieren. Die Beispiele stammen aus der Human- und Veterinärmedizin, der Pharmakologie und der Forstwissenschaft und sind in der Einleitung zusammengestellt. Anhand dieser Beispiele werden dann systematisch Modelle vorgestellt und Auswertungsverfahren beschrieben.

Der an der reinen Anwendung interessierte Leser wird so mithilfe der Beispiele durch das Buch begleitet und kann sich die Modellbildung, Auswertung, Interpretation und die Darstellung der Ergebnisse und betrachteten Effekte anhand der ihn interessierenden Beispiele erarbeiten. Die dazu benötigten Begriffe sind in Form von Definitionen und Modellen zusammengestellt. Die Beobachtungen und Verteilungsfunktionen jeder Versuchsanlage sind in entsprechenden Schemata anschauliche dargestellt.

Darüberhinaus werden auch die Grundlagen der vorgestellten Verfahren für den theoretisch interessierten Leser beschrieben. Wir haben uns bemüht, den dafür notwendigen mathematischen Formalismus so gering wie möglich zu halten und entsprechend zu erklären, setzen jedoch ein Minimum an Kenntnissen der Matrizenrechnung voraus. Diesbezüglich sei auf die Bücher von SEARLE (1966), BASILEVSKY (1983) sowie SCHMIDT und TRENKLER (1998) verwiesen.

Somit richtet sich das Buch sowohl an Statistiker und Biometriker in der Praxis als auch an die Anwender, die sich mit den Auswertungsverfahren ihrer Daten und der näheren Beschreibung dieser Methoden beschäftigen möchten.

Zur Durchführung der umfangreichen Rechnungen werden Makros in SAS-IML zur Verfügung gestellt, deren Handhabung in dem jeweiligen Kapitel beschrieben ist, in dem die betreffende Versuchsanlage diskutiert wird. Eine Übersicht über die vorhandenen Makros mit der Internet-Adresse, über die sie abgerufen werden können, findet man in Kapitel 6. Damit soll dem reinen Anwender die Möglichkeit geboten werden, seine Daten auszuwerten, wobei die Erläuterung der Rechnungen und Interpretationsmöglichkeiten der Ergebnisse dem jeweiligen Kapitel und den dort diskutierten Beispielen zu entnehmen sind.

Dem Herausgeber, Herrn Dr. Rolf J. Lorenz, sowie dem Herausgeber der gesamten Reihe STATISTIK, Herrn Prof. Dr. Rainer Schlittgen möchten wir für die Aufnahme dieses Buches in die Reihe BIOMETRIE sowie für ihre Unterstützung und zahlreiche nützliche Struktur- und Verbesserungsvorschläge danken.

Nicht vergessen möchten wir die Kollegen und Mitarbeiter, ohne deren Hilfe und Geduld dieses Buch nicht zustande gekommen wäre. Für die Konzeption und Programmierung der Makros, für die Durchrechnung der Beispiele und die mühevolle Erstellung der Graphiken sowie für zahlreiche inhaltliche und formale Verbesserungsvorschläge bedanken wir uns bei Steffen Ballerstedt, Arne Bathke, Sebastian Domhof, Bettina Kulle, Matthias Land, Ullrich Munzel, Andreas Oelerich, Annette Pfahlberg, Lars Pralle und Michael von Somnitz.

Unser besonderer Dank gilt der Deutschen Forschungsgemeinschaft für die großzügige Unterstützung des Projektes Br-655/11, in dem die methodischen Grundlagen für dieses Buch erarbeitet wurden.

Wir würden uns freuen, wenn wir mit diesem Buch dem Anwender einige Anregungen zur Auswertung seiner Daten geben könnten und sind jederzeit für Verbesserungsvorschläge dankbar.

Edgar Brunner
Frank Langer

Danksagung

Zu großem Dank verpflichtet sind wir einer Reihe von Kollegen aus der Human- und Veterinärmedizin, Biologie, Chemie, Pharmakologie und Forstwissenschaft, die in zahlreichen Diskussionen die Beispiele mit uns erörtert und freundlicherweise die Originaldaten zur Verfügung gestellt haben. Die betreffenden Kollegen sind nachfolgend bei den einzelnen Beispielen genannt.

1. Beispiele 1.3.1 (Panik-Skala-Studie I), 1.3.2 (Panik-Skala-Studie II) und Beispiel 1.3.12 (Kortisol-Konzentration im Plasma): Prof. Dr. E. Rüther, PD Dr. B. Bandelow (Psychiatrische Klinik der Universität Göttingen) und Dr. A. Broocks (Psychiatrische Klinik der Universität Lübeck).

   LITERATUR:

   1\. Bandelow, B, Brunner, E, Broocks, A, Beinroth, D, Hajak, G, Pralle, L, Rüther, E. The use of the Panic and Agoraphobia Scale in a clinical trial. Psychiatry Research 1998;77:43–49.

   2\. Broocks A, Meyer TF, Butterbrodt P, Gleiter C, Bartmann U, Rüther E: Effect of training withdrawel on serotonergic responsiveness in marathon runners. (Submitted to: Int. Clin. Psychopharmacol. 1998).

2. Beispiele 1.3.3 (Water-Maze-Test), 1.3.7 (γ-GT-Studie) und 1.3.8 (Gewichtsentwicklung von Wistar-Ratten): Firma Schaper & Brümmer, Salzgitter-Ringelheim.

3. Beispiel 1.3.4 (α-Amylase-Studie): Prof. Dr. W. Steiner und Dr. C. Arglebe (HNO-Klinik der Universität Göttingen).

   LITERATUR:

   Mischkowski, M.: Circadiane Rhythmik ausgewählter Speichelparameter. Med. Diss., Göttingen, 1993.

4. Beispiel 1.3.5 (Asthma-Studie): Prof. Dr. S. Senn (Dept. of Statistical Science, University College London). Er hat uns freundlicherweise gestattet, die Originaldaten zu dieser Studie aus seinem Buch *Cross-over Trials in Clinical Research*, (Wiley, 1993) zu kopieren und mit den hier vorgestellten nichtparametrischen Verfahren zu analysieren.

5. Beispiel 1.3.6 (Schulter-Schmerz-Studie): Dr. T. Lumley und Internat. Biometric Society. Die Daten dieser Studie sind dem Artikel von T. Lumley, 'Generalized estimating equations for ordinal data: A note on working correlation structures', *Biometrics* **52**, (1996), p. 354–361, entnommen. Die Reproduktion der Daten zu diesem Beispiel wurde uns freundlicherweise genehmigt.

6. Beispiel 1.3.9 (Plasma-Renin-Aktivität): Prof. Dr. C. Gleiter (Abt. Klinische Pharmakologie der Universität Göttingen).

LITERATUR:

Gleiter, C.H., Becker, T., Schreeb, K.H., Freudenthaler, S., Gundert-Remy, U. 'Fenoterol but not dobutamine increases erythropoietin production in humans. *Clin. Pharmacol. & Therap.*, **61**, (1997), 669–676.

7. Beispiel 1.3.10 (Stammzell-Konzentrat-Studie): Prof. Dr. M. Köhler und Dr. A. Humpe (Abt. Transfusionsmedizin der Universität Göttingen).

   LITERATUR:

   Humpe, A., Riggert, J.,Vehmeyer, K., Troff, C., Hiddemann, W., Köhler, M., Wörmann, B. (1997). 'Comparison of $CD34^+$ cell numbers and colony growth before and after cryopreservation of peripheral blood progenitor and stem cell harvests: influence of prior chemotherapy', *Transfusion*, **37**, 1050–1057.

8. Beispiel 1.3.11 (Fichtenwald-Dachprojekt im Solling): Prof. Dr. B. von Lüpke und PD Dr. A. Dohrenbusch (Institut für Waldbau I der Universität Göttingen) für die Daten der Kronenvitalität, Prof. Dr. F. Beese und Dr. N. Lamersdorf (Institut für Bodenkunde und Waldernährung der Universität Göttingen) für die Daten der SO_4-Konzentration im Boden.

   LITERATUR:

   1. Bredemeier, M., Dohrenbusch, A., Murach, D. (1995). 'Response of soil water chemistry and fine roots to clean rain in a Norway spruce (*Picea abies Karst.*) forest ecosystem at Solling, FRG', *Water, Air and Soil Pollution*, **85**, 1605–1611.

   2. Dohrenbusch, A. (1996). 'Das Dachprojekt - Ein Versuch, die Auswirkungen und Wirkungsmechanismen von Umweltveränderungen auf Waldökosysteme zu verstehen', *Tagungsbericht der Jahrestagung des Deutschen Verbandes Forstlicher Forschunganstalten / Sektion Waldbau, Schopfheim-Wiechs, 17-19. September*, 21–29.

   3. Bredemeier, M., Black, K., Dohrenbusch, A., Lamersdorf, N., Meyer, A.C., Murach, D., Parth, A., Xu, Y.-J. (1998). 'The Solling roof project – site characteristics, experiments and results', *Forest Ecology and Management*, **101**, 281–293.

Inhaltsverzeichnis

1 Einleitung

1.1 Motivation

Wenn bei den Beobachtungseinheiten einer Studie dieselbe Meßgröße zu verschiedenen Zeitpunkten wiederholt beobachtet wird, bezeichnet man diese Daten als *longitudinale Daten.* Die *Beobachtungseinheiten* - oft auch als *Subjects* oder *Individuen* bezeichnet - können hierbei irgendwelche biologischen Individuen sein, wie z.B. Zellkulturen, Pflanzen, Versuchstiere, Probanden oder Patienten. Die Daten von verschiedenen Beobachtungseinheiten werden typischerweise als unabhängig angenommen, während Daten von derselben Beobachtungseinheit mehr oder weniger voneinander abhängig sein können. Infolge dieser Abhängigkeit ist die Auswertung und Interpretation solcher Studien erheblich komplizierter als bei den einfachen Versuchsanlagen mit unabhängigen Beobachtungen. Allein die möglichen Fragestellungen für solch komplexe Versuchsanlagen sind bereits sehr vielfältig. So kann z.B. die Modellierung des zeitlichen Verlaufs bei longitudinalen Daten interessieren oder die Identifizierung und Beschreibung von saisonalen Komponenten oder circadianen Rhythmen ist von Interesse; auch die Extrapolation des Verlaufs über den beobachteten Zeitraum hinaus ist eine Fragestellung, die auf der Hand liegt. Diese typische Problematik wird bei den sogenannten *Wachstumskurven* untersucht (siehe z.B. das Buch von KSHIRSAGAR und SMITH 1995).

Ein weiterer Fragenkomplex beschäftigt sich mit der Beurteilung des zeitlichen Verlaufs von medizinischen Behandlungsverfahren oder dem Vergleich zeitlicher Verläufe von verschiedenen Behandlungsverfahren. Hierbei ist der Begriff *Behandlungsverfahren* in einem abstrakten Sinn zu verstehen. Unter Behandlungsverfahren kann man sowohl eine Behandlung im klassischen Sinne mit verschiedenen Substanzen (z. B. Verum oder Placebo) verstehen als auch eine natürliche oder experimentell beabsichtigte Gruppierung oder Schichtung von Beobachtungseinheiten, wie z.B. eine Einteilung in 'männlich / weiblich', 'leichte / mittlere /schwere Fälle' oder eine Berücksichtigung verschiedener Erkrankungstypen. Die einzelnen Zeitpunkte bilden dabei die Stufen eines festen (zeitlichen) Faktors.

ZEGER und LIANG (1992) geben einen ausgezeichneten Überblick über verschiedene Methoden der Analyse longitudinaler Daten und vergleichen insbesodere die Aussagefähigkeit und Effizienz von longitudinalen Versuchsanlagen und von Studien, bei denen die Daten nur zu einem Zeitpunkt vorhanden sind (*Querschnittsstudien*). Für longitudinale Versuchsanlagen ist eine Reihe von Auswertungsverfahren, die spezielle parametrische oder semi-parametrische Modelle voraussetzen, in dem Buch von DIGGLE, LIANG und ZEGER (1994) ausführlich beschrieben. Die große Anzahl dieser Verfahren kommt zum einen dadurch zustande, daß Modelle mit verschiedenen Abhängigkeitsstrukturen betrachtet werden; zum anderen werden für verschiedene Datentypen diverse parametrische oder semi-parametrische Modelle aufgestellt. Modelle lassen sich für normalverteilte Daten aufstellen, für nicht-normalverteilte Daten mit stetigen Verteilungen, für metrische Daten mit diskreten Verteilungen (z.B. Zähldaten), für rein ordinale Daten (geordnete kategoriale Daten) und für dichotome Daten (Bernoulli-Verteilung). Der erfahrene Anwender wird sich sicher fragen, wie robust diese Verfahren gegen Abweichungen von den Modellannahmen sind. Hierbei steht nicht die Annahme der Normalverteilung im Vordergrund, sondern eher die Annahme eines *verallgemeinerten linearen* Modells und innerhalb dieser allgemeinen Modellklasse weitere Annahmen für spezielle Modelle. Die Frage der Robustheit der Verfahren gegenüber Abweichungen von diesen Annahmen ist nur schwer zu klären, da sich nur wenige, ebenso einschränkende alternative Modelle anbieten. Hinzu kommt die Schwierigkeit, daß für die meisten Modelle nur asymptotische Verfahren existieren und brauchbare Approximationen für kleine oder nur schon mittlere Stichprobenumfänge fehlen.

Daher erscheint es nicht nur wünschenswert, sondern auch notwendig, Modelle zu untersuchen und entsprechende Verfahren zu entwickeln, die sehr allgemein sind, mit nur wenigen - möglichst trivialen - Annahmen auskommen und auf stetige, diskrete und rein ordinale Daten gleichzeitig anwendbar sind. Mit dieser Zielrichtung ist in den letzten Jahren eine Reihe von Verfahren entwickelt worden, die zur Beschreibung der Effekte und Hypothesen nur die den Daten zugrundeliegenden Verteilungsfunktionen benötigen. Diese Verfahren haben folgende Eigenschaften:

1. Es werden keine speziellen Modellannahmen benötigt,
2. sie sind anwendbar für beliebige Datentypen (stetig, diskret, rein ordinal und dichotom),
3. sie sind robust gegen Ausreißer,
4. die Ergebnisse sind invariant unter beliebigen (streng) monotonen Transformationen der Daten,
5. es können auch Versuchsanlagen ausgerwertet werden, bei denen Meßwerte fehlen ,
6. es ist auch der Fall fehlender Variabilität in den einzelnen Versuchsgruppen zugelassen,
7. es existieren gute, z.T. sogar sehr gute Approximationen für kleine Stichprobenumfänge.

Es ist das Ziel dieses Buches, dem Anwender diese Verfahren zu beschreiben, die zugrundeliegenden Ideen näher zu erläutern und anhand von Beispielen die Anwendung und Interpretation zu demonstrieren.

1.2 Gliederung des Buches

Im folgenden Abschnitt werden einige Beispiele beschrieben, anhand derer typische Fragestellungen für longitudinale Daten erklärt werden sollen. Bei jedem Beispiel ist angegeben, in welchem Abschnitt die Auswertung zu finden ist. Die Originaldaten zu diesen Beispielen sind in Kapitel 13 abgedruckt.

In Kapitel 2 werden dann zu diesen Beispielen passende Modelle entwickelt und systematisch dargestellt. Zur Aufstellung dieser Modelle wird nur die Information verwendet, welche Beobachtungen unabhängig sind und welche (z.B. über die Zeit) abhängig sein können. Zur weiteren Beschreibung der Versuchsanlage werden nur die Verteilungsfunktionen verwendet, die den Beobachtungen zugrunde liegen.

Für diese nichtparametrischen Modelle werden in Kapitel 3 Effekte definiert, die den Erfolg einer Behandlung oder den Einfluß der Zeit anschaulich beschreiben und mit deren Hilfe die Versuchsergebnisse graphisch dargestellt werden können. Wir halten den Gesichtspunkt der anschaulichen Beschreibung der Versuchsergebnisse für besonders wichtig. Bei der Verwendung nichtparametrischer Methoden ist hierauf bisher zu wenig Wert gelegt worden. Die Formulierung von nichtparametrischen Hypothesen und deren Interpretation wird ausführlich in Abschnitt 3.2 behandelt.

Für die in Kapitel 3 diskutierten relativen Effekte werden in Kapitel 4 Schätzer hergeleitet, die mithilfe von Mittelrängen der Beobachtungen einfach berechnet werden können. In Kapitel 5 werden dann in abstrakter Form verschiedene Teststatistiken für die nichtparametrischen Hypothesen beschrieben und ihre asymptotische Verteilung angegeben. Die wesentlichen Resultate sind in Form von Lemmata, Propositionen und Sätzen zusammengestellt. Die speziellen Verfahren in den Kapiteln 7 - 11 lassen sich unmittelbar als Spezialfälle aus diesen allgemeinen Resultaten herleiten. Zur Berechnung der in Kapitel 5 beschriebenen Statistiken werden in Kapitel 6 Makros in SAS-IML beschrieben. Dabei haben wir der Übersicht halber nicht ein 'Super-Makro' entwickelt, sondern für jede Versuchsanlage wird ein separates Makro zur Verfügung gestellt, dessen Name dem in Kapitel 2 beschriebenen Modell entspricht.

Versuchsanlagen für eine homogenen Gruppe von Individuen werden in Kapitel 7 behandelt, wobei auch das Problem fehlender Werte und singulärer Kovarianzmatrizen angesprochen wird. Verfahren für mehrere Gruppen von Individuen sind in Kapitel 8 angegeben. Dabei wird auch speziell die 2-Perioden Cross-Over-Versuchsanlage behandelt. Abhängige Meßwiederholungen werden in Kapitel 9 diskutiert. Die allgemeine Technik zur Behandlung höher-faktorieller Versuchsanlagen wird in Kapitel 10 beschrieben und die Formulierung entsprechender Hypothesen wird algorithmisch mit Matrizentechniken dargestellt. Schließlich werden in Kapitel 11 einige einfache Lösungsvorschläge für zahlreiche Meßzeitpunkte kurz diskutiert. Eine kurze Darstellung noch offener Fragen bringt Kapitel 12 zusammen mit einem Ausblick auf weitere Probleme, die zur Zeit bearbeitet werden. Nach den Originaldaten, die in Kapitel 13 abgedruckt sind, folgen die Ausdrucke der in Kapitel 6 beschriebenen SAS-Makros. Eine Auflistung der im Buch verwendeten Abkürzungen und Symbole befindet sich am Ende des Buches vor dem Literaturverzeichnis.

Den nur an der reinen Anwendung interessierten Leser wird empfohlen, sich anhand der Beispiele in Abschnitt 1.3 und den entsprechenden Versuchsanlagen in Abschnitt 2.2.4 die ihn interessierenden Verfahren mithilfe der zahlreichen Querverweise auf Auswertung, graphische Darstellung und Interpretation zu erarbeiten.

1.3 Beispiele

1.3.1 Panik-Skala-Studie I

16 Patienten mit Panikstörung und Agoraphobie (PDA) wurden 8 Wochen lang mit dem Antidepressivum Imipramin behandelt. Zu 5 Zeitpunkten (0= Baseline, 2=nach 2 Wochen, 4=nach 4 Wochen, 6=nach 6 Wochen und 8=nach 8 Wochen) wurde die Clinical Global Impression (CGI) auf einer Skala mit diskreten Scores von 2 bis 8 gemessen (2 = nicht krank bis 8 = extrem schwer krank).

Diese Studie ist eine Untergruppe zu einer Panik-Studie, die hier aus didaktischen Gründen in zwei Teilen (Panik-Skala-Studie I und II) dargestellt wird. Die Abbildung 1.1 gibt die Verläufe der beobachteten Scores für die 16 Patienten sowie die Box-Plots in den beobachteten Wochen wieder.

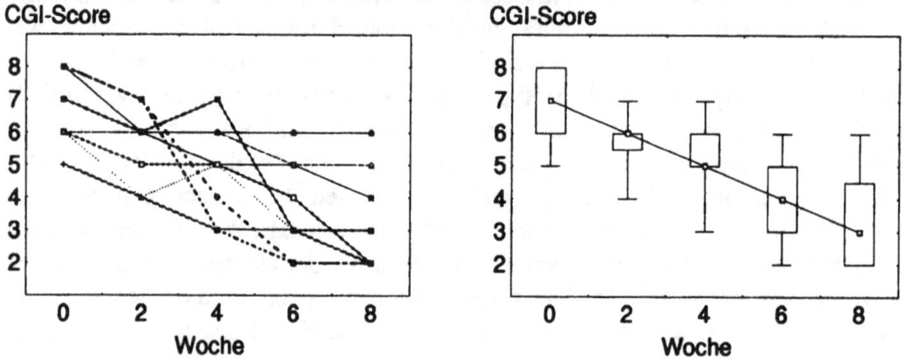

Abbildung 1.1 *Verläufe der CGI-Scores für die 16 Patienten und die entsprechenden Box-Plots (Maximum, Minimum, Quartile, Median). Man beachte, daß sich die Verlaufskurven für manche Patienten ganz oder teilsweise decken und daher nicht alle 16 Patienten in der Graphik zu unterscheiden sind.*

Zunächst ist anzumerken, daß hier rein ordinale Daten (Score-Werte) beobachtet wurden. Es macht also keinen Sinn, Summen oder Differenzen von diesen Scores zu bilden - insbesondere keine Differenzen zu den Baseline-Werten. In diesem Fall würden die Ergebnisse von den willkürlich gewählten Werten $2, 3, \ldots, 8$ der CGI-Skala abhängen. Typischerweise sollten die Ergebnisse einer Auswertung bei ordinalen Daten nicht von der willkürlich gewählten Ordinal-Skala abhängen, d.h. sie sollten invariant unter monotonen Transformationen der Skala sein.

Eine typische Fragestellung solcher Verlaufskurven für eine homogene Gruppe von Individuen ist, ob die Messwerte (hier der CGI-Score) während der 8 Wochen 'bei den Patienten gleich bleiben' oder ob sie abfallen. Hier ist zunächst ein Verfahren gesucht, welches die Frage der Gleichheit gegen beliebige Alternativen untersucht. Genauer betrachtet, ist die Klasse der Alternativen durch die Frage nach einem *abfallenden Trend* näher spezifiziert. Ein abfallender Trend ist ein Spezialfall eines *gemusterten Trends*. Andere Beispiele für gemusterte Trends sind ein *ansteigender Trend*, ein *Regenschirm-Trend* oder ein *U-förmiger Trend*. Für diese Fälle sind Verfahren gesucht, welche die Frage der Gleichheit untersuchen und dabei für ein bestimmtes vermutetes Trendmuster besonders empfindlich sind.

Die Auswertung findet man in Abschnitt 7.2.2 in Tabelle 7.2 (Seite 80) und Tabelle 7.4 (Seite 82), die Originaldaten in Abschnitt 13.1.

1.3.2 Panik-Skala-Studie II

37 Patienten mit Panikstörung und *mit / ohne* Agoraphobie (PDA) wurden acht Wochen lang mit dem Antidepressivum Imipramin behandelt. Zu fünf Zeitpunkten (0=Baseline, 2=nach 2 Wochen, 4=nach 4 Wochen, 6=nach 6 Wochen, 8=nach 8 Wochen) wurde der Schweregrad der Panikstörung anhand der neuen *P&A*-Skala (Bandelow 1995, 1997) beurteilt, bei der diskrete Punktwerte von 0 bis 52 vergeben werden. Ziel der Studie war es u.a. festzustellen, ob die Verbesserung auf der *P&A*-Skala für die Patienten mit Agoraphobie anders war als für die Patienten ohne Agoraphobie. Die Abbildung 1.2 gibt die Verläufe der beobachteten Scores für die 13 Patienten ohne Agoraphobie und die 24 Patienten mit Agoraphobie sowie die entsprechenden Box-Plots wieder.

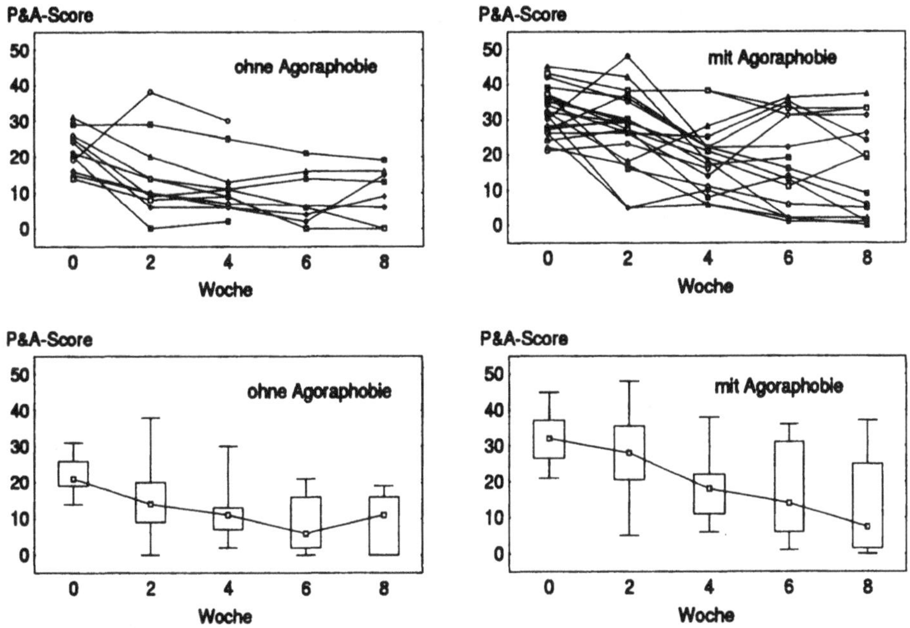

Abbildung 1.2 *Verläufe der P&A-Scores für die Patienten ohne (links) und mit Agoraphobie (rechts); darunter die Box-Plots (Maximum, Minimum, Quartile, Median). Man beachte, daß sich die Verlaufskurven für manche Patienten ganz oder teilweise decken und daher nicht alle Patienten in den Graphiken zu unterscheiden sind.*

Diese Studie enthält die Verlaufsdaten einer inhomogenen Gruppe von Patienten, die nach Patienten *mit* bzw. *ohne* Agoraphobie geschichtet ist. Natürlich sind auch Versuchsanlagen mit mehr als zwei Schichtungskriterien möglich. Bei solchen Versuchsanlagen gibt es mehrere typische Fragestellungen. Zum einen interessiert die Frage, ob die auf der $P\&A$-Skala gemessene Panik-Störung für die beiden Gruppen von Patienten 'insgesamt', d.h. ohne Berücksichtigung der einzelnen Zeitpunkte, unterschiedlich ist.

Eine weitere Frage ist, ob die Panik-Scores ohne Berücksichtigung der Einteilung der Patienten in zwei Gruppen während der acht Wochen gleich bleiben oder ob sie abfallen. Etwas differenzierter ist die Frage, ob die Panik-Scores für beide Gruppen während der acht Wochen gleich bleiben oder z.B. abfallen. Im wesentlichn ist es jedoch von Interesse zu klären, ob der Verlauf der Panik-Scores für die beiden Gruppen derselbe ist oder ob es unterschiedliche Verläufe gibt. Im Sinne der klassischen Versuchsplanung würde dies der Frage nach einer Wechselwirkung zwischen dem Schichtungskriterium und der Zeit entsprechen. In diesem Zusammenhang werden Verfahren benötigt, die besonders empfindlich auf solche Verläufe sind, bei denen die Unterschiede mit der Zeit zunehmen.

Was die Abhängigkeit der Ergebnisse von der Wahl der Score-Werte betrifft, gelten die gleichen Bemerkungen wie für Beispiel 1.3.1.

Die Auswertung findet man in Abschnitt 8.3.7 in Tabelle 8.5 (Seite 126) und Abbildung 8.2 (Seite 127), die Originaldaten in Abschnitt 13.2.

1.3.3 Water-Maze-Test

In einem Tierversuch an 144 Wistar-Ratten (von 72 Muttertieren mit je 2 Jungtieren) sollte die Teratogenität einer Substanz überprüft werden. Um u.a. Aussagen über die Lernfähigkeit und das Erinnerungsvermögen der Jungtiere machen zu können, deren Mütter während der Tragzeit die Testsubstanz in verschiedenen Dosen erhalten hatten, wurde ein Schwimm-Test (Water-Maze-Test) durchgeführt. In diesem Test mußten die Tiere in einem Labyrinth innerhalb von 150 sec den Ausgang finden. Falls dies gelang, galt der Test als bestanden, andernfalls als nicht bestanden. Zur Orientierung der Tiere waren an den Wänden des Schwimmbeckens rote und gelbe Markierungen angebracht.

Für die Versuchsgruppen mit Placebo und der niedrigsten Dosis wurden von jeweils 17 Muttertieren zufällig zwei Jungtiere je Mutter für den Versuch ausgewählt. Für die beiden höchsten Dosisstufen wurden von jeweils 19 Muttertieren je zwei Jungtiere ausgewählt. Am ersten Versuchstag wurde der Test bei allen Tieren sechsmal im Abstand von einer Stunde wiederholt. Die Lernfähigkeit sollte dadurch gemessen werden, daß beim Bestehen des ersten Tests 1 Punkt, beim Bestehen des zweiten Tests 2 Punkte, usw. bis zum Bestehen des 6. Tests 6 Punkte vergeben und dann über alle Tests addiert wurden. Damit ergab sich für jedes Tier ein Score, der zwischen 0 und 21 lag. Nach 7 Tagen wurde der Versuch zur Prüfung des Erinnerungsvermögens und der Lernfähigkeit bei allen Tieren unter den gleichen Bedingungen wiederholt.

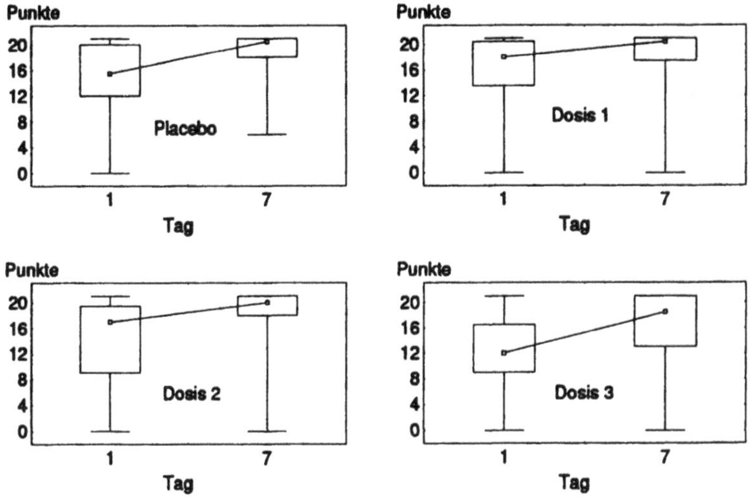

Abbildung 1.3 *Box-Plots (Maximum, Minimum, Quartile, Median) der Scores des Water-Maze-Tests am 1. und 7.Tag in den vier Versuchsgruppen.*

Aufgrund der Konstruktion des Versuchs gibt es zwei verschiedene Abhängigkeiten: Zum einen wurde der Versuch am Tag 1 und am Tag 7 an denselben Jungtieren durchgeführt, zum anderen waren an jedem Tag die Ergebnisse von jeweils 2 Jungtieren voneinander abhängig, da sie vom gleichen Muttertier ausgewählt waren. Die Ergebnisse der Jungtiere von verschiedenen Muttertieren sind als unabhängig anzusehen. Die Box-Plots der Scores zu den beiden Zeitpunkten sind für die vier Versuchsgruppen (Placebo: 34 Tiere, Dosis 1: 34 Tiere, Dosis 2: 38 Tiere, Dosis 3: 38 Tiere) in der Abbildung 1.3 dargestellt.

Zur Beurteilung der Teratogenität ist es zunächst wichtig zu wissen, ob die Lernfähigkeit, die durch den Lern-Score zwischen 0 und 21 gemessen wurde, bereits am ersten Tag in den vier Versuchsgruppen unterschiedlich ist. Insbesondere ist auch ein Verfahren gesucht, welches besonders empfindlich auf eine abfallende Lernfähigkeit bei steigender Dosis der Substanz ist. Die gleiche Frage kann für die Lernfähigkeit an beiden Versuchstagen 'zusammen' untersucht werden, wobei nicht nach Tag 1 und Tag 7 unterschieden wird. Ferner möchte man wissen, ob am Tag 7 ein Erinnerungsvermögen an die möglicherweise am Tag 1 erlernte Fähigkeit vorhanden ist. Dies sollte bedeuten, daß am Tag 7 höhere Lern-Scores erreicht werden als am Tag 1. Die Klärung dieser Frage ist sowohl für jede einzelne Versuchsgruppe als auch für das Gesamtkollektiv der Tiere interessant. Typischerweise steht aber bei einem solchen Versuch die Frage im Vordergrund, ob das Erinnerungsvermögen an eine am ersten Tag erlernte Fähigkeit für alle Dosisstufen der Substanz gleich ist. Dies entspricht der Frage nach einer Wechselwirkung zwischen der Dosis und der Zeit.

Bei diesem Versuch ist besonders zu berücksichtigen, daß nicht alle Wiederholungen an einem Tag unabhängig voneinander sind, da je zwei Jungtiere von einem Muttertier ausgewählt sind. Die Muttertiere aber sind es, welche die Behandlung mit den verschiedenen Dosisstufen während der Tragzeit erhalten haben. Die Jungtiere eines Muttertiers stellen somit abhängige Versuchswiederholungen dar. Dies muß bei der Modellbildung berücksichtigt werden.

Es ist zu beachten, daß auch bei diesem Versuch die Ergebnisse nicht von den relativ willkürlich gewählten Punkten des Lern-Scores abhängen dürfen (vergl. die Erläuterungen zu Beispiel 1.3.1).

Die Auswertung findet man in Abschnitt 9.2 in Tabelle 9.1 (Seite 146) und Abbildung 9.1 (Seite 145), die Originaldaten in Abschnitt 13.3.

1.3.4 α-Amylase-Studie

Zur Bestimmung von Referenz-Intervallen in der Klinischen Chemie ist es notwendig zu überprüfen, ob die Zielvariable einen circadianen Rhythmus hat und damit zeitabhängige Referenz-Intervalle zu bestimmen sind. Diese Frage sollte für die α-Amylase im Speichel überprüft werden. Dazu wurden bei 14 Probanden zu vier Zeitpunkten (8h, 12h, 17h und 21h) an zwei Tagen (Montag und Donnerstag) wiederholte Messungen der α-Amylase im Speichel durchgeführt. Aufgrund einer Voruntersuchung wurde vermutet, daß die Aktivität der α-Amylase während des Tages bis zum späten Nachmittag ansteigt und dann wieder abfällt. Ferner vermutete man einen anderen Verlauf der Aktivität der α-Amylase nach einem Wochenende als in der Mitte der Woche. Daher wurde jeder Proband an einem Montag und an einem Donnerstag untersucht. Die Abbildung 1.4 gibt die Verläufe über die vier Zeitpunkte an den beiden Tagen für die 14 Probanden wieder.

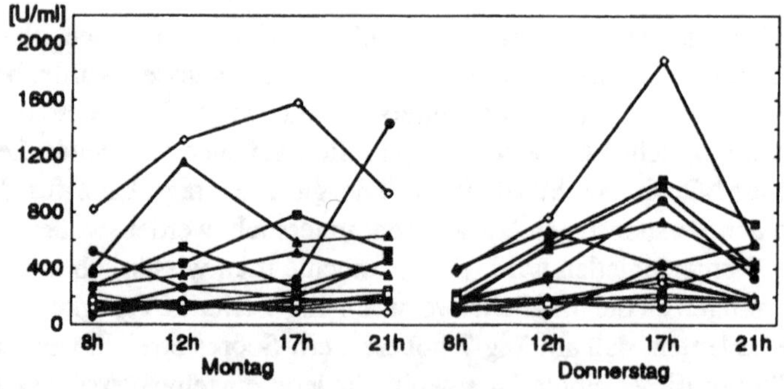

Abbildung 1.4 *Verläufe der α-Amylase-Aktivität zu vier Zeitpunkten an je zwei Wochentagen für die 14 Probanden.*

Im wesentlichen soll hier die Frage geklärt werden, ob die Aktivität der α-Amylase im Speichel zeitabhängig ist. Dabei kann man die am zweiten Tag (Donnerstag) gemessenen Werte entweder als Fortführung der Verlaufskurve mit den Zeitpunkten 5,6,7 und 8 ansehen oder als abhängige Wiederholung der Verlaufskurve vom ersten Tag (Montag). Diese Wiederholung ist insofern als möglicherweise abhängig anzusehen, als sie an denselben Probanden wie für den ersten Tag durchgeführt wurde. Man benötigt hier ein Verfahren, welches besonders geeignet ist, ein vermutetes Zeitmuster aufzudecken, welches zunächst einen ansteigenden Verlauf hat und danach abfällt, wie z.B. das Muster (1,2,4,3). Ein solches Muster wird in der Literatur (siehe ARCHAMBAULT, MACK und WOLFE 1977) als ***Regenschirm-Alternative (umbrella alternative)*** bezeichnet. Es ist weniger das Ziel dieser Studie, einen circadianen Rhythmus zu beschreiben oder zu schätzen. Dazu ist auch das Raster der Meßzeitpunkte, die überdies für die Nacht gänzlich fehlen, viel zu grob.

Die Auswertung findet man in Abschnitt 7.2.2 in Tabelle 7.3 (Seite 81), in Abschnitt 7.2.3 (Seite 81) und in Abschnitt 10.3, Tabelle 10.2 (Seite 157) und Abbildung 10.2 (Seite 156). Die Originaldaten sind in Abschnitt 13.4 abgedruckt.

1.3.5 Asthma-Studie

In einem doppelblind angelegten 2-Perioden Cross-Over-Versuch, der von SENN (1993) beschrieben worden ist, wurden 24 Kinder von 7-13 Jahren, die unter Streß-induziertem Asthma litten, zu einer von zwei Behandlungsfolgen randomisiert (je 12 zu jeder Folge). Die eine Gruppe erhielt die Substanz F in der ersten Versuchsperiode und dann die Substanz S in der zweiten Versuchsperiode; die andere Gruppe erhielt die Substanzen in umgekehrter Reihenfolge. Der Behandlungserfolg wurde am Ende jeder Versuchsperiode u.a. dadurch beurteilt, daß der untersuchende Arzt den Erfolg subjektiv auf einer 4-Punkte-Skala (1 = 'schlecht', 2 = 'mäßig', 3 = 'fast gut', 4 = 'gut') bewertete. Die Einzelwerte der Punktbewertung sind für die beiden Gruppen (F/S und S/F) zu den beiden Behandlungsperioden in der Abbildung 1.5 wiedergegeben.

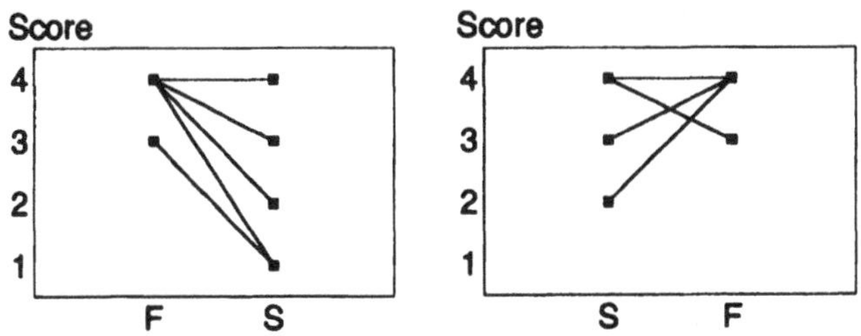

Abbildung 1.5 *Verläufe der 4-Punkte Scores des Cross-Over-Versuchs bei der Asthma-Studie (F/S links, S/F rechts). Man beachte, daß sich die Verläufe für manche Patienten decken und daher nicht alle 24 Patienten in der Graphik zu unterscheiden sind.*

Hier soll nicht die bekannte Problematik des 2-Perioden Cross-Over-Plans diskutiert werden. Dazu sei auf die einschlägige Literatur verwiesen (z.B. SENN, 1993). Es sollen lediglich die Möglichkeiten einer rein nichtparametrischen Auswertung eines 2-Perioden Cross-Over-Plans aufgezeigt werden. Dabei sind bezüglich der Interpretation der Ergebnisse natürlich alle Einschränkungen zu machen, die bei diesem Studiendesign nötig sind.

Im wesentlichen sind die Fragen nach einer subjektiv unterschiedlichen Wirksamkeit der Substanzen F und S, gegebenenfalls nach einem Periodeneffekt und nach einem möglichen Residualeffekt in der zweiten Periode des Versuchs zu beantworten. Im Vordergrund steht dabei eine adäquate statistische Modellbildung für die rein ordinale 4-Punkte-Skala. Man darf bei der Verwendung einer solchen Skala nicht vergessen, daß es sich um willkürliche Score-Werte handelt und die Ergebnisse, wie bei den Beispielen 1.3.1 bis 1.3.3, unter monotonen Transformationen der Punkte-Skala invariant sein müssen.

Die Auswertung findet man in Abschnitt 8.1.2, Tabelle 8.3 auf Seite 105, die Originaldaten in Abschnitt 13.5.

1.3.6 Schulter-Schmerz-Studie

In der Schulter-Schmerz-Studie, die von LUMLEY (1996) beschrieben worden ist, wurde der typische Schmerz in der Schulterspitze nach laparoskopischer Operation im Abdomen zu 6 festen Zeitpunkten bei insgesamt 41 Patienten beobachtet. Bei 22 (randomisiert ausgewählten) der 41 Patienten wurde nach der Operation die Luft nach einem speziellen Verfahren wieder abgesaugt (Behandlung Y). Die restlichen 19 Patienten dienten als Kontrollgruppe (Behandlung N). Die Schmerzen wurden subjektiv anhand eines Schmerz-Scores (1 = niedriger bis 5 = sehr starker Schmerz) beurteilt. Da die Schmerzempfindlichkeit möglicherweise vom Geschlecht abhängt, wurde die Untersuchung danach geschichtet (M = männlich, F = weiblich). Die Box-Plots des Schmerz-Scores zu den 6 Zeitpunkten sind geschichtet nach Geschlecht für die beiden Behandlungen in Abbildung 1.6 dargestellt.

In dieser Studie liegen keine Baseline-Meßwerte vor, da der Schmerz erst nach der laparoskopischen Operation beobachtet werden kann. Insofern ist die Frage von Interesse, ob der Schmerz-Score 'insgesamt' (d.h. über alle Zeitpunkte hinweg) zwischen den beiden Behandlungen unterschiedlich ist. Da das Patientenkollektiv nach zwei Kriterien (Behandlung und Geschlecht) geschichtet ist, kann ebenfalls überprüft werden, ob ein solcher Unterschied für Männer und Frauen gleich ist. Die Hauptfrage bei dieser Studie ist jedoch, ob der Verlauf der Schmerz-Scores für die beiden Behandlungsgruppen gleich ist und ob geschlechtsspezifische Unterschiede der Verlaufskurven vorhanden sind. Die Frage, ob der Schmerz-Score insgesamt (d.h. ohne Berücksichtigung der Therapie und / oder des Geschlechts) über die Zeit gleich bleibt oder abfällt, ist von untergeordneter Bedeutung, da hier zu viele verschiedene Gruppen vermischt werden.

Bei der Inspektion des Datensatzes fällt auf, daß für die weiblichen Patienten der Y-Gruppe zum Zeitpunkt 5 und für die männlichen Patienten der Y-Gruppe zum Zeitpunkt 4 fast keine Variabilität in den Versuchsergebnissen vorhanden ist, da es sich offensichtlich um eine sehr effektive Therapie handelt. Ein gutes Auswertungsverfahren sollte 'robust' gegen solche Fast-Singularitäten sein und auch im Extremfall nicht zusammenbrechen, wenn keine Variabilität zu diesen Zeitpunkten in den Versuchsergebnissen vorhanden ist. Ein solcher Extremfall wäre bereits vorhanden, wenn zum Zeitpunkt 5 die Beobachtung für die Patientin 19 oder zum Zeitpunkt 4 die Beobachtung für den Patienten 13 fehlen würde. In diesem Fall wären zum Zeitpunkt 5 alle Patientinnen und zum Zeitpunkt 4 alle Patienten der Y-Gruppe in die Klasse '1' (niedriger Schmerz) eingruppiert. Dies wird später bei der Wahl der Statistik zu diskutieren sein.

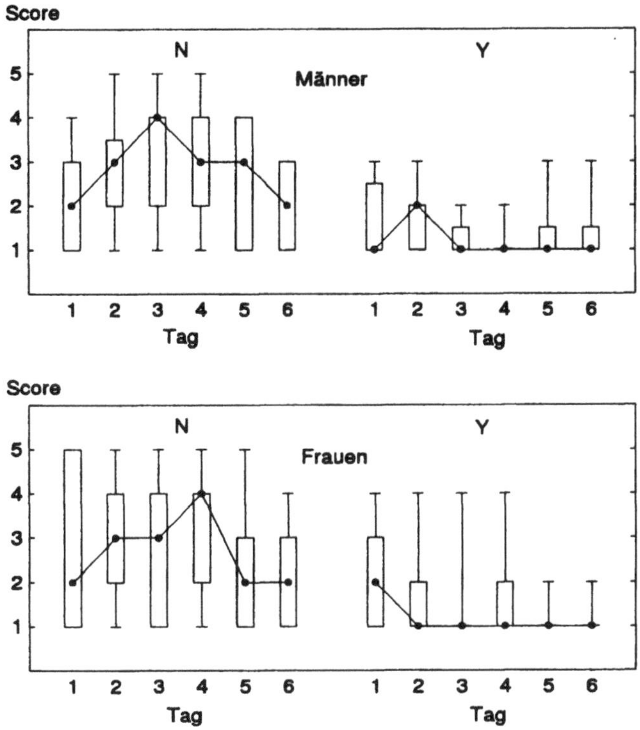

Abbildung 1.6 *Verlauf und Box-Plots (Maximum, Minimum, Quartile, Median) der Schmerz-Scores während der ersten sechs Tage post OP in der Schulter-Schmerz-Studie für die Männer (oben) und für die Frauen (unten) jeweils unter den Behandlungen N und Y.*

Des weiteren ist auch bei dieser Studie zu berücksichtigen, daß die Ergebnisse nicht von den willkürlich gewählten Zahlen für die Schmerz-Skala abhängen dürfen.

Die Auswertung findet man in Abschnitt 7.2.5 in Tabelle 7.6 (Seite 87), Tabelle 7.7 (Seite 87) sowie in Abschnitt 10.3, Tabelle 10.1 und Abbildung 10.1 (Seite 155). Die Originaldaten sind in Abschnitt 13.6 abgedruckt.

1.3.7 γ-GT-Studie

Bei 50 Patientinnen, denen wegen einer Cholelithiasis (ohne Verschluß des Ductus Choledochus) die Gallenblase entfernt werden sollte, wurde in einer randomisierten Studie u.a. untersucht, ob durch Applikation einer bestimmten Testsubstanz (26 Patientinnen) gegenüber Placebo (24 Patientinnen) postoperativ ein schnellerer Abfall der γ-GT erreicht werden könnte. Die γ-GT wurde jeweils präoperativ (-1) und am Tag 3, 7 und 10 post OP bestimmt. Der Verlauf der Mittelwerte und die Whisker-Plots zu den vier Zeitpunkten sind für die beiden Gruppen von Patientinnen in Abbildung 1.7 dargestellt.

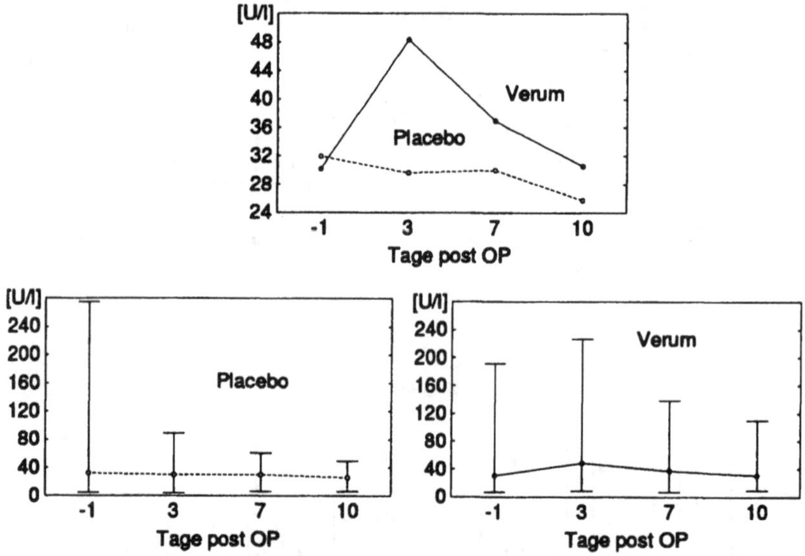

Abbildung 1.7 *Verlauf der Mittelwerte der γ-GT und darunter die Whisker-Plots (Maximum, Minimum, Mittelwert) unter Verum und Placebo in der γ-GT-Studie.*

Da bei dieser Studie Baseline-Werte vorliegen, kann zum einen die Homogenität des Patientenkollektivs vor der Operation überprüft werden; zum anderen stellt sich ein möglicher Effekt der Testsubstanz als unterschiedlicher Verlauf der Meßreihen dar, d.h. als Wechselwirkung zwischen der Behandlung und der Zeit. Jedoch erscheint auch die Überprüfung eines Behandlungsunterschiedes über alle Zeitpunkte als sinnvoll, wenn eine Homogenität des Patientenkollektivs vorhanden ist. Die Frage, ob unter beiden Behandlungen die γ-GT postoperativ abfällt, soll ebenfalls überprüft werden.

Die Auswertung findet man in Abschnitt 8.3.7, Tabelle 8.4 auf Seite 124 und Abbildung 8.1 auf Seite 125, die Originaldaten in Abschnitt 13.7. In Abschnitt 4.5.1 wird ausführlich diskutiert, wie man die Ergebnisse dieser Studie graphisch darstellen kann und es wird auch eine Möglichkeit aufgezeigt, die Ergebnisse mittels nichtparametrischer Methoden darzustellen. Dabei wird auch eine Verzerrung der Darstellung der Versuchsergebnisse deutlich, wenn man – wie in Abbildung 1.7 – die Verläufe der Mittelwerte darstellt.

1.3.8 Gewichtsentwicklung von Wistar-Ratten

Zur Beurteilung der Toxizität einer Substanz wurde u.a. die Körpergewichtsentwicklung von männlichen Wistar-Ratten über 22 Wochen einmal wöchentlich beobachtet. Eine Gruppe von 10 Tieren erhielt ein Placebo während eine andere Gruppe von 10 Tieren die Substanz in überhöhter Dosis erhielt. Die Abbildung 1.8 zeigt den Verlauf der Mittelwerte in den beiden Versuchsgruppen.

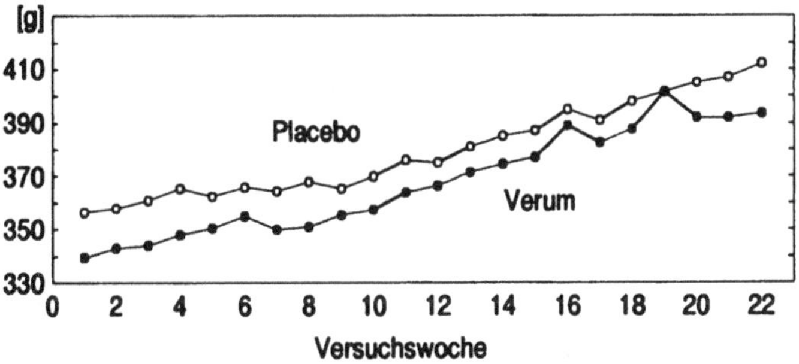

Abbildung 1.8 *Verlauf der Mittelwerte für die Körpergewichte der Wistar-Ratten in den beiden Versuchsgruppen.*

Die Hauptfragestellung in dieser Studie ist die Analyse eines unterschiedlichen Verlaufs der Gewichtsentwicklung in den beiden Versuchsgruppen. Weiterhin interessiert ein Gesamtunterschied zwischen diesen Versuchsgruppen. Bei dieser Studie ist zu beachten, daß weitaus mehr Meßzeitpunkte als Tiere pro Gruppe vorhanden sind.

Die Auswertung findet man in Tabelle 11.1 (Seite 166) und Tabelle 11.2 (Seite 167) sowie in Abbildung 11.1 (Seite 167), die Originaldaten in Abschnitt 13.8.

1.3.9 Plasma-Renin-Aktivität

In einer randomisierten, kontrollierten Studie wurden an 49 Probanden (gesunde Nicht-Raucher, 21 - 30 Jahre alt), nach einem Aderlaß von 750 ml Blut 1000 ml einer physiologischen Elektrolytlösung zusammen mit vier Testsubstanzen gegeben (Propanolol: $n_1 = 10$ Probanden, Dobutamin: $n_2 = 13$ Probanden, Fenoterol: $n_3 = 13$

Probanden, Placebo: $n_4 = 13$ Probanden). In der Propanolol-Gruppe erkrankten drei der ursprünglich 13 Probanden und konnten am Versuch nicht teilnehmen. Die Plasma-Renin-Aktivität (PRA) [ng/ml/h] wurde zu fünf Zeitpunkten (0, 2, 6, 8 und 12 h) nach Aderlaß bestimmt. Es sollte u.a. untersucht werden, inwiefern die PRA durch die Testsubstanzen gesteigert bzw. reduziert würde. Die Box-Plots der PRA für die vier Versuchsgruppen sind in Abbildung 1.9 dargestellt.

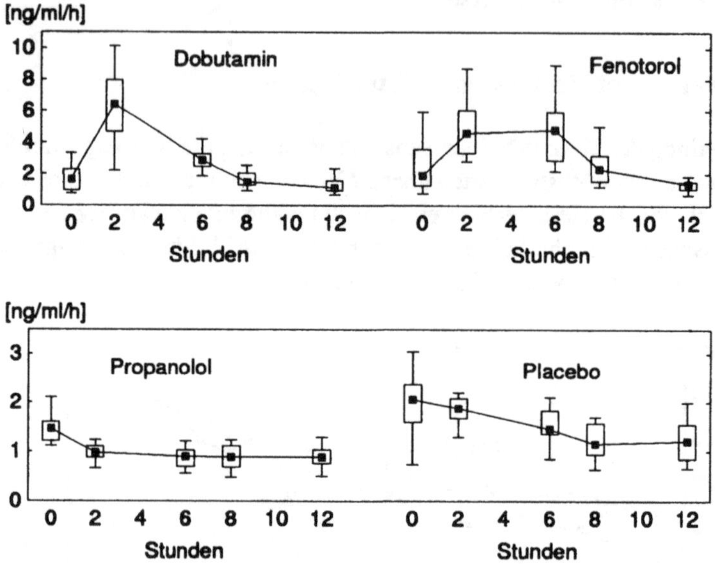

Abbildung 1.9 *Box-Plots (Maximum, Minimum, Mediane, Quartile) der Plasma-Renin-Aktivität für die vier Versuchsgruppen zu fünf Zeitpunkten nach Aderlaß.*

Die Fläche unter der PRA-Kurve (*area under the curve, AUC*) wird als äquivalent für die Menge des innerhalb von zwölf Stunden endogen freigesetzten Angiotensin I angesehen. Damit kann hier die Fragestellung auf eine summarische Zielgröße reduziert werden, und die einfache Fragestellung lautet, ob in den vier Versuchsgruppen die Verteilungen der PRA (gemessen durch die AUC) verschieden sind.

Die Auswertung findet man in Tabelle 8.8 (Seite 136) bis Tabelle 8.11 (Seite 139) sowie in Abbildung 8.4 (Seite 138), die Originaldaten in Abschnitt 13.9.

1.3.10 Stammzell-Konzentrat-Studie

Bei Patienten, die wegen eines Karzinoms eine Chemotherapie erhalten sollen, werden vor Therapiebeginn aus dem peripheren Blut sogenannte Stammzell-Konzentrate gewonnen, die nach der Therapie den Patienten zur Regeneration des hämatologischen Systems wieder re-infundiert werden. Das Stammzell-Konzentrat wird zur Konservierung bei $-196°C$ in flüssigem Stickstoff eingefroren. Es ist nun wichtig zu wissen, ob durch den Vorgang des Einfrierens und Wiederauftauens wesentliche Eigenschaften der Stammzellen verlorengehen.

Eine wichtige Meßgröße ist die Anzahl der koloniebildenden Einheiten der Granulozyten-Makrophagen Linie (colony forming units, CFU-GM). Diese wurde bei 116 Stammzell-Konzentraten vor dem Einfrieren und nach dem Wiederauftauen bestimmt. Als wesentliche Einflußfaktoren auf die Anzahl der CFU-GM ist u.a. die Belastung des blutbildenden Systems durch Art und Ausmaß von möglichen Vorbelastungen durch Chemotherapien (*niedrig / hoch*) vermerkt worden. Ferner ist wegen der verschiedenen Tumorarten das Geschlecht der Patienten zu berücksichtigen. In der Studie waren von männlichen Patienten 30 Stammzell-Konzentrate bei niedriger Vorbelastung und 34 bei hoher Vorbelastung vorhanden; bei den weiblichen Patienten waren es jeweils 26. Für die vier Gruppen (*männlich / weiblich, niedrig / hoch*) von Konzentraten sind die Mediane für die Anzahlen der CFU-GM [10^5/kg] mit den zugehörigen Box-Plots vor und nach dem Einfrieren in Abbildung 1.10 dargestellt.

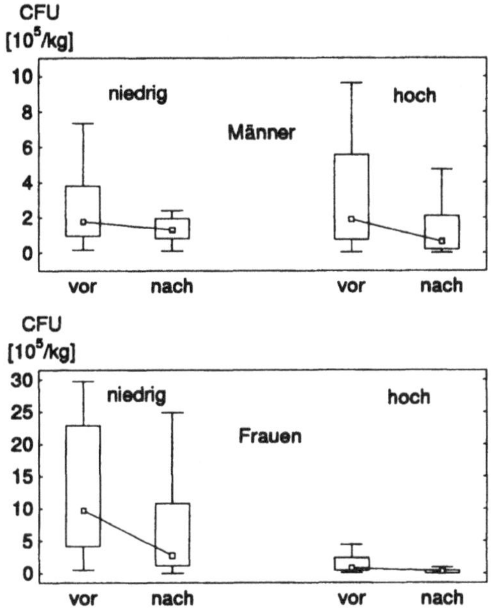

Abbildung 1.10 *Verlauf der Mediane und Box-Plots für die Anzahl der CFU-GM in der Stammzell-Konzentrat-Studie vor und nach dem Einfrieren der Stammzell-Konzentrate der Männer (oben) und der Frauen (unten).*

Bei dieser sehr einfachen Form einer longitudinalen Studie werden je Individuum nur zwei Zeitpunkte (*vorher / nachher*) beobachtet. Die Beobachtungseinheiten sind hier die einzelnen Stammzell-Konzentrate. Die Frage, ob sich die Anzahl der CFU-GM durch die Konservierung geändert hat, ist für jede einzelne der vier Gruppen von Bedeutung. Andererseits interessiert ein möglicher Einfluß der Vorbelastung. Schließlich muß geklärt werden, ob diese Aussagen dann gleichmäßig für beide Geschlechter gelten oder verschiedene Zusammenhänge vorliegen.

Die Auswertung findet man in Tabelle 7.1 (Seite 72), Tabelle 8.1 (Seite 97) und Tabelle 8.2 (Seite 98). Die Originaldaten sind in Abschnitt 13.10 abgedruckt.

1.3.11 Fichtenwald-Dachprojekt im Solling

Im Hoch-Solling bei Göttingen sind zur experimentellen Manipulation von Qualität und Quantität der Niederschläge zwei Teilflächen eines heute 65-jährigen Fichtenbestandes unterhalb des Kronenraums dauerhaft überdacht worden. Bei einem der beiden je 300 m^2 großen Versuchsfelder werden die mittels der Dachanlage aufgefangenen Niederschläge demineralisert und unter Hinzugabe einer Nährstofflösung und Natronlauge unter der Dachkonstruktion wiederverregnet (*Entsauerungsdach* D1). Eine weitere Dachfläche dient als Kontrollfläche (*Kontrolldach* D2). Hier wird der aufgefangene Niederschlag ohne zusätzliche Manipulation wiederverregnet. Des weiteren beinhaltet der Versuchsaufbau eine *Kontrollfläche* (D0), die ohne Dach den natürlichen Bedingungen ausgesetzt ist. Dieses 'Clean-Rain'-Experiment wurde mit Fertigstellung der Dachanlage im September 1991 gestartet. Alle Messungen vor diesem Termin dienen der Beschreibung des Ausgangszustandes.

SO_4-Konzentration im Boden

Bei einer der Untersuchungen sollte bestimmt werden, ob der im Niederschlagswasser reduzierte Sulfateintrag bei D1 im Vergleich zum Kontrolldach D2 einen Einfluß auf die SO_4-Konzentration in der Bodenlösung des Unterbodens hat. Dazu wurden die in 70 bis 100 cm Bodentiefe mit Hilfe von Saugkerzen erhobenen Konzentrationen der Monate November bis Februar herangezogen. Pro Untersuchungstermin liegen für die Jahre 1989/90 - 1995/96 die Werte von je zehn Saugkerzen als Wiederholungsmessungen in diesem Tiefenbereich vor. Infolge technischer Defekte fehlen die Meßwerte für einen Teil der Saugkerzen.

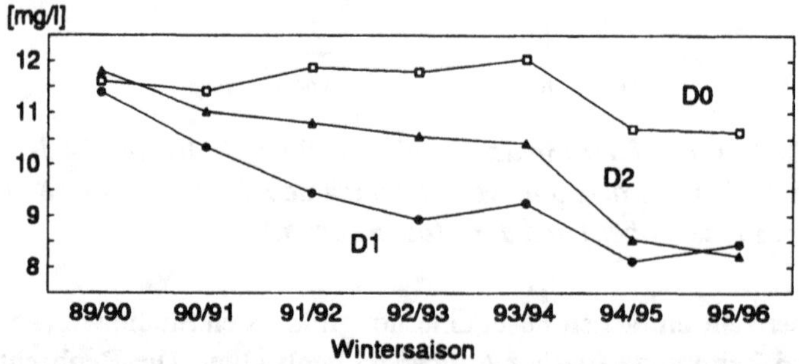

Abbildung 1.11 *Verlauf der Mittelwerte über die Wintermonate für die SO_4-Konzentration (als SO_4-S) in 70-100 cm Bodentiefe unter den drei Versuchsflächen* D0 *(Kontrollfläche ohne Dach),* D2 *(Kontrolldach) und* D1 *(Entsauerungsdach).*

Eine wesentliche Fragestellung ist, ob die SO_4-Konzentration in den einzelnen Winterperioden auf den drei Flächen unterschiedlich ist. Weiterhin von Interesse ist ein möglicher Unterschied im Verlauf der SO_4-Konzentrationen über die sechs Jahre zwischen den verschiedenen Flächen sowie der Trend (steigend, gleich bleibend, abfallend) des Verlaufes der Konzentration für jede einzelne Fläche.

Die Auswertung findet man in Abschnitt 9.2, Tabelle 9.2 und Abbildung 9.2 auf den Seiten 147 bis 148. Die Originaldaten sind in Abschnitt 13.11 abgedruckt.

Kronenvitalität

Bei dieser Studie wurde der Zustand der Bäume auf den drei Versuchsflächen mithilfe eines Kranes eingeschätzt, der zur Untersuchung des Kronenraumes aufgestellt worden war. Das geschah durch Sichtung jedes einzelnen Baumes (22 Bäume auf Fläche D0, 23 Bäume auf D2 und 27 Bäume auf D1) und nachfolgende Einordnung des Baumstatus auf einer ordinalen Punkte-Skala von 1 (vital) bis 10 (tot). Diese Bestimmung des Gesundheitszustandes wurde jährlich von 1993 bis 1996 durchgeführt. Zwar liegen für die Flächen $D2$ und $D1$ auch für 1992 bereits Beobachtungen vor; da jedoch die Ergebnisse nur im Vergleich zur Fläche ohne Dach (D0) zu interpretieren sind, wird die Analyse erst ab dem Jahr 1993 begonnen.

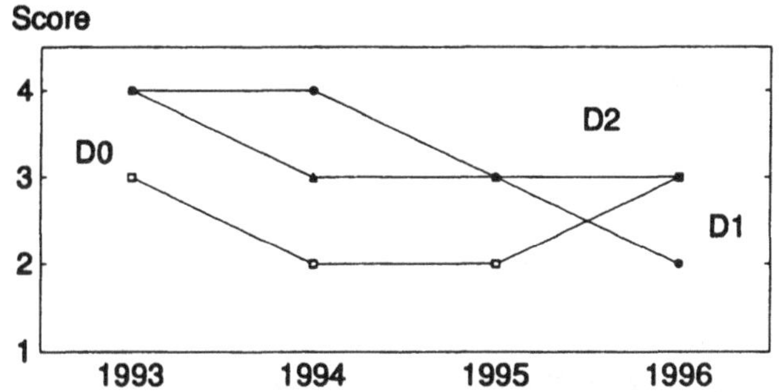

Abbildung 1.12 *Verläufe der Mediane für die Scores der Kronenvitalität auf den Flächen* $D0$ *(Kontrollfläche ohne Dach),* $D2$ *(Kontrolldach) und* $D1$ *(Entsauerungsdach).*

Im wesentlichen soll hier die Frage geklärt werden, ob für die beiden Manipulationen D2 und D1 der Verlauf der Scores über die vier Jahre derselbe ist wie bei der Kontrollfläche ohne Dach D0, oder ob Unterschiede im Verlauf vorliegen. Weiterhin ist der Verlauf der Scores für jede einzelne Fläche von Interesse. Ebenso wie bei den Beispielen 1.3.1 - 1.3.3, 1.3.5 und 1.3.6 sollten die Ergebnisse nicht von den Zahlenwerten der Vitalitäts-Skala (ordinale Daten) abhängen.

Die Auswertung findet man in Abschnitt 8.3.7, Tabelle 8.6 (Seite 128) und Tabelle 8.7 (Seite 130) sowie Abbildung 8.3 (Seite 129) und in Abschnitt 10.3, Tabelle 10.3 (Seite 158). Die Originaldaten sind in Abschnitt 13.12 abgedruckt.

1.3.12 Kortisol-Konzentration im Plasma

Auf der neurobiologischen Ebene sind die Effekte von Ausdauertraining bisher nur in Ansätzen bekannt. Bei dem sogenannten 'akuten Entlastungs-Syndrom' treten bei gut trainierten Sportlern innerhalb von ein bis zwei Wochen nach einer akuten Sportpause eine Reihe von Symptomen wie Herzstiche, Schwindel, Verdauungsstörungen, Unruhezustände, Schlafstörungen sowie depressive Verstimmung auf, die sich nach Wiederaufnahme des Trainings vollständig zurückbilden. Die genauen neurobiologischen Mechanismen dieser 'Sportentziehungserscheinungen' sind bisher nicht bekannt; es wird jedoch vermutet, daß serotonergen Neuronensystemen eine wichtige Rolle zukommt.

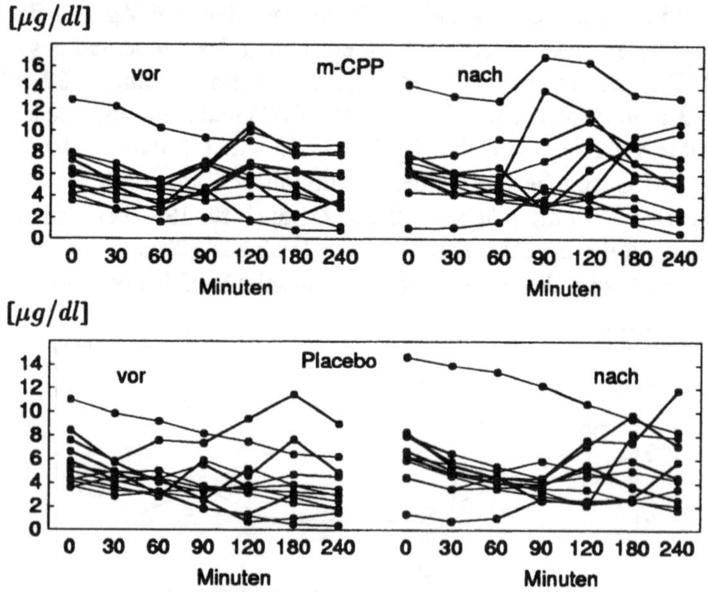

Abbildung 1.13 *Verlauf der Kortisol-Konzentration im Plasma [μg/dl] für zwölf gut trainierte Marathon-Läufer zu jeweils sieben Zeitpunkten 'vor' bzw. 'nach' einem zweiwöchigen Trainingsentzug und mit Stimulation durch m-CPP (oben) bzw. durch Placebo (unten).*

Zur Überprüfung dieser Vermutung wurden zwölf Marathon-Läufer jeweils unter Trainingsbedingungen sowie nach zweiwöchiger abrupter Trainingspause mithilfe eines sogenannten serotonergen Funktionstests untersucht. Durch orale oder intravenöse Gabe einer spezifischen Testsubstanz, in diesem Falle m-CPP (meta-Chlorphenylpipazerin), kann über psychische oder neuroendokrine Reaktionsantworten die Empfindlichkeit eines bestimmten Rezeptorsystems untersucht werden. Grundsätzlich werden die nach Gabe von m-CPP auftretenden Veränderungen mit den entsprechenden Daten an demselben Probanden verglichen, die man nach Gabe von Placebo erhält. Auf diese Weise wird sichergestellt, daß eine bestimmte Hormonantwort tatsächlich durch die Provokationssubstanz und nicht durch den Streß oder andere durch den Testablauf hervorgerufene Störfaktoren bedingt ist. Erwartungseffekte sollen dadurch minimiert werden, daß sowohl dem Probanden als auch dem Untersucher nicht bekannt ist, ob die aktive Substanz oder Placebo verabreicht wurde.

In diesem Beispiel würde eine verstärkte Reaktionsantwort unter Sportentzug darauf hinweisen, daß Veränderungen von serotonergen Rezeptoren für die genannten psychischen Symptome verantwortlich sein könnten. Eine wesentliche Schwierigkeit bei der Auswertung dieser Studie besteht darin, daß wesentlich mehr Meßzeitpunkte als Probanden vorhanden sind. Die Verlaufskurven der zwölf Probanden zu den 28 Zeitpunkten sind in Abbildung 1.13 wiedergegeben.

Die Auswertung findet man in Abschnitt 11.2.2, Tabelle 11.3 (Seite 168) und Tabelle 11.4 (Seite 169), die Originaldaten in Abschnitt 13.13 abgedruckt.

2 Modelle

In diesem Kapitel werden einige der bisher entwickelten Modelle vorgestellt, die bei der Analyse longitudinaler Daten angewandt werden. Abschnitt 2.1 gibt einen kurzen Überblick über die (semi-)parametrischen Modelle, während sich Abschnitt 2.2 mit der Entwicklung des nichtparametrischen Marginalmodells beschäftigt, das in Abschnitt 2.2.2 ausführlicher beschrieben wird, da es Grundlage für die vorgestellte Analyse longitudinaler Daten sein wird. Schließlich werden in Abschnitt 11.1 funktionale Modelle definiert, die hier jedoch nicht weiter diskutiert werden sollen, da hierzu bereits ausgezeichnete Monographien erschienen sind, die in diesem Abschnitt genannt sind.

2.1 Parametrische und Semiparametrische Modelle

Bei vielen parametrischen Modellen geht man davon aus, daß sich die Erwartungswerte der zugrunde liegenden Verteilungen additiv zerlegen lassen. Beobachtet man beispielsweise den Meßwert Y_{ik}, wobei $i = 1, \ldots, a$ die Stufen eines festen Faktors und $k = 1, \ldots, n_i$ die unabhängigen Meßwiederholungen indiziert, dann beschreibt die Gleichung

$$Y_{ik} = \mu_i + \varepsilon_{ik}$$

das Modell parametrisch. Hierbei bezeichnet μ_i den Erwartungswert der zugrundeliegenden Verteilung von Y_{ik} und ε_{ik} den Meßfehler. In der Regel wird angenommen, daß $\varepsilon_{ik} \sim N(0, \sigma^2)$-verteilt ist, wobei aber auch andere Verteilungen aus exponentiellen Familien üblich sind.

Eine Verallgemeinerung dieser Modellbildung stellen die GLM's (generalized linear models), die verallgemeinerten lineare Modelle dar. Eine gute Einführung in diese Theorie bieten zum Beispiel MCCULLAGH und NELDER (1983) sowie LINDSEY (1993). Ein GLM besteht aus drei Komponenten,

- der Verteilung der beobachteten Zufallsgröße,
- dem linearen Prädiktor,
- der Link-Funktion.

Verteilungsannahme. Zur Erläuterung soll das oben erwähnte parametrische Modell dienen, in dem die Meßwerte Y_{ik}, $i = 1, \ldots, a$, $k = 1, \ldots, n_i$, beobachtet werden. Hierbei wird angenommen, daß die Beobachtungen normalverteilt sind mit Erwartungswert μ_i und Varianz σ^2. Dies schreibt man formal als $Y_{ik} = \mu_i + \varepsilon_{ik}$, wobei $\varepsilon_{ik} \sim N(0, \sigma^2)$-verteilt ist.

Linearer Prädiktor. Der lineare Prädiktor besteht aus einer Linearkombination von unbekannten Parametern $\boldsymbol{\beta} = (\beta_1, \ldots, \beta_p)'$ und erklärenden Variablen $\mathbf{x}_i = (x_{i1}, \ldots, x_{ip})'$, die bekannt sind. Man erhält also einen linearen Prädiktor $\eta_i = \boldsymbol{\beta}'\mathbf{x}_i$.

Link-Funktion. Die Link-Funktion g_i stellt den Zusammenhang zwischen den Zufallsgrößen Y_i und dem linearen Prädiktor her, derart daß $\eta_i = g_i(\mu_i)$. In der Regel wird die kanonische Linkfunktion benutzt, die den Erwartungswert auf den kanonischen Lokationsparameter der betrachteten exponentiellen Familie transformiert. Im Beispiel ist deshalb g_i die Identität. Andere übliche Linkfunktionen sind zum Beispiel, bei angenommener binomialverteilter Zufallsgröße, der Logitlink $g_i(\mu_i) = \log(\mu_i/(n_i - \mu_i))$ bzw. der Probitlink (Umkehrfunktion der Standardnormalverteilungsfunktion). Hieraus resultieren die Verfahren der logistischen Regression, der Probit-Analyse und der loglinearen Modelle, die eine weite Verbreitung erfahren haben. Detaillierter werden die verschiedenen Verfahren beispielsweise bei McCullagh und Nelder (1983) beschrieben.

Auch für Versuchspläne, die longitudinale Daten behandeln, ist die Theorie der GLM angewendet und weiterentwickelt worden. Besonders zu erwähnen sind hier die Arbeiten von Liang und Zeger (1986), Zeger und Liang (1992) und Diggle, Liang und Zeger (1994). Hierbei ergibt sich das Problem, die Kovarianzstruktur der Zielgrößen zu spezifizieren, wozu weitere Annahmen an die Modelle gestellt werden. Ein weiteres Problem dieser Verfahren ist in der Schätzung der Modellparameter zu sehen, da hierzu der Stichprobenumfang relativ groß sein muß. Das ist jedoch in klinischen Studien in der Regel nicht der Fall.

Damit stellt sich zum einen die Frage, wie robust die auf diesen Modellen basierenden Verfahren gegenüber Abweichungen von den Modellannahmen sind. Diese Frage ist wegen der Vielfalt der möglichen Alternativ-Modelle schwierig zu klären. Falls nicht klar ist, daß ein vorliegender Datensatz, diese Voraussetzungen erfüllt, wäre es wünschenswert, Modelle und Verfahren anwenden zu können, die mit weniger restriktiven Annahmen auskommen, aber dennoch die für die zu behandelnden Fragestellung relevanten Effekte untersuchen. Zum anderen stellt sich die Frage nach Verfahren für klinische Studien, die auch bei kleinen Stichprobenumfängen angewendet werden können. Unter diesem Aspekt sind die beiden folgenden Abschnitten zu sehen, in denen die nichtparametrischen Marginalmodelle vorgestellt werden.

2.2 Das nichtparametrische Marginalmodell

2.2.1 Historische Entwicklung

Die Idee der nichtparametrischen Marginalmodelle besteht darin, nur die Abhängigkeitsstruktur festzulegen und identische Randverteilungen zu identifizieren. Das bedeutet, es wird anhand des Versuchsplanes lediglich bestimmt, welche beobachteten Zufallsvariablen unabhängig sind und welche Randverteilungen dieser Zufallsgrößen identisch sein müssen. Die interessierenden Fragestellungen werden dann anhand von Meßgrößen untersucht, die sich aus den Randverteilungen herleiten. Es wird also vollständig auf eine Parametrisierung der Verteilungen oder auf eine Modellierung der Zufallsgrößen verzichtet.

KOCH und REINFURT (1971) wenden diese Art der Modellbildung auf kategorielle Daten an. Ausführlicher diskutieren KOCH, LANDIS, FREEMAN, FREEMAN und LEHNEN (1977) die Marginalmodelle im Falle kategorieller Daten. Ihre Hypothesen, die sie anhand der Randverteilungen formulieren, sind für einige Fragestellungen äquivalent zu den Hypothesen, die in den folgenden Abschnitten vorgestellt werden.

Erste nichtparametrische Modelle für stetig verteilte Beobachtungen sind für das Zwei-Stichproben-Problem entwickelt worden. Die Hypothesen in diesen Modellen werden über die Randverteilungen der beiden Stichproben formuliert. Aufgrund dieser Modelle sind Tests entwickelt worden, bei denen die Ränge über alle Beobachtungen gebildet und anhand dieser Rangstatistiken hergeleitet werden. Das verbundene Zwei-Stichproben-Problem ist für stetige Verteilungen von HOLLANDER, PLEDGER und LIN (1974) und GOVINDARAJULU (1975) untersucht worden. Um die Hypothese auf Gleichheit der Randverteilungen in beiden Stichproben zu testen, haben sie den WILCOXON-Test auf seine Robustheit hin untersucht. Im Kontext longitudinaler Daten entspricht das verbundene Zwei-Stichproben-Problem der Messung an unabhängigen Versuchseinheiten zu jeweils zwei Zeitpunkten. Um festzustellen, ob sich die beobachtete Größe zum zweiten Zeitpunkt im Vergleich zum ersten Zeitpunkt verändert hat, werden die Randverteilungen betrachtet. Das heißt, die Hypothese, daß keine Veränderung über die Zeit - also kein Zeiteffekt - vorliegt, entspricht der Hypothese auf Gleichheit der Randverteilungen in den beiden Stichproben. Für die gleiche Fragestellung, jedoch für geordnete kategoriale Daten, hat AGRESTI (1984) analoge Tests untersucht.

Rangverfahren für Versuchsanlagen, bei denen die Meßwerte an einem Individuum zu mehreren Zeitpunkten beobachtet werden, sind von BRUNNER und NEUMANN (1982) hergeleitet worden. Hierbei werden analog zum Vorgehen im Zwei-Stichproben-Fall auch die Ränge über alle Beobachtungen verwendet. Die asymptotische Verteilung der auf diesen Ränge basierenden Statistik ist eine multivariate Normalverteilung, deren unbekannte Kovarianzmatrix aus den Rängen konsistent geschätzt wird. THOMPSON (1990, 1991) verallgemeinerte die Resultate von BRUNNER und NEUMANN (1982) und betrachtete lineare Rangstatistiken für Fragestellungen in einfachen Versuchsanlagen. In diesen Arbeiten werden noch stetige Randverteilungen vorausgesetzt.

Das Problem der *wiederholten Messungen* (*repeated measures*) in nichtparametrischen Modellen mit mehreren Faktoren ist allgemein von AKRITAS und ARNOLD (1994) behandelt worden. In dieser Arbeit werden *nichtparametrische Hypothesen* eingeführt, die über die Randverteilungen der wiederholten Messungen formuliert werden. Auch hierbei werden noch stetige Verteilungsfunktionen vorausgesetzt. Die sogenannten *repeated-measures*-Modelle beschreiben allgemein die wiederholte Messung an einer Versuchseinheit, wobei wiederholte Messungen nicht notwendig in einem zeitlichen Sinn zu verstehen sind, sondern beispielsweise auch wiederholte Messungen bei einer Versuchseinheit an räumlich verschiedenen Punkten sein können. Insofern sind longitudinale Daten ein Spezialfall der *repeated measures*.

Durch die Verwendung der sogenannten *normalisierten Version der Verteilungsfunktion* (siehe Definition 2.1 auf Seite 24) konnte auf die Voraussetzung der Stetigkeit der Verteilungen verzichtet werden, um auch gleiche Meßwerte (Bindungen) behandeln zu können. Diese Methode ist von BRUNNER, PURI und SUN (1995) zur Untersuchung linearer Rangstatistiken im $2\times t$-Design verwendet worden und basiert auf den allgemeinen Resultaten von Munzel (1994), der die Methode von BRUNNER und DENKER (1994) zum Nachweis der asymptotischen Normalität linearer Rangstatistiken bei Abhängigkeit auf unstetige Verteilungsfunktionen verallgemeinerte. Diese Ideen sind von AKRITAS und BRUNNER (1997a) zusammengefaßt auf allgemeine Versuchsanlagen im gemischten Modell verallgemeinert worden. Schließlich ist das technisch sehr aufwendige Problem der *fehlenden Werte* von Ballerstedt (1997) und von BRUNNER, MUNZEL und PURI (1996) untersucht worden. Mit diesem Ansatz können also auch *diskrete Daten* und insbesondere *geordnet kategoriale Daten* untersucht werden.

Damit stehen im nichtparametrischen Marginalmodell Verfahren zur Analyse longitudinaler Daten zur Verfügung, mit denen die gleichen Versuchsanlagen behandelt werden können wie mit den parametrischen Verfahren, die im letzten Abschnitt beschrieben wurden. Diese nichtparametrischen Verfahren sollen im folgenden eingehend beschrieben werden. Dazu wird nun das zugrundeliegende nichtparametrische Marginalmodell genauer erklärt.

2.2.2 Definition des Modells

In einem nichtparametrischen Modell modelliert man, wie zuvor erläutert wurde, nur die Abhängigkeitsstruktur der beobachteten Zufallsvariablen und legt aufgrund der Versuchsanlage fest, welche Zufallsvariablen identische Verteilungen haben. Die einfachste Modellierung der Abhängigkeitsstruktur ist, unabhängige Versuchswiederholungen durch unabhängige Zufallsvariablen zu beschreiben und für die Zufallsvariablen, die nicht zu unabhängigen Versuchswiederholungen gehören, eine beliebige Abhängigkeitsstruktur zuzulassen. In einer Versuchsanlage mit $i = 1, \ldots, a$ Gruppen von je $k = 1, \ldots, n_i$ Versuchseinheiten (Individuen) werden zu $s = 1, \ldots, t$ Zeitpunkten die Meßwerte $X_{ik1}, \ldots, X_{ikt}$ beobachtet. Diese t longitudinalen Beobachtungen am Individuum k in der Gruppe i faßt man zu einem Vektor

$$\boldsymbol{X}_{ik} = \begin{pmatrix} X_{ik1} \\ \vdots \\ X_{ikt} \end{pmatrix}$$

zusammen, wobei im folgenden aus Platzgründen $\boldsymbol{X}_{ik} = (X_{ik1}, \ldots, X_{ikt})'$ als transponierter Zeilenvektor geschrieben wird. Die Vektoren $\boldsymbol{X}_{ik}$, $i = 1, \ldots, a$,

$k = 1, \ldots, n_i$, werden dann als unabhängig angenommen. Die Komponenten eines jeden Vektors können jedoch voneinander beliebig abhängig sein. Da die Beobachtungen für verschiedene Individuen innerhalb einer Gruppe eine Wiederholung des Versuchs sein sollen, ist es sinnvoll anzunehmen, daß die gemeinsamen Verteilungsfunktionen $G_{ik}(\boldsymbol{x})$ der Vektoren $\boldsymbol{X}_{ik}$ identisch sind, d.h. nicht vom Index k abhängen. Eine weitere Modellierung der Abhängigkeitsstruktur oder der Verteilungen erfolgt nicht. Es wird lediglich durch die Konstruktion der Versuchsanlage festgelegt, welche Randverteilungen identisch sind und welche verschieden sein können. Dies ist von der jeweiligen Versuchsanlage abhängig und muß im Einzelfall festgelegt werden.

Dieses *nichtparametrische Marginalmodell* ist sehr allgemein und benutzt lediglich die Randverteilungen und die Abhängigkeitsstruktur der Zufallsvariablen. Behandlungs-, Gruppen- und Zeiteffekte sowie diesbezügliche Hypothesen müssen in diesem Modell über die Randverteilungen festgelegt werden. Die Definition und Interpretation dieser Begriffe ist von zentraler Bedeutung und wird im Kapitel 3 ausführlich behandelt.

Um sowohl stetige als auch unstetige Verteilungen in dieses Modell aufnehmen zu können, wird für die Verteilung einer Zufallsvariablen die sogenannte *normalisierte Version* der Verteilungsfunktion verwendet, die im folgenden definiert ist.

DEFINITION 2.1 (VERTEILUNGSFUNKTIONEN)
Für eine Zufallsvariable X heißt

$$\begin{aligned} F^-(x) &= P(X < x) \quad \textit{links-stetige}, \\ F^+(x) &= P(X \leq x) \quad \textit{rechts-stetige}, \\ F(x) &= \tfrac{1}{2}\left[F^+(x) + F^-(x)\right] \quad \textit{normalisierte} \end{aligned}$$

Version der Verteilungsfunktion von X.

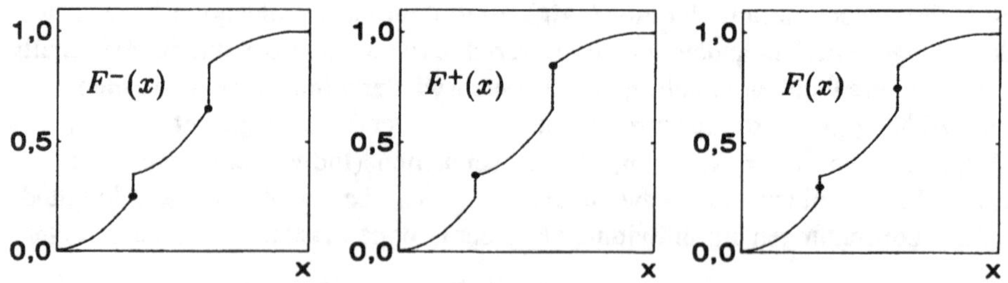

Abbildung 2.1 *Links-stetige, rechts-stetige und normalisierte Version der Verteilungsfunktion. Bei stetigen Verteilungsfunktionen sind alle drei Versionen identisch, d.h.* $F^- = F^+ = F$.

Die oben angestellten Überlegungen werden in der folgenden Definition zusammengefaßt. Hierbei bezeichnet $F_{is}(x)$ die normalisierte Version der Verteilungsfunktion von X_{iks}. Damit werden durch dieses Modell sowohl Daten mit stetigen Verteilungsfunktionen erfaßt als auch Zähldaten, rein ordinale Daten und dichotome Daten.

DEFINITION 2.2 (NICHTPARAMETRISCHES MARGINALMODELL)
Die Zufallsvektoren

$$\boldsymbol{X}_{ik} = (X_{ik1}, \ldots, X_{ikt})' \sim G_i, \quad i = 1, \ldots, a, \; k = 1, \ldots, n_i,$$

mit den Randverteilungen $X_{iks} \sim F_{is}$, $i = 1, \ldots, a$, $k = 1, \ldots, n_i$, $s = 1, \ldots, t$, *werden als unabhängig angenommen. Ferner bezeichne* $\boldsymbol{F}_i = (F_{i1}, \ldots, F_{it})'$ *den Vektor der t Randverteilungen von* $\boldsymbol{X}_{ik}$, $k = 1, \ldots, n_i$. *Der Vektor aller Randverteilungen zu den t Zeitpunkten in den a Gruppen werde mit* $\boldsymbol{F} = (\boldsymbol{F}_1', \ldots, \boldsymbol{F}_a')' = (F_{11}, \ldots, F_{1t}, \ldots, F_{a1}, \ldots, F_{at})'$ *bezeichnet.*

2.2.3 Notation

Für die einzelnen Versuchsanlagen muß das allgemeine nichtparametrische Marginalmodell in Definition 2.2 natürlich entsprechend der Struktur des Versuchs spezifiert werden. Dies geschieht dadurch, daß man den Indizes i und s eine 'Struktur unterlegt', d.h. diese werden entsprechend weiterer Stratifizierungen oder Faktoren in Unter-Indizes aufgeteilt. Bei weiteren Stratifizierungen oder bei einer faktoriellen Struktur der Versuchsgruppen teilt man den Index i in entsprechend viele Unter-Indizes $i', i'', \ldots$ auf, während eine Aufteilung des Index s in Unter-Indizes bedeutet, daß den Zeitpunkten der Verlaufskurven eine faktorielle Struktur unterliegt. Dies wird im folgenden anhand der Beispiele aus Abschnitt 1.3 näher erläutert. Dazu werden fünf typische Versuchsanlagen für longitudinale Daten als Spezialfälle aus dem allgemeinen Modell in Definition 2.2 hergeleitet und den Beispielen zugeordnet.

Der Einfachheit halber wird für spezielle longitudinale Versuchsanlagen die Kurzbezeichnung Fx-LD-Fx verwendet, die folgendermaßen systematisiert ist: LD steht für *Longitudinale Daten*. Links von LD wird die Anzahl der Stratifizierungs- oder Behandlungsfaktoren, die auf jedes einzelne Individuum zu allen Zeitpunkten in gleicher Weise wirken (Whole-Plot-Faktoren), durch 'F1', 'F2', etc. angegeben; es wird *keine* Kennung angegeben, wenn *nur eine* Gruppe von homogenen Individuen, also keine Stratifizierung der Individuen vorhanden ist. Rechts von LD steht die Anzahl der über die einzelnen Zeitpunkte der Verlaufskurven vorhandenen Stratifizierungs- oder Behandlungsfaktoren, die auf ein Individuum nur zu bestimmten Zeitpunkten wirken (Sub-Plot-Faktoren). Naturgemäß ist bei longitudinalen Daten stets der Faktor 'Zeit' mit den Stufen 'Zeitpunkte' vorhanden, d.h. rechts von LD steht entweder 'F1', falls die Zeitpunkte nicht weiter strukturiert sind, oder 'F2', falls die Zeitpunkte durch einen weiteren Faktor strukturiert sind. Beispiele zur Erläuterung sind unten angegeben.

Faktoren bzw. Stratifizierungen werden mit großen Buchstaben A bzw. B bezeichnet, die Anzahl der Faktorstufen bzw. Schichten wird mit den entsprechenden kleinen Buchstaben a bzw. b bezeichnet. Die Stufen der whole-plot Faktoren werden mit i bzw. j numeriert; die Stufen eines Faktors innerhalb einer Verlaufskurve werden mit r numeriert. Der Faktor 'Zeit' wird immer mit T bezeichnet und die t Zeitpunkte werden mit dem Index s numeriert. Der Index k numeriert stets die Individuen von 1 bis n, n_i oder n_{ij}.

2.2.4 Beispiele und spezielle Versuchsanlagen

Modell 2.1 (LD-F1)

Unabhängige Zufallsvektoren:	$\boldsymbol{X}_k = (X_{k1}, \ldots, X_{kt})' \sim G,\ k = 1, \ldots, n,$
Randverteilungen:	$X_{ks} \sim F_s,\ k = 1, \ldots, n,\ s = 1, \ldots, t,$
	$\boldsymbol{F} = (F_1, \ldots, F_t)',$
Anzahl der Individuen:	$n,$
Anzahl der Daten:	$N = n \cdot t.$

In dieser Versuchsanlage wird eine homogene Gruppe von Individuen über $s = 1, \ldots, t$ Zeitpunkte beobachtet. Dies ist die einfachste Versuchsanlage für longitudinale Daten. Die Beobachtungen X_{ks} und die Randverteilungen F_s der LD-F1 Versuchsanlage sind im Schema 2.1 dargestellt.

Beispiele sind die Panik-Skala-Studie I in Abschnitt 1.3.1 und die α-Amylase-Studie in Abschnitt 1.3.4, wenn man den Wochentag (*Montag / Donnerstag*) nicht als weiteren Faktor mit in die Studie aufnimmt, sondern die Verlaufskurven zu $s = 1, \ldots, 8$ Zeitpunkten betrachtet, d.h. man unterlegt diesen Zeitpunkten keine Struktur.

Schema 2.1 (LD-F1)

	DATEN			RAND-VERTEILUNGEN		
	Zeitpunkte			*Zeitpunkte*		
Individuen	$s=1$	$\cdots$	$s=t$	$s=1$	$\cdots$	$s=t$
$k=1$	X_{11}	$\cdots$	X_{1t}	F_1	$\cdots$	F_t
$\vdots$	$\vdots$	$\vdots$	$\vdots$	$\vdots$	$\vdots$	$\vdots$
$k=n$	X_{n1}	$\cdots$	X_{nt}	F_1	$\cdots$	F_t

Modell 2.2 (LD-F2)

Unabhängige Zufallsvektoren:	$\boldsymbol{X}_k = (\boldsymbol{X}'_{k1}, \ldots, \boldsymbol{X}'_{kc})',\ k = 1, \ldots, n$
Abhängige Zufallsvektoren:	$\boldsymbol{X}_{kr} = (X_{kr1}, \ldots, X_{krt})' \sim G_r,\ r = 1, \ldots, c,$
Randverteilungen:	$X_{krs} \sim F_{rs},\ r = 1, \ldots, c,\ s = 1, \ldots, t,$
	$\boldsymbol{F} = (F_{11}, \ldots, F_{1t}, \ldots, F_{c1}, \ldots, F_{ct})',$
Anzahl der Individuen:	$n,$
Anzahl der Daten:	$N = n \cdot c \cdot t.$

Hier liegt eine homogene Gruppe von Individuen vor, wobei jedes Individuum unter $r = 1, \dots, c$ Bedingungen (Faktor C) und für jede Bedingung r zu $s = 1, \dots, t$ Zeitpunkten beobachtet wird. Die Beobachtungen X_{krs} und die Randverteilungen F_{rs} dieser Versuchsanlage sind im Schema 2.2 dargestellt.

Ein Beispiel für diese Versuchsanlage ist die α-Amylase-Studie in Abschnitt 1.3.4, wenn man den Wochentag (*Montag / Donnerstag*) als Faktor mit in die Studie aufnimmt und die Individuen an jedem der beiden Wochentage zu $s = 1, \dots, 4$ Zeitpunkten beobachtet. Dabei hat der Zeitpunkt s am Wochentag $r = 1$ die gleiche Bedeutung wie am Wochentag $r = 2$. Ein weiteres Beispiel stellt die Kortisol-Konzentration im Plasma bei Marathon-Läufern in Abschnitt 1.3.12 dar.

Schema 2.2 (LD-F2)

	DATEN						
	Faktor C						
	$r = 1$			$\cdots$	$r = c$		
	Zeitpunkte				*Zeitpunkte*		
Individuen	$s = 1$	$\cdots$	$s = t$		$s = 1$	$\cdots$	$s = t$
$k = 1$	X_{111}	$\cdots$	X_{11t}	$\cdots$	X_{1c1}	$\cdots$	X_{1ct}
$\vdots$		$\vdots$		$\vdots$		$\vdots$	
$k = n$	X_{n11}	$\cdots$	X_{n1t}	$\cdots$	X_{nc1}	$\cdots$	X_{nct}
	RANDVERTEILUNGEN						
$k = 1$	F_{11}	$\cdots$	F_{1t}	$\cdots$	F_{c1}	$\cdots$	F_{ct}
$\vdots$		$\vdots$		$\vdots$		$\vdots$	
$k = n$	F_{11}	$\cdots$	F_{1t}	$\cdots$	F_{c1}	$\cdots$	F_{ct}

Modell 2.3 (F1-LD-F1)

Unabh. Zufallsvektoren: $\boldsymbol{X}_{ik} = (X_{ik1}, \dots, X_{ikt})' \sim G_i$, $i = 1, \dots, a,\ k = 1, \dots, n_i$,

Randverteilungen: $X_{iks} \sim F_{is}$, $i = 1, \dots, a$, $s = 1, \dots, t$, $k = 1, \dots, n_i$, $\boldsymbol{F} = (F_{11}, \dots, F_{1t}, \dots, F_{a1}, \dots, F_{at})'$,

Anzahl der Individuen: $n = \sum_{i=1}^{a} n_i$,

Anzahl der Daten: $N = n \cdot t$.

In diesem Modell werden $i = 1, \dots, a$ Gruppen (Faktor A) von je $k = 1, \dots, n_i$ Individuen über $s = 1, \dots, t$ Zeitpunkte beobachtet. Die Beobachtungen X_{iks} und die Randverteilungen F_{is} dieser Versuchsanlage sind im Schema 2.3 dargestellt.

Beispiele für diese Mehr-Gruppen Verlaufskurven sind die Panik-Skala-Studie II in Abschnitt 1.3.2, der Cross-Over-Versuch ($a = t = 2$) in Abschnitt 1.3.5, die γ-GT-Studie in Abschnitt 1.3.7, die Kronenvitalität und die SO_4-Konzentration beim Fichtenwald-Dachprojekt in Abschnitt 1.3.11 und die Gewichtsentwicklung von Wistar-Ratten in Abschnitt 1.3.8.

Schema 2.3 (F1-LD-F1)

		DATEN			RAND-VERTEILUNGEN		
		Zeitpunkte			*Zeitpunkte*		
Faktor A	*Individuen*	$s=1$	$\cdots$	$s=t$	$s=1$	$\cdots$	$s=t$
$i=1$	$k=1$	X_{111}	$\cdots$	X_{11t}	F_{11}	$\cdots$	F_{1t}
	$\vdots$	$\vdots$	$\vdots$	$\vdots$	$\vdots$	$\vdots$	$\vdots$
	$k=n_1$	X_{1n_11}	$\cdots$	X_{1n_1t}	F_{11}	$\cdots$	F_{1t}
$\vdots$	$\vdots$		$\vdots$			$\vdots$	
$i=a$	$k=1$	X_{a11}	$\cdots$	X_{a1t}	F_{a1}	$\cdots$	F_{at}
	$\vdots$	$\vdots$	$\vdots$	$\vdots$	$\vdots$	$\vdots$	$\vdots$
	$k=n_a$	X_{an_a1}	$\cdots$	X_{an_at}	F_{a1}	$\cdots$	F_{at}

Schema 2.4 (F2-LD-F1)

			DATEN			RAND-VERTEILUNGEN		
Faktor	*Faktor*		*Zeitpunkte*			*Zeitpunkte*		
A	*B*	*Indiv.*	$s=1$	$\cdots$	$s=t$	$s=1$	$\cdots$	$s=t$
$i=1$	$j=1$	$k=1$	X_{1111}	$\cdots$	X_{111t}	F_{111}	$\cdots$	F_{11t}
		$\vdots$	$\vdots$	$\vdots$	$\vdots$	$\vdots$	$\vdots$	$\vdots$
		$k=n_{11}$	$X_{11n_{11}1}$	$\cdots$	$X_{11n_{11}t}$	F_{111}	$\cdots$	F_{11t}
	$\vdots$	$\vdots$		$\vdots$			$\vdots$	
	$j=b$	$k=1$	X_{1b11}	$\cdots$	X_{1b1t}	F_{1b1}	$\cdots$	F_{1bt}
		$\vdots$	$\vdots$	$\vdots$	$\vdots$	$\vdots$	$\vdots$	$\vdots$
		$k=n_{1b}$	$X_{1bn_{1b}1}$	$\cdots$	$X_{1bn_{1b}t}$	F_{1b1}	$\cdots$	F_{1bt}
$\vdots$	$\vdots$	$\vdots$		$\vdots$			$\vdots$	
$i=a$	$j=1$	$k=1$	X_{a111}	$\cdots$	X_{a11t}	F_{a11}	$\cdots$	F_{a1t}
		$\vdots$	$\vdots$	$\vdots$	$\vdots$	$\vdots$	$\vdots$	$\vdots$
		$k=n_{a1}$	$X_{a1n_{a1}1}$	$\cdots$	$X_{a1n_{a1}t}$	F_{a11}	$\cdots$	F_{a1t}
	$\vdots$	$\vdots$		$\vdots$			$\vdots$	
	$j=b$	$k=1$	X_{ab11}	$\cdots$	X_{ab1t}	F_{ab1}	$\cdots$	F_{abt}
		$\vdots$	$\vdots$	$\vdots$	$\vdots$	$\vdots$	$\vdots$	$\vdots$
		$k=n_{ab}$	$X_{abn_{ab}1}$	$\cdots$	$X_{abn_{ab}t}$	F_{ab1}	$\cdots$	F_{abt}

Modell 2.4 (F2-LD-F1)

Unabh. Zufallsvektoren:	$\boldsymbol{X}_{ijk} = (X_{ijk1}, \ldots, X_{ijkt})' \sim G_{ij}$, $i = 1, \ldots, a,\ j = 1, \ldots, b,\ k = 1, \ldots, n_{ij}$,
Randverteilungen:	$X_{ijks} \sim F_{ijs}$, $i = 1, \ldots, a$, $j = 1, \ldots, b$, $s = 1, \ldots, t$, $k = 1, \ldots, n_{ij}$,
	$\boldsymbol{F} = (F_{111}, \ldots, F_{11t}, \ldots, F_{1b1}, \ldots, F_{1bt}, \ldots, F_{a11}, \ldots, F_{a1t}, \ldots, F_{ab1}, \ldots, F_{abt})'$,
Anzahl der Individuen:	$n = \sum_{i=1}^{a} \sum_{j=1}^{b} n_{ij}$,
Anzahl der Daten:	$N = n \cdot t$.

In dieser Versuchsanlage werden a Gruppen (Faktor A) von Individuen zu je t Zeitpunkten beobachtet, wobei jede Gruppe nach b Kriterien (Faktor B) geschichtet ist. Die schematische Darstellung der Beobachtungen X_{ijks} und der Randverteilungen F_{ijs} dieser etwas komplizierteren Versuchsanlage ist in Schema 2.4 wiedergegeben.

Ein Beispiel für diese Versuchsanlage ist die Schulter-Schmerz-Studie in Abschnitt 1.3.6, bei der $a = 2$ Gruppen von Patienten (Behandlungen Y und N) zu $t = 6$ Zeitpunkten beobachtet werden. Jede der beiden Gruppen von Patienten enthält $b = 2$ Schichten (*männlich / weiblich*) von Patienten.

Modell 2.5 (F1-LD-F2)

Unabh. Zufallsvektoren:	$\boldsymbol{X}_{ik} = (\boldsymbol{X}'_{ik1}, \ldots, \boldsymbol{X}'_{ikt})'$, $i = 1, \ldots, a$, $k = 1, \ldots, n_i$,
Abh. Zufallsvektoren:	$\boldsymbol{X}_{ikr} = (X_{ikr1}, \ldots, X_{ikrt})' \sim G_{ir}$, $i = 1, \ldots, a$, $r = 1, \ldots, c$, $k = 1, \ldots, n_i$,
Randverteilungen:	$X_{ikrs} \sim F_{irs}$, $i = 1, \ldots, a$, $r = 1, \ldots, c$, $s = 1, \ldots, t$,
	$\boldsymbol{F} = (F_{111}, \ldots, F_{11t}, \ldots, F_{1c1}, \ldots, F_{1ct}, \ldots, F_{a11}, \ldots, F_{a1t}, \ldots, F_{ac1}, \ldots, F_{act})'$,
Anzahl der Individuen:	$n = \sum_{i=1}^{a} n_i$,
Anzahl der Daten:	$N = n \cdot c \cdot t$.

Es sind $i = 1, \ldots, a$ Gruppen (Faktor A) von je n_i Individuen vorhanden, wobei jedes Individuum unter $r = 1, \ldots, c$ Bedingungen (Faktor C) und für jede Bedingung zu $s = 1, \ldots, t$ Zeitpunkten (Faktor T) beobachtet wird. Ein Beispiel hierfür ist die Messung der SO_4-Konzentration beim Fichtenwald-Dachprojekt im Abschnitt 1.3.11, bei dem für die drei Versuchsflächen die longitudinalen Messungen für die Jahre 1989 - 1996 noch hinsichtlich der Monate November, Dezember, Januar und Februar strukturiert sind. Bei der Auswertung wird diese Studie jedoch mit Hilfe einer anderen Versuchsanlage modelliert, worauf später noch detaillierter eingegangen wird.

Die oben aufgelisteten nichtparametrischen Modelle sind sehr allgemein formuliert und sagen noch nichts darüber aus, wie zum Beispiel ein Therapie-Effekt zu beschreiben wäre. In den klassischen parametrischen Modellen oder in semiparametrischen Modellen wird ein Therapie-Effekt in natürlicher Weise über die Parameter der Verteilungsfunktionen oder über die künstlich eingeführten Parameter definiert. Die Hypothesen werden dann über lineare Kontraste dieser Parameter formuliert. Dadurch wird die Klasse der zugelassenen Modelle mehr oder weniger eingeschränkt und die Frage nach der 'Robustheit' der entwickelten Verfahren gegenüber Abweichungen von den zugelassenen Modellen ist von zentraler Bedeutung.

Bei einer nichtparametrischen Betrachtungsweise werden die drei Begriffe *Modell*, *Effekt* und *Hypothese* getrennt. Hierdurch kann man deutlich erkennen, ob die zugrundeliegenden Verteilungsfunktionen auf eine bestimmte Klasse eingeschränkt werden und wie eine Einschränkung unter Hypothese aussieht. In Abschnitt 3.1.2 werden für das allgemeine nichtparametrische Marginalmodell sogenannte *relative Marginaleffekte* definiert, wobei nur die Marginalverteilungen verwendet werden. Hypothesen im nichtparametrischen Marginalmodell werden im folgenden Kapitel in den Abschnitten 3.2.1 und 3.2.2 unmittelbar über die Verteilungsfunktionen formuliert.

2.3 Kovarianzstrukturen

Anstatt beliebige Abhängigkeiten zwischen den Beobachtungen $X_{k1}, \ldots, X_{kt}$ an einem Individuum zuzulassen, kann man versuchen, diese Abhängigkeiten in sinnvoller Weise zu modellieren.

Im einfachsten Fall nimmt man an, daß die Beobachtungen X_{ks} und $X_{ks'}$, $s \neq s' = 1, \ldots t$, für jedes k unabhängig sind. Diese Annahme ist bei longitudinalen Daten i.a. nicht erfüllt, da die wiederholten Messungen an den gleichen Individuen erfolgen. Typischerweise sind Beobachtungen am gleichen Individuum positiv korreliert, d.h. $c(s, s') = Cov(X_{ks}, X_{ks'}) > 0$. Nimmt man fälschlicherweise die Unabhängigkeit an, dann überschätzt man die Varianz einer Differenz $X_{ks} - X_{ks'}$ während man die Varianz einer Summe $X_{ks} + X_{ks'}$ unterschätzt.

Ein anderes Modell legt der Kovarianzmatrix von $\boldsymbol{X}_k = (X_{k1}, \ldots, X_{kt})'$ die sogenannte *compound symmetry*-Struktur (CS) zugrunde, d.h.

$$\begin{aligned} &Var(X_{11}) = Var(X_{12}) = \cdots = Var(X_{1t}) = \sigma^2 \quad \text{und} \\ &Cov(X_{1s}, X_{1s'}) = c \quad \text{für alle } s \neq s' = 1, \ldots, t. \end{aligned}$$

Hierbei wird zwar berücksichtigt, daß die Beobachtungen am gleichen Individuum abhängig sein können, jedoch wird die sehr restriktive Struktur gleicher Kovarianzen angenommen. In den klassischen gemischten linearen Modellen (*mixed models*) wird die CS-Struktur der Kovarianzmatrix durch die Annahme der Unabhängigkeit, Additivität und Homoskedastizität der zufälligen Effekte erzeugt. Betrachten wir hierzu das einfache gemischte lineare Modell

$$X_{ks} = \mu_s + B_k + \epsilon_{ks}, \quad k = 1, \dots, n, \; s = 1, \dots, t,$$

wobei die B_k unabhängig, identisch verteilte zufällige Individualeffekte sind mit Erwartungswert $E(B_k) = 0$ und $Var(B_k) = \sigma_B^2$, $k = 1, \dots, n$. Ferner sind die Fehlerterme ϵ_{ks} unabhängig, identisch verteilt mit $E(\epsilon_{ks}) = 0$ und $Var(\epsilon_{ks}) = \sigma_\epsilon^2$ und B_k und ϵ_{ks} werden als unabhängig angenommen. Unter diesen Annahmen folgt $Var(X_{ks}) = \sigma_B^2 + \sigma_\epsilon^2$ und $c(s, s') = Cov(X_{ks}, X_{ks'}) = \sigma_B^2$ für alle $s, s' = 1, \dots, t$. Somit liegt eine CS-Struktur vor.

Betrachtet man allgemeiner ein nichtparametrisches Modell und nimmt an, daß die gemeinsame Verteilung $G(\boldsymbol{x})$ von $\boldsymbol{X}_k = (X_{k1}, \dots, X_{kt})'$ unter allen Permutationen der Komponenten von $\boldsymbol{X}_k$ invariant bleibt (*interchangeable*), so folgt unmittelbar, daß unter dieser Annahme alle Varianzen und alle Kovarianzen gleich sind. Durch diese Annahme der Austauschbarkeit (*interchangeability*) wird ebenfalls die CS-Struktur der Kovarianzmatrix von $\boldsymbol{X}_k$ erzeugt.

Eine solche CS-Struktur der Kovarianzmatrix des Vektors $\boldsymbol{X}_k$ ist in bestimmten *repeated-measures*-Modellen sinnvoll, eignet sich aber für longitudinale Daten kaum, da im allgemeinen bei Zeitverläufen nahe benachbarte Werte stärker voneinander abhängig sind als weiter auseinander liegende Werte. Eine derartige Struktur wird zum Beispiel in *autoregressiven Modellen* berücksichtigt, bei denen die Kovarianzmatrix $\boldsymbol{V} = (v_{rs})_{r,s=1,\dots,t}$ im einfachen Fall äquidistanter Zeitpunkte die Struktur

$$v_{rs} = \frac{\tau^2}{1 - \rho^2} \rho^{|r-s|},$$

hat, wobei ρ die Autokorrelation zwischen zwei benachbarten Zeitpunkten ist und $|\rho| < 1$ vorausgesetzt wird.

Parametrische autoregressive (und weitaus komplexere) Modelle sind ausführlich z.B. von LINDSEY (1993) oder DIGGLE, LIANG und ZEGER (1994) beschrieben worden. Einfache nichtparametrische und semi-parametrische autoregressive Modelle sind von HALLIN und PURI (1988, 1994) untersucht worden. Für mehrfaktorielle Versuchsanlagen liegen zur Zeit noch keine Ergebnisse für nichtparametrische autoregressive Modelle vor.

Will man sinnvolle nichtparametrische Modelle zur Analyse longitudinaler Daten untersuchen, bleibt derzeit nur die Annahme einer beliebigen, nicht näher spezifizierten Kovarianzmatrix, die dann vollständig (für die Ränge der Beobachtungen) aus den Daten geschätzt werden muß.

3 Effekte und Hypothesen

3.1 Nichtparametrische Effekte

3.1.1 Relative summarische Effekte

Wenn bei einer Versuchsanlage mit longitudinalen Daten Unterschiede zu den einzelnen Zeitpunkten weniger interessieren als ein 'Gesamtunterschied', dann kann man entsprechend der biologischen Fragestellung versuchen, eine für das Problem charakteristische Meßgröße durch eine Funktion $\varphi(X_{ik1}, \ldots, X_{ikt})$ der Beobachtungen für jedes einzelne Individuum festzulegen. Man erhält aus den unabhängigen Vektoren $\boldsymbol{X}_{ik} = (X_{ik1}, \ldots, X_{ikt})'$ des nichtparametrischen Marginalmodells in Definiton 2.2 (Seite 25) die unabhängigen Zufallsvariablen

$$Y_{ik} = \varphi(X_{ik1}, \ldots, X_{ikt}), \quad i = 1, \ldots, a, \ k = 1, \ldots, n_i, \tag{3.1}$$

wobei die Funktion $\varphi(\cdot)$ das Problem 'summarisch' beschreibt. Beispiele hierfür sind die Fläche unter der Verlaufskurve (area under the curve, AUC) , welche in der Pharmakokinetik häufig verwendet wird (siehe z.B. die Plasma-Renin-Studie in Abschnitt 1.3.9). Summarische Meßgrößen sind auch das Maximum oder das Minimum der Beobachtungen für ein Individuum oder eine Linearkombination dieser Beobachtungen $Y_{ik} = \sum_{s=1}^{t} \lambda_{is} X_{iks}$, wobei das 'Muster' $\lambda_{i1}, \ldots, \lambda_{it}$ der jeweiligen Fragestellung entsprechen muß. Die Konstanten λ_{is} sind vor der Datenerhebung entsprechend dem jeweiligen Problem festzulegen.

Bei der Technik der summarischen Darstellung einer Verlaufskurve als Linearkombination der Beobachtungen eines Individuums ist besonders zu beachten, daß hierbei für die Schätzung der Varianz die Voraussetzung benötigt wird, daß alle Y_{ik} denselben Erwartungswert μ_i haben. Dies bedeutet, daß zu den entsprechenden t Zeitpunkten genau eine Beobachtung vorhanden sein muß und fehlende Werte mit dieser Technik nicht behandelt werden können.

Die Verwendung von Linearkombinationen zur Erzeugung von summarischen Meßgrößen ist auf stetige und diskrete metrische Daten beschränkt und macht für rein ordinale Daten im allgemeinen keinen Sinn.

Die einzige Modellannahme für die Y_{ik} ist, daß die Zufallsvariablen unabhängig und innerhalb der Gruppe i identisch verteilt sind nach $G_i(y) = \frac{1}{2}[G_i^+(y) + G_i^-(y)]$, $i = 1, \ldots, a, k = 1, \ldots, n_i$. Man betrachtet also unabhängige und identisch verteilte Meßgrößen und kann damit die nichtparametrischen Effekte verwenden, wie sie von den Versuchsanlagen für unabhängige Zufallsvariablen her bekannt sind (MANN und WHITNEY 1947 sowie KRUSKAL und WALLIS 1952). Man definiert hierbei für die Behandlung i einen *relativen Behandlungseffekt* p_i mittels der Verteilung G_i relativ zu allen $i = 1, \ldots, a$ Verteilungen in der Versuchsanlage durch

$$p_i = \int H(y) dG_i(y) = \int H dG_i, \quad i = 1, \ldots, a, \tag{3.2}$$

wobei

$$H(y) \quad = \quad \frac{1}{N}\sum_{i=1}^{a} n_i G_i(y) \tag{3.3}$$

der mit den Stichprobenumfängen n_i der Gruppen $i = 1, \ldots, a$ gewichtete Mittelwert aller Verteilungsfunktionen und $N = \sum_{i=1}^{a} n_i$ die Anzahl aller Individuen in der Versuchsanlage ist. Anstelle von $\int H(y)dG_i(y)$ schreibt man kurz $\int HdG_i$.

Zur Interpretation dieser relativen Effekte p_i betrachtet man zunächst den Zwei-Stichproben-Fall, d.h. $a = 2$. In diesem Fall ist

$$\begin{aligned} p_1 &= \int \frac{n_1}{N} G_1 dG_1 + \int \frac{n_2}{N} G_2 dG_1 = \frac{n_1}{2N} + \frac{n_2}{N}\int G_2 dG_1, \\ p_2 &= \int \frac{n_1}{N} G_1 dG_2 + \int \frac{n_2}{N} G_2 dG_2 = \frac{n_1}{N}\int G_1 dG_2 + \frac{n_2}{2N}. \end{aligned}$$

Setzt man nun $p = \int G_1 dG_2 = 1 - \int G_2 dG_1$, so folgt

$$p_2 - p_1 \quad = \quad p - \frac{1}{2} \tag{3.4}$$

und falls $G_1 = G_2 = H$ ist, folgt $p = \int HdH = \frac{1}{2}$ und somit $p_2 - p_1 = 0$. Für unabhängige Zufallsvariablen $Y_1 \sim G_1$ und $Y_2 \sim G_2$ mit stetigen Verteilungsfunktionen $G_1(y)$ und $G_2(y)$ ist

$$p \quad = \quad \int G_1 dG_2 = P(Y_1 \leq Y_2) \tag{3.5}$$

die Wahrscheinlichkeit, daß Y_1 kleiner als Y_2 ist. Falls $p > \frac{1}{2}$ ist, heißt Y_1 *stochastisch kleiner* als Y_2, falls $p < \frac{1}{2}$ ist, heißt Y_1 *stochastisch größer* als Y_2 und $p = \frac{1}{2}$ bedeutet, daß keine Tendenz zu größeren oder kleineren Werten von Y_1 gegenüber Y_2 besteht.

Für unabhängige Zufallsvariable Y_1 und Y_2 sieht man sofort aus (3.4) und (3.5), daß sich die Wahrscheinlichkeit $P(Y_1 \leq Y_2)$ als Linearkombination der relativen Effekte p_1 und p_2 darstellen läßt, nämlich $p = p_2 - p_1 + \frac{1}{2}$. Im Zwei-Stichprobenfall ist also die Betrachtung der Wahrscheinlichkeit $P(Y_1 \leq Y_2)$ äquivalent zur Betrachtung der Differenz der relativen Effekte p_1 und p_2. Somit ergibt sich aus der Definition des relativen Effektes p für zwei Stichproben automatisch, daß die Differenzen - und nicht etwa Quotienten - zu betrachten sind.

Der bekannte Rang-Test von WILCOXON, MANN und WHITNEY für die Hypothese $H_0 : G_1 = G_2$ basiert auf dem relativen Effekt p. Der Test ist konsistent gegen Alternativen der Form $H_1 : p \neq \frac{1}{2}$.

Für unstetige Verteilungen ändert sich (3.5) in

$$\begin{aligned} p &= \int G_1 dG_2 = \int \frac{1}{2}[G_1^+ + G_1^-]dG_2 = \int \left(G_1^- + \frac{1}{2}[G_1^+ - G_1^-]\right) dG_2 \\ &= \int G_1^- dG_2 + \frac{1}{2}\int [G_1^+ - G_1^-]dG_2 \\ &= P(Y_1 < Y_2) + \frac{1}{2}P(Y_1 = Y_2). \end{aligned} \tag{3.6}$$

Um im Falle mehrerer Verteilungen G_i, $i = 1, \dots, a$, eine Tendenz zu beschreiben, wird aus allen Beobachtungen in der Versuchsanlage zufällig eine Beobachtung Z ausgewählt und mit einer beliebigen Beobachtung aus der Gruppe i verglichen. Eine zufällig ausgewählte Beobachtung Z ist verteilt nach dem gewichteten Mittel $H = \frac{1}{N}\sum_{i=1}^{a} n_i G_i$ der Verteilungsfunktionen G_i. Somit ist $p_i = \int H dG_i$ ein relativer Effekt von $Y_i \sim G_i$ gegenüber $Z \sim H$, der Mischung der Verteilungen $G_1, \dots, G_a$.

Man faßt schließlich die Verteilungen symbolisch als Vektor $\boldsymbol{G} = (G_1, \dots, G_a)'$ zusammen und definiert damit den *Vektor der relativen Behandlungseffekte*

$$\boldsymbol{p} = \int H d\boldsymbol{G} = (p_1, \dots, p_a)'. \tag{3.7}$$

Man betrachtet dann Linearkombinationen dieser relativen Behandlungseffekte $p_1, \dots, p_a$, die sich für den Zwei-Stichproben-Fall auf die Differenz $p_2 - p_1$ reduzieren.

3.1.2 Relative Marginaleffekte

In parametrischen oder semi-parametrischen Marginalmodellen werden Effekte zum Beispiel über die Erwartungswerte μ_i oder die Verschiebungen δ_i der Randverteilungen F_i, $i = 1, \dots, a$ definiert. Hierbei ist zu beachten, daß sich Behandlungsunterschiede bei verbundenen Stichproben auch in unterschiedlichen Randverteilungen darstellen werden, so daß die Verschiebungen der Randverteilungen sinnvolle Größen sind, um Effekte bei verbundenen Stichproben zu beschreiben (siehe z.B. AGRESTI 1984).

In einem nichtparametrischen Marginalmodell wird man anstatt der Lokationsparameter die gesamten Randverteilungen zur Definition von Marginaleffekten verwenden. Ähnlich wie für die summarischen Meßgrößen definiert man zum Zeitpunkt s einen relativen Effekt der Gruppe i in Bezug auf alle $a \cdot t$ Verteilungen F_{is}, $i = 1, \dots, a$, $s = 1, \dots, t$. Das gewichtete Mittel dieser Verteilungen ist

$$H = \frac{1}{N}\sum_{i=1}^{a}\sum_{s=1}^{t} n_i F_{is}.$$

Hierbei bezeichnet $N = n \cdot t$ die Gesamtanzahl aller Beobachtungen und $n = \sum_{i=1}^{a} n_i$ die Anzahl aller Individuen in der Versuchsanlage. Bezüglich dieser Mischung der $a \cdot t$ Verteilungen definiert man den *relativen Marginaleffekt* der Gruppe i zum Zeitpunkt s als $p_{is} = \int H dF_{is}$ und faßt alle $a \cdot t$ relativen Marginaleffekte zu einem Vektor

$$\boldsymbol{p} = \int H d\boldsymbol{F} = (p_{11}, \ldots, p_{1t}, \ldots, p_{a1}, \ldots, p_{at})' \tag{3.8}$$

zusammen, wobei $\boldsymbol{F} = (F_{11}, \ldots, F_{1t}, \ldots, F_{a1}, \ldots, F_{at})'$ der Vektor der $a \cdot t$ Randverteilungen ist.

Die Interpretation dieses relativen Effektes p_{is} ist ähnlich der für die summarischen Meßgrößen. Die Größe p_{is} gibt (als Wahrscheinlichkeit) die Tendenz der Randverteilung F_{is} in Bezug auf die Mischungsverteilung H an. Liegt $F_{is}(x)$ mehr im linken Bereich von $H(x)$, dann ist $p_{is} < \frac{1}{2}$, liegt $F_{is}(x)$ mehr im rechten Bereich von $H(x)$, so ist $p_{is} > \frac{1}{2}$ und falls keine Tendenz gegenüber $H(x)$ nach rechts oder links besteht, ist $p_{is} = \frac{1}{2}$.

Zur Veranschaulichung soll hier Abbildung 3.1 dienen. Mithilfe dieser relativen Marginaleffekte p_{is} lassen sich in faktoriellen Modellen relative Haupteffekte und Wechselwirkungen definieren. Dies wird in den Kapiteln 8 und 10 anhand von Beispielen demonstriert, wobei auch auf die Interpretation und Bedeutung dieser rein nichtparametrischen Effekte eingegangen wird.

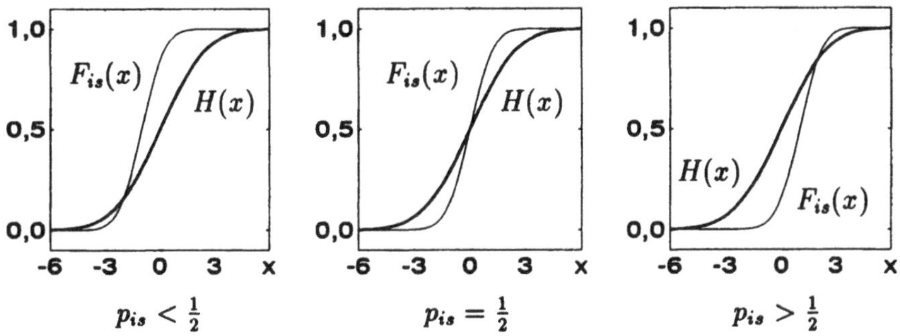

Abbildung 3.1 *Interpretation des relativen Marginaleffektes* p_{is}.

Getrennt von der Definition eines relativen Marginaleffektes ist natürlich zu berücksichtigen, daß die Beobachtungen $X_{ik1}, \ldots, X_{ikt}$ der Verlaufskurve eines Individuums voneinander abhängig sein können. Wenn dabei keine spezielle Abhängigkeitsstruktur für die Beobachtungen einer Verlaufskurve angenommen wird, bezeichnet man dieses Modell in der Literatur (siehe z.B. ARNOLD 1981) als *multivariates Modell für wiederholte Messungen (multivariate repeated measures model).*

3.2 Nichtparametrische Hypothesen

Hypothesen werden in parametrischen oder semi-parametrischen Modellen in natürlicher Weise über die Parameter formuliert. In nichtparametrischen Modellen bieten sich zwei Größen an, um den Begriff *kein Behandlungseffekt* festzulegen: die Verteilungsfunktionen und die nichtparametrischen (relativen) Effekte.

Bei den summarischen Effekten werden die Hypothesen über die Verteilungen G_i der Y_{ik} oder über die relativen Effekte p_i der Y_{ik}, $i = 1, \ldots, a$, formuliert. In den Marginalmodellen, wie sie in Abschnitt 2.2 diskutiert worden sind, werden diese Hypothesen über die Randverteilungen $F_{is}(x)$ und über die relativen Marginaleffekte $p_{is} = \int H dF_{is}$ formuliert. In allen drei Fällen werden die Hypothesen also entweder über die Verteilungen selbst oder über die entsprechenden relativen Effekte formuliert.

3.2.1 Hypothesen über die Verteilungen

Die Formulierung der Hypothesen über die Verteilungen soll anhand eines Versuches mit $i = 1, \ldots, a$ Stichproben erläutert werden, wobei der Einfachheit halber nur ein Index verwendet wird. Liegen den a Stichproben die Verteilungen $F_1, \ldots, F_a$ zugrunde, so ist offensichtlich kein Behandlungseffekt vorhanden, wenn alle Verteilungen gleich sind. D.h. man formuliert die Hypothese als

$$H_0^F : F_1 = \cdots = F_a. \tag{3.9}$$

In einem semi-parametrischen Lokationsmodell mit den Verschiebungsparametern $\mu_1, \ldots, \mu_a$, d.h. $F_i(x) = F(x - \mu_i)$, $i = 1, \ldots, a$, würde man die analoge Hypothese als $H_0^\mu : \mu_1 = \cdots = \mu_a$ formulieren. Allgemeiner schreibt man im Lokationsmodell Hypothesen mithilfe von linearen Kontrasten in den Lokationsparametern. Dazu faßt man die Lokationsparameter $\mu_1, \ldots, \mu_a$ in einem Vektor $\boldsymbol{\mu} = (\mu_1, \ldots, \mu_a)'$ zusammen. Zur Formulierung einer Hypothese betrachtet man eine Linearkombination $L_k = \sum_{\ell=1}^a c_{k\ell}\mu_\ell = (c_{k1}, \ldots, c_{ka}) \cdot \boldsymbol{\mu}$ der Lokationsparameter $\mu_1, \ldots, \mu_a$, wobei sich die Konstanten $c_{k1}, \ldots, c_{ka}$ zu 0 summieren, d.h. $\sum_{\ell=1}^a c_{k\ell} = \boldsymbol{c}_k' \mathbf{1}_a = 0$. Hierbei bezeichnet $\mathbf{1}_a = (1, \ldots, 1)'_{a \times 1}$ den a-dimensionalen Einservektor. Den Zeilenvektor $\boldsymbol{c}_k' = (c_{k1}, \ldots, c_{ka})$ der Konstanten faßt man als k-te Zeile einer sogenannten $(m \times a)$-*Kontrastmatrix*

$$\boldsymbol{C} = \begin{pmatrix} c_{11} & \cdots & c_{1a} \\ \vdots & \vdots & \vdots \\ c_{m1} & \cdots & c_{ma} \end{pmatrix} \tag{3.10}$$

auf. Den entsprechenden Vektor $\boldsymbol{C\mu}$ nennt man *m-dimensionalen Kontrast* der Lokationsparameter.

Definition 3.1 (Kontrastmatrix)
Eine $(m \times a)$*-Matrix* $\boldsymbol{C}$*, bei der die Summe der Elemente in jeder Zeile* 0 *ist, d.h.* $\boldsymbol{C}\mathbf{1}_a = \mathbf{0}_{m\times 1}$*, heißt* Kontrastmatrix.

Die Hypothese $H_0^\mu : \mu_1 = \cdots = \mu_a$ kann man mittels einer solchen Kontrastmatrix auf vielfache Art identisch formulieren. Beispielsweise ergibt sich mit der Kontrastmatrix

$$\boldsymbol{C}_1 = \begin{pmatrix} 1 & -1 & 0 & \cdots & 0 \\ 1 & 0 & -1 & \ddots & 0 \\ \vdots & \vdots & \ddots & \ddots & \vdots \\ 1 & 0 & \cdots & 0 & -1 \end{pmatrix} = \left(\mathbf{1}_{a-1} \vdots -\boldsymbol{I}_{a-1} \right)$$

die Formulierung der Hypothese

$$H_0^\mu : \boldsymbol{C}_1\boldsymbol{\mu} = \begin{pmatrix} 1 & -1 & 0 & \cdots & 0 \\ 1 & 0 & -1 & \ddots & 0 \\ \vdots & \vdots & \ddots & \ddots & \vdots \\ 1 & 0 & \cdots & 0 & -1 \end{pmatrix} \begin{pmatrix} \mu_1 \\ \mu_2 \\ \vdots \\ \mu_a \end{pmatrix} = \begin{pmatrix} \mu_1 - \mu_2 \\ \mu_1 - \mu_3 \\ \vdots \\ \mu_1 - \mu_a \end{pmatrix} = \mathbf{0}.$$

Hierbei ist $\mathbf{1}_{a-1} = (1, \ldots, 1)'_{(a-1)\times 1}$ der $(a-1)$-dimensionale Einservektor, $\boldsymbol{I}_{a-1} = diag\{1, \ldots, 1\}$ die $(a-1)$-dimensionale Einheitsmatrix und $\mathbf{0}$ der Nullvektor. Die gleiche Hypothese kann man mit der Kontrastmatrix

$$\boldsymbol{C}_2 = \begin{pmatrix} 1 & -1 & 0 & \cdots & \cdots & 0 \\ 0 & 1 & -1 & 0 & & 0 \\ 0 & 0 & 1 & -1 & \ddots & 0 \\ \vdots & \vdots & \ddots & \ddots & \ddots & \vdots \\ 0 & \cdots & \cdots & 0 & 1 & -1 \end{pmatrix}$$

äquivalent formulieren als $H_0^\mu : \mu_i = \mu_{i+1}$, $i = 1, \ldots, a-1$. Die Kontrastmatrizen $\boldsymbol{C}_1$ und $\boldsymbol{C}_2$ sind Matrizen der Dimension $(a-1)\times a$ und haben beide den Rang $a-1$. Diese beiden Formulierungen der Hypothese sind jedoch insofern unsymmetrisch, als nicht alle Parameter μ_i, $i = 1, \ldots, a$, gleich oft zur Formulierung benutzt werden. Im folgenden wird daher zur Formulierung der Gleichheit aller a Behandlungen die symmetrische $a \times a$ Matrix

$$\begin{aligned} \boldsymbol{P}_a &= \boldsymbol{I}_a - \tfrac{1}{a}\boldsymbol{J}_a \\ &= \begin{pmatrix} 1 & \cdots & 0 \\ \vdots & \ddots & \vdots \\ 0 & \cdots & 1 \end{pmatrix}_{a\times a} - \frac{1}{a} \begin{pmatrix} 1 & \cdots & 1 \\ \vdots & \ddots & \vdots \\ 1 & \cdots & 1 \end{pmatrix}_{a\times a} \end{aligned} \tag{3.11}$$

verwendet, die auch *zentrierende Matrix* genannt wird, da sie die Subtraktion des Mittelwertes $\overline{\mu}_. = a^{-1}\sum_{i=1}^{a}\mu_i = a^{-1}\mathbf{1}_a'\boldsymbol{\mu}$ von jedem Einzelwert μ_i bewirkt. Hierbei ist $\boldsymbol{J}_a = \mathbf{1}_a\mathbf{1}_a'$ die $a \times a$ Einsermatrix. Man erhält damit

$$\boldsymbol{P}_a\boldsymbol{\mu} = \left(\boldsymbol{I}_a - \tfrac{1}{a}\boldsymbol{J}_a\right)\boldsymbol{\mu} = \begin{pmatrix} \mu_1 - \overline{\mu}_. \\ \vdots \\ \mu_a - \overline{\mu}_. \end{pmatrix}.$$

Die zentrierende Matrix $\boldsymbol{P}_a$ ist eine symmetrische und idempotente Matrix (Projektor), wobei der Index a die Ordnung dieser quadratischen Matrix angibt. Es ist zu beachten, daß $\boldsymbol{P}_a$ den Rang $a-1$ hat, also eine singuläre Matrix ist. Mithilfe von $\boldsymbol{P}_a$ schreibt man die Hypothese der Gleichheit aller a Behandlungen äquivalent als $H_0^\mu : \boldsymbol{P}_a\boldsymbol{\mu} = \mathbf{0}$.

In Analogie zur Formulierung $H_0^\mu : \boldsymbol{C}\boldsymbol{\mu} = \mathbf{0}$ von allgemeinen linearen Hypothesen mit einer Kontrastmatrix $\boldsymbol{C}$ in einem Lokationsmodell mit dem Parametervektor $\boldsymbol{\mu}$ schreibt man Hypothesen in einem nichtparametrischen Modell mit den Verteilungen $F_1, \ldots, F_a$ in der Form

$$H_0^F : \boldsymbol{C}\boldsymbol{F} = \mathbf{0}, \tag{3.12}$$

wobei $\boldsymbol{F} = (F_1, \ldots, F_a)'$ der Vektor der Verteilungen und $\mathbf{0} = (0, \ldots, 0)'$ ein Vektor ist, dessen Komponenten Funktionen sind, die alle identisch in die 0 abbilden. Damit kann man die Hypothese, daß kein Behandlungseffekt vorliegt, in einem nichtparametrischen Modell äquivalent zu (3.9) formulieren als

$$H_0^F : \boldsymbol{P}_a\boldsymbol{F} = \begin{pmatrix} F_1 - \overline{F}_. \\ \vdots \\ F_a - \overline{F}_. \end{pmatrix} = \begin{pmatrix} 0 \\ \vdots \\ 0 \end{pmatrix},$$

wobei $\overline{F}_. = a^{-1}\mathbf{1}_a'\boldsymbol{F} = a^{-1}\sum_{i=1}^{a} F_i$ ist.

Spezielle Hypothesen in den einzelnen Modellen werden in den Kapiteln 7, 8 und 10 formuliert und ihre Bedeutung und Interpretation wird dort ausführlich diskutiert.

Für die summarischen Effekte formuliert man analoge Hypothesen $H_0^G : \boldsymbol{C}\boldsymbol{G} = \mathbf{0}$, wobei $\boldsymbol{G} = (G_1, \ldots, G_a)'$ der Vektor der Verteilungen G_i der Y_{ik} ist.

3.2.2 Hypothesen über die relativen Effekte

Die Formulierung von Hypothesen für relative Effekte soll anhand der relativen Marginaleffekte demonstriert werden. Es bezeichne $p_{is} = \int H dF_{is}$ den relativen Marginaleffekt für die Versuchsgruppe i zum Zeitpunkt s und $\boldsymbol{p} = (\boldsymbol{p}_1', \ldots, \boldsymbol{p}_a')'$ mit $\boldsymbol{p}_i = (p_{i1}, \ldots, p_{it})'$ sei der Vektor der relativen Marginaleffekte p_{is}. Damit kann man allgemeine Hypothesen über lineare Kontraste der p_{i_s} mit einer Kontrastmatrix C als

$$H_0^p : \boldsymbol{C}\boldsymbol{p} = \boldsymbol{0} \tag{3.13}$$

schreiben. Die Interpretation und Bedeutung solcher Hypothesen in speziellen Versuchsanlagen wird in den Kapiteln 7, 8 und 10 genauer diskutiert und mit den Hypothesen im linearen Modell verglichen.

Abschließend sollen einige allgemein gültige Beziehungen angegeben werden zwischen den linearen Hypothesen über den Vektor $\boldsymbol{\mu} = \int x d\boldsymbol{F}(x) = (\mu_1, \ldots, \mu_a)'$ der Erwartungswerte $\mu_i = E(X_{i1}) = \int x dF_i(x)$, über den Vektor $\boldsymbol{F} = (F_1, \ldots, F_a)'$ der Verteilungen F_i von X_{i1} und über den Vektor der relativen Marginaleffekte $p_i = \int H dF_i$, wobei $H = N^{-1} \sum_{i=1}^a n_i F_i$ ist.

Man sieht sofort, daß aus $H_0^F : \boldsymbol{C}\boldsymbol{F} = \boldsymbol{0}$ zum einen $H_0^\mu : \boldsymbol{C}\boldsymbol{\mu} = \boldsymbol{C} \int x d\boldsymbol{F}(x) = \int x d(\boldsymbol{C}\boldsymbol{F}(x)) = \boldsymbol{0}$ und zum anderen $H_0^p : \boldsymbol{C}\boldsymbol{p} = \boldsymbol{C} \int H d\boldsymbol{F} = \int H d(\boldsymbol{C}\boldsymbol{F}) = \boldsymbol{0}$ folgt.

PROPOSITION 3.2 (BEZIEHUNGEN ZWISCHEN DEN HYPOTHESEN)
Für jede Kontrastmatrix C gilt

$$H_0^F : \boldsymbol{C}\boldsymbol{F} = \boldsymbol{0} \quad \Rightarrow \quad H_0^p : \boldsymbol{C}\boldsymbol{p} = \boldsymbol{0}.$$

Falls $\boldsymbol{\mu} = (\mu_1, \ldots, \mu_a)'$ der Vektor der Erwartungswerte ist, dann gilt auch

$$H_0^F : \boldsymbol{C}\boldsymbol{F} = \boldsymbol{0} \quad \Rightarrow \quad H_0^\mu : \boldsymbol{C}\boldsymbol{\mu} = \boldsymbol{0}.$$

Diese Implikationen sind in Abbildung 3.2 graphisch wiedergegeben. Die Äquivalenz der Hypothesen gilt in speziellen Fällen und wird in den Kapiteln 7, 8 und 10 diskutiert.

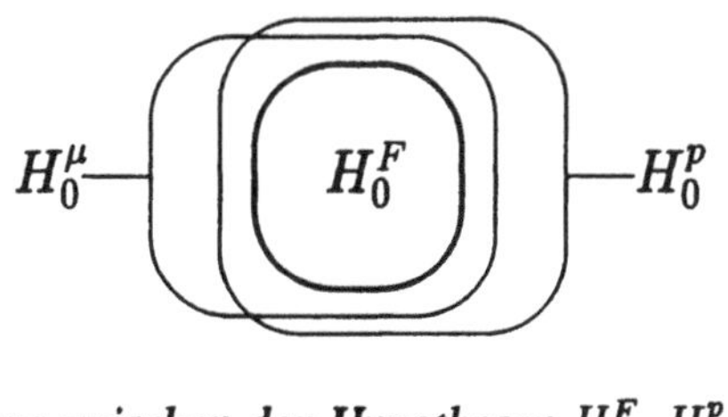

Abbildung 3.2 *Beziehung zwischen den Hypothesen H_0^F, H_0^p und H_0^μ.*

Einfache Gegenbeispiele zeigen, daß die Umkehrung der Aussagen in Proposition 3.2 i.a. nicht gilt. Für alle Zufallsvariablen X_i mit symmetrischen Verteilungsfunktionen $F_i^S(x)$, $i = 1, \ldots, a$, mit dem gleichen Symmetriezentrum μ_S aber ungleichen Varianzen σ_i^2 gilt $E(X_i) = \mu_i \equiv \mu_S$ (und damit H_0^μ). Eine einfache Rechnung zeigt, daß ebenfalls $p_i = \int H dF_i^S = \frac{1}{2}$ (und damit H_0^p) gilt. Bei ungleichen

Varianzen gilt jedoch nicht H_0^F. Dieses Beispiel enthält als Spezialfall das parametrische BEHRENS-FISHER-Problem. Daher nennt man die Hypothesen H_0^p auch Hypothesen für das *verallgemeinerte* oder *nichtparametrische* BEHRENS-FISHER-*Problem* (siehe FLIGNER und POLICELLO II 1981, sowie BRUNNER, PURI und SUN 1995).

Es ist offensichtlich, daß die Menge der Verteilungen, für die $\boldsymbol{C}\boldsymbol{p} = \mathbf{0}$ oder $\boldsymbol{C}\boldsymbol{F} = \mathbf{0}$ gilt, invariant unter streng monotonen Transformationen der Daten ist. Dies gilt z.B. nicht für die parametrischen Hypothesen $H_0^\mu : \boldsymbol{C}\boldsymbol{\mu} = \mathbf{0}$ in den linearen Modellen, da die Erwartungswerte μ_i i.a. nicht invariant unter (nicht-linearen) monotonen Transformationen sind. Man vergleiche hierzu die Diskussion bezüglich der graphischen Darstellung der Ergebnisse der γ-GT-Studie in Abschnitt 4.5.1, Abbildung 4.3 auf Seite 52.

Bei Verwendung der relativen Effekte in einem nichtparametrischen Modell erübrigt sich z.B. für quantitative Daten eine Diskussion, ob ein additives oder ein multiplikatives Modell angenommen werden soll. Dies wird später bei der Auswertung der Stammzell-Konzentrat-Studie in Abschnitt 7.1, auf Seite 72 noch genauer diskutiert.

Insbesondere sind die relativen Effekte und die Hypothesen H_0^F sowie H_0^p zur Anwendung auf rein ordinale Daten besonders geeignet. Dies gilt ebenfalls für alle Fälle, in denen die Ergebnisse unter monotonen Transformationen invariant sein sollen.

Für die relativen summarischen Effekte gelten die obigen Überlegungen entsprechend.

4 Schätzer für die relativen Effekte

4.1 Die (normalisierte) empirische Verteilungsfunktion

Zur Schätzung der relativen Effekte $p_i = \int H dF_i$ werden die Verteilungsfunktionen $F_i(x)$ durch die entsprechenden empirischen Verteilungsfunktionen ersetzt, die über die sogenannte *Zählfunktion* berechnet werden. Dazu definiert man zunächst die drei Versionen der Zählfunktion.

DEFINITION 4.1 (ZÄHLFUNKTION)
Die Funktion

$$c^-(x) = \begin{cases} 0, x \leq 0, \\ 1, x > 0 \end{cases} \quad \textit{heißt } \text{links-stetige } \textit{Version},$$

$$c^+(x) = \begin{cases} 0, x < 0, \\ 1, x \geq 0 \end{cases} \quad \textit{heißt } \text{rechts-stetige } \textit{Version},$$

$$c(x) = \frac{1}{2}\left[c^+(x) + c^-(x)\right] \quad \textit{heißt } \text{normalisierte } \textit{Version}$$

der Zählfunktion.

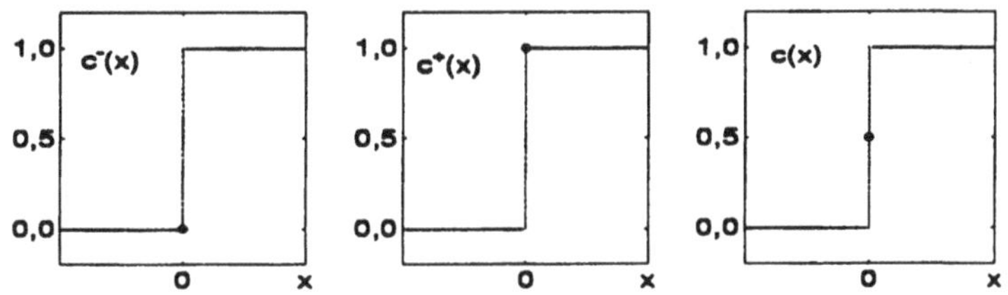

Abbildung 4.1 *Links-stetige, rechts-stetige und normalisierte Version der Zählfunktion.*

Entsprechend den drei Versionen der Verteilungsfunktion, wie sie in Definition 2.1 angegeben sind, definiert man mithilfe dieser Zählfunktion ebenfalls drei Versionen für die empirische Verteilungsfunktion.

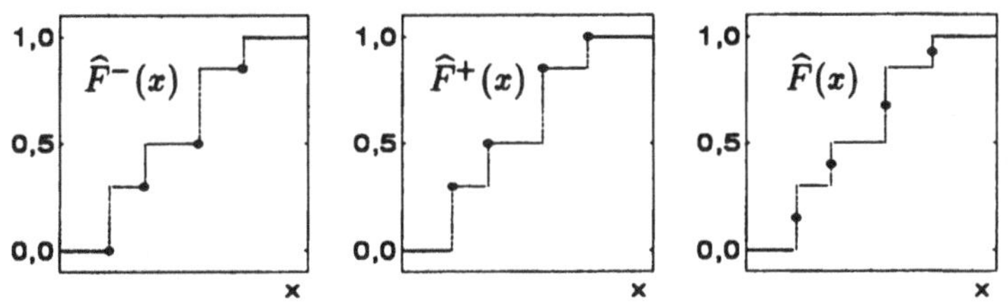

Abbildung 4.2 *Links-stetige, rechts-stetige und normalisierte Version der empirischen Verteilungsfunktion.*

DEFINITION 4.2 (EMPIRISCHE VERTEILUNGSFUNKTION)
Für eine Stichprobe $X_{i1}, \ldots, X_{in_i}$ von Meßgrößen $X_{ik} \sim F_i(x)$, $k = 1, \ldots, n_i$, $i = 1, \ldots, a$, heißt die Funktion

$$\begin{aligned}
\widehat{F}_i^-(x) &= \frac{1}{n_i} \sum_{k=1}^{n_i} c^-(x - X_{ik}) \quad \text{links-stetige } \textit{Version}, \\
\widehat{F}_i^+(x) &= \frac{1}{n_i} \sum_{k=1}^{n_i} c^+(x - X_{ik}) \quad \text{rechts-stetige } \textit{Version}, \\
\widehat{F}_i(x) &= \frac{1}{n_i} \sum_{k=1}^{n_i} c(x - X_{ik}) = \frac{1}{2}\left[\widehat{F}_i^+(x) + \widehat{F}_i^-(x)\right] \quad \text{normalisierte } \textit{Version}
\end{aligned}$$

der empirischen Verteilungsfunktion von $X_{i1}, \ldots, X_{in_i}$.

Beispiel 4.1 Für die Beobachtungen $1.2, 2.6, 2.6, 3.0, 5.0, 5.0, 5.0, 7.4, 10.8, 15.2$ sind die drei Versionen der empirischen Verteilungsfunktion zu bestimmen. Für $x = 4$ ist z.B.

$$\begin{aligned}
\widehat{F}^+(4) &= \tfrac{1}{10}[c^+(4-1.2) + c^+(4-2.6) + c^+(4-2.6) + c^+(4-3) + c^+(4-5) \\
&\quad + c^+(4-5) + c^+(4-5) + c^+(4-7.4) + c^+(4-10.8) + c^+(4-15.2)] \\
&= \tfrac{1}{10}[1+1+1+1+0+0+0+0+0+0] = 0.4.
\end{aligned}$$

Da 4 kein beobachteter Wert in der Stichprobe ist, ergibt sich für das Argument u von $c^+(x)$ stets ein negativer oder positiver Wert. Daher ist $\widehat{F}^+(4) = \widehat{F}^-(4) = \widehat{F}(4)$. Für $x = 5$ z.B. erhält man jedoch drei unterschiedliche Werte $\widehat{F}^+(5)$, $\widehat{F}^-(5)$ und $\widehat{F}(5)$, da hier dreimal das Argument 0 wird und $c^+(0) = 1$, $c^-(0) = 0$ und $c(0) = \frac{1}{2}$ ist.

$$\begin{aligned}
\widehat{F}^-(5) &= \tfrac{1}{10}[c^-(5-1.2) + c^-(5-2.6) + c^-(5-2.6) + c^-(5-3) + c^-(5-5) \\
&\quad + c^-(5-5) + c^-(5-5) + c^-(5-7.4) + c^-(5-10.8) + c^-(5-15.2)] \\
&= \tfrac{1}{10}[1+1+1+1+0+0+0+0+0+0] = 0.4, \\
\widehat{F}^+(5) &= \tfrac{1}{10}[c^+(5-1.2) + c^+(5-2.6) + c^+(5-2.6) + c^+(5-3) + c^+(5-5) \\
&\quad + c^+(5-5) + c^+(5-5) + c^+(5-7.4) + c^+(5-10.8) + c^+(5-15.2)] \\
&= \tfrac{1}{10}[1+1+1+1+1+1+1+0+0+0] = 0.7, \\
\widehat{F}(5) &= \tfrac{1}{2}[\widehat{F}^-(5) + \widehat{F}^+(5)] = 0.55.
\end{aligned}$$

•

Für mehrere Stichproben $X_{i1}, \ldots, X_{in_i}$, $i = 1, \ldots, a$, mit den empirischen Verteilungsfunktionen $\widehat{F}_1(x), \ldots, \widehat{F}_a(x)$ kann man davon den gewichteten Mittelwert $\widehat{H}(x) = \frac{1}{N}\sum_{i=1}^a n_i \widehat{F}_i(x) = \frac{1}{N}\sum_{i=1}^a \sum_{k=1}^{n_i} c(x - X_{ik})$ berechnen, wobei $N = \sum_{i=1}^a n_i$ die Anzahl aller (abhängigen und unabhängigen) Beobachtungen ist. Es ist zu beachten, daß es sich bei $\widehat{F}_i(x)$ und $\widehat{H}(x)$ um Funktionen handelt, für deren Berechnung es unerheblich ist, ob die Meßgrößen X_{ik}, $i = 1, \ldots, a$, $k = 1, \ldots, n_i$, voneinander unabhängig sind oder nicht. Dies spielt ebenfalls keine Rolle bei der Bestimmung des Funktionswertes $\widehat{H}(x)$ an einer festen Stelle x oder $\widehat{H}(X_{ik})$ an einer zufälligen Stelle X_{ik}. Im nächsten Abschnitt wird ein einfaches Verfahren zur Bestimmung von $\widehat{H}(X_{ik})$ angegeben.

4.2 Ränge

Man schätzt nun $p_i = \int H dF_i$ dadurch, daß man die Verteilungsfunktionen $F_i(x)$, $i = 1, \ldots, a$, und $H(x)$ durch die empirischen Verteilungsfunktionen $\widehat{F}_i(x)$ und $\widehat{H}(x)$ ersetzt und das Integral ausrechnet. Man erhält

$$\widehat{p}_i \;=\; \int \widehat{H} d\widehat{F}_i \;=\; \frac{1}{n_i} \sum_{k=1}^{n_i} \widehat{H}(X_{ik}). \tag{4.1}$$

Die Bestimmung von $\widehat{H}(X_{ik})$ sieht auf den ersten Blick technisch sehr mühsam aus. Eine einfache Beziehung zu den 'Platznummern' der X_{ik}, den sogenannten *Rängen* der X_{ik}, ermöglicht die Benutzung sehr effizienter Sortieralgorithmen zur Berechnung von $\widehat{p}_i$. Für kleinere Datensätze ist dadurch auch eine Berechnung von Hand ohne großen Aufwand möglich. Die meisten Hersteller von statistischen Programmpaketen stellen Funktionen, Optionen oder Prozeduren zur Berechnung dieser Ränge zur Verfügung.

Entsprechend den drei Versionen der empirischen Verteilungsfunktion gibt es drei Versionen von Rängen, die hier kurz eingeführt und diskutiert werden sollen.

DEFINITION 4.3 (RÄNGE VON KONSTANTEN)
Bezeichne $c^-(x)$, $c^+(x)$ bzw. $c(x)$ die drei Versionen der Zählfunktion, wie sie in Definition 4.1 angegeben sind. Seien ferner $x_1, \ldots, x_N$ beliebige reelle Zahlen. Dann heißt

$$\begin{aligned} r_i^- &= 1 + \sum_{j=1}^{N} c^-(x_i - x_j) && \textit{der } \text{Minimum-Rang } \textit{von } x_i, \\ r_i^+ &= \sum_{j=1}^{N} c^+(x_i - x_j) && \textit{der } \text{Maximum-Rang } \textit{von } x_i, \\ r_i &= \frac{1}{2} + \sum_{j=1}^{N} c(x_i - x_j) = \frac{1}{2}\left[r_i^- + r_i^+\right] && \textit{der } \text{Mittel-Rang } \textit{von } x_i \end{aligned}$$

unter allen Zahlen $x_1, \ldots, x_N$.

Anmerkung: *Falls alle Zahlen $x_1, \ldots, x_N$ voneinander verschieden sind (d.h. falls keine Bindungen vorhanden sind), dann sind alle drei Versionen identisch, d.h es gilt $r_i^- = r_i^+ = r_i$.*

Beispiel 4.2 Für die folgenden fünf Zahlen sollen die Ränge berechnet werden: 4, 12, 2, 8, 17. Man erhält z.B. für $x_1 = 4$:

$$\begin{aligned}
r_1^- &= 1 + c^-(4-4) + c^-(4-12) + c^-(4-2) + c^-(4-8) + c^-(4-17) \\
&= 1 + 0 + 0 + 1 + 0 + 0 = 2. \\
r_1^+ &= c^+(4-4) + c^+(4-12) + c^+(4-2) + c^+(4-8) + c^+(4-17) \\
&= 1 + 0 + 1 + 0 + 0 = 2. \\
r_1 &= \tfrac{1}{2}[2+2] = 2.
\end{aligned}$$

	$i =$	1	2	3	4	5
	x_i	4	12	2	8	17
Minimum-Ränge	r_i^-	2	4	1	3	5
Maximum-Ränge	r_i^+	2	4	1	3	5
Mittel-Ränge	r_i	2	4	1	3	5

Da alle Zahlen voneinander verschieden sind, ergeben sich in allen drei Fällen die gleichen Ränge. •

Beispiel 4.3 Für die folgenden neun Zahlen sollen die Ränge berechnet werden: 5.1, 0.0, 2.4, 3.2, 2.4, 5.1, 2.4, 2.4, 5.1. Man erhält z.B. für $x_3 = 2.4$:

$$\begin{aligned}
r_3^- &= 1 + c^-(2.4-5.1) + c^-(2.4-0.0) + c^-(2.4-2.4) + c^-(2.4-3.2) \\
&\quad + c^-(2.4-2.4) + c^-(2.4-5.1) + c^-(2.4-2.4) + c^-(2.4-2.4) \\
&\quad + c^-(2.4-5.1) \\
&= 1 + 0 + 1 + 0 + 0 + 0 + 0 + 0 + 0 + 0 = 2. \\
r_3^+ &= c^+(2.4-5.1) + c^+(2.4-0.0) + c^+(2.4-2.4) + c^+(2.4-3.2) + c^+(2.4-2.4) \\
&\quad + c^+(2.4-5.1) + c^+(2.4-2.4) + c^+(2.4-2.4) + c^+(2.4-5.1) \\
&= 0 + 1 + 1 + 0 + 1 + 0 + 1 + 1 + 0 = 5. \\
r_3 &= \tfrac{1}{2} + c(2.4-5.1) + c(2.4-0.0) + c(2.4-2.4) + c(2.4-3.2) + c(2.4-2.4) \\
&\quad + c(2.4-5.1) + c(2.4-2.4) + c(2.4-2.4) + c(2.4-5.1) \\
&= \tfrac{1}{2}[2+5] = 3.5.
\end{aligned}$$

	$i =$	1	2	3	4	5	6	7	8	9
	x_i	5.1	0.0	2.4	3.2	2.4	5.1	2.4	2.4	5.1
Minimum-Ränge	r_i^-	7	1	2	6	2	7	2	2	7
Maximum-Ränge	r_i^+	9	1	5	6	5	9	5	5	9
Mittel-Ränge	r_i	8	1	3.5	6	3.5	8	3.5	3.5	8

•

In manchen statistischen Programmpaketen kann man die Art der Rangbildung entsprechend dieser Definition wählen. So gibt es z.B. bei dem Programmpaket SAS in der Prozedur PROC RANK die Möglichkeit, durch die Option TIES = HIGH, TIES = LOW bzw. TIES = MEAN die Maximum-Ränge R_i^+, die Minimum-Ränge

R_i^- bzw. die Mittel-Ränge R_i zu erzeugen. Als Grundeinstellung werden die Mittel-Ränge angeboten. Im Gegensatz dazu werden bei SAS-IML durch die Funktion RANK(...) bei Bindungen die Ränge zufällig zugewiesen und durch die Funktion RANKTIE(...) nur die Mittel-Ränge. In anderen Programmpaketen werden fast ausschließlich die Mittel-Ränge angeboten. Das Tabellen-Kalkulationsprogramm EXCEL (das häufig zur Durchführung von statistischen Analysen mißbraucht wird) verwendet ausschließlich nur die Minimum-Ränge und ist daher für nichtparametrische Verfahren ungeeignet.

Die Bedeutung der Mittel-Ränge erkennt man, wenn man die Summen oder die Mittelwerte für die drei Versionen der Ränge ausrechnet. Nur für die Mittel-Ränge hängt nämlich die Summe nicht von der Anzahl oder dem Ausmaß der Bindungen ab sondern nur von der Anzahl N aller Zahlen. Dadurch erhalten die Mittel-Ränge eine natürliche, zentrale Bedeutung.

PROPOSITION 4.4 (RANGSUMMEN)
Seien $x_1, \ldots, x_N$ beliebige reelle Zahlen, die in $k = 1, \ldots, G$ Gruppen von jeweils g_k gleichen Werten (Bindungen) eingeteilt werden können. Die Werte aus verschiedenen Gruppen sollen jeweils voneinander verschieden sein. (Anm.: Für eine von allen anderen Zahlen verschiedene Zahl ist $g_k = 1$.) Dann ist

$$\begin{aligned} \sum_{i=1}^{N} r_i^- &= N + \frac{1}{2}\left[N^2 - \sum_{k=1}^{G} g_k^2\right], \\ \sum_{i=1}^{N} r_i^+ &= \frac{1}{2}\left[N^2 + \sum_{k=1}^{G} g_k^2\right], \\ \sum_{i=1}^{N} r_i &= \frac{N(N+1)}{2}. \end{aligned}$$

Anmerkung: *Für den mehr mathematisch interessierten Leser sei noch auf einen analogen Zusammenhang bei den drei Versionen der Verteilungsfunktionen hingewiesen. Falls man unter der Hypothese $H_0^F : F_1 = \cdots = F_a = H$ sicherstellen möchte, daß im Falle unstetiger Verteilungen die relativen Behandlungseffekte $p_i = \int H dF_i = \frac{1}{2}$, $i = 1, \ldots, a$, sind und somit nicht von der Masse an den Unstetigkeitsstellen abhängen, dann muß $H(x)$ die normalisierte Version der Verteilungsfunktion sein. Dies folgt aus der Formel für die partielle Integration (siehe z.B.* HEWITT *und* STROMBERG *1969).*

Da nun sowohl die Ränge als auch die empirische Verteilungsfunktion über die Zählfunktion $c(x)$ definiert sind, ergibt sich zwischen dem Rang einer Zufallsvariablen X_{ik} und der empirischen Verteilungsfunktion an der zufälligen Stelle X_{ik} ein einfacher Zusammenhang, der es gestattet, den Wert von $\widehat{p}_i$ in (4.1) rasch auszurechnen.

PROPOSITION 4.5 (RÄNGE VON ZUFALLSGRÖSSEN)
Seien $X_{i1}, \ldots, X_{in_i}$, $i = 1, \ldots, a$, Zufallsvariablen und bezeichne $\widehat{H}^+(x)$, $\widehat{H}^-(x)$ und $\widehat{H}(x)$ die drei Versionen der Mittelwerte der empirischen Verteilungsfunktionen $\widehat{F}_i^+(x)$, $\widehat{F}_i^-(x)$ bzw. $\widehat{F}_i(x)$, $i = 1, \ldots, a$. Dann ist

$$\begin{aligned} R_{ik}^- &= 1 + N \cdot \widehat{H}^-(X_{ik}) \quad \textit{der}\ \text{Minimum-Rang}, \\ R_{ik}^+ &= N \cdot \widehat{H}^+(X_{ik}) \quad \textit{der}\ \text{Maximum-Rang}, \\ R_{ik} &= \frac{1}{2} + N \cdot \widehat{H}(X_{ik}) \quad \textit{der}\ \text{Mittel-Rang} \end{aligned}$$

von X_{ik} unter allen $N = \sum_{i=1}^a n_i$ Zufallsvariablen.

Der Mittel-Rang R_{ik} wird im folgenden kurz als *Rang* von X_{ik} bezeichnet. Diese Ränge werden nun benutzt, um den zu Beginn dieses Abschnitts in (4.1) angegebenen Schätzer $\widehat{p}_i$ für den relativen Behandlungseffekt p_i auszurechnen.

4.3 Schätzung der relativen Behandlungseffekte

Die im folgenden ausgeführten Überlegungen gelten in gleicher Weise für die relativen summarischen Effekte wie für die relativen Marginaleffekte. Der Kürze halber wird daher der Begriff *relativer Effekt* oder *relativer Behandlungseffekt* verwendet.

Den relativen Behandlungseffekt $p_i = \int H dF_i$ für die Gruppe i schätzt man aus (4.1) mit Proposition 4.5 und erhält

$$\begin{aligned} \widehat{p}_i &= \int \widehat{H} d\widehat{F}_i = \frac{1}{n_i} \sum_{k=1}^{n_i} \widehat{H}(X_{ik}) \\ &= \frac{1}{N} \left(\overline{R}_{i\cdot} - \tfrac{1}{2} \right). \end{aligned}$$

Dabei ist $\overline{R}_{i\cdot} = n_i^{-1} \sum_{k=1}^{n_i} R_{ik}$ der arithmetische Mittelwert der Ränge in der i-ten Versuchsgruppe und R_{ik} ist der Rang von X_{ik} unter allen $N = \sum_{i=1}^a n_i$ Beobachtungen $X_{11}, \ldots, X_{an_a}$. Man ersetzt also nicht einfach die ursprünglichen Meßwerte X_{ik} durch ihre Ränge R_{ik}, $i = 1, \ldots, a$, $k = 1, \ldots, n_i$, sondern die Ränge ergeben sich auf ganz natürliche Weise als einfaches und bequemes Mittel, um die relativen Behandlungsffekte zu schätzen.

Die Schätzer $\widehat{p}_i$ für alle a Gruppen faßt man im Vektor

$$\widehat{\boldsymbol{p}} = (\widehat{p}_1, \ldots, \widehat{p}_a)' = \int H d\widehat{\boldsymbol{F}} = \frac{1}{N} \begin{pmatrix} \overline{R}_{1\cdot} - \frac{1}{2} \\ \vdots \\ \overline{R}_{a\cdot} - \frac{1}{2} \end{pmatrix} \tag{4.2}$$

zusammen. Für große Stichproben ($n_i \to \infty$) nähern sich die Schätzer $\widehat{p}_i$ 'immer besser' den relativen Behandlungseffekten p_i.

PROPOSITION 4.6 (KONSISTENZ VON $\widehat{p}_i$)
Falls $n_i \to \infty$, $i = 1, \ldots, a$, gilt, folgt $E(\widehat{p}_i - p_i)^2 \to 0$, d.h. insbesondere ist $\widehat{p}_i$ konsistent für p_i.

Die gleichen Überlegungen gelten für die relativen Marginaleffekte p_{is}, $i = 1, \ldots, a$, $s = 1, \ldots, t$, bei Verlaufskurven, wenn man den relativen Effekt für die Gruppe i zum Zeitpunkt s schätzen möchte. Im nichtparametrischen Marginalmodell hat man die Vektoren $\boldsymbol{X}_{ik} = (X_{ik1}, \ldots, X_{ikt})'$ mit den Randverteilungen $X_{iks} \sim F_{is} = \frac{1}{2}[F_{is}^+ + F_{is}^-]$, $i = 1, \ldots, a$, $s = 1, \ldots, t$, $k = 1, \ldots, n_i$. Die gemittelte Verteilung ist dann $H = \frac{1}{N}\sum_{i=1}^a \sum_{s=1}^t n_i F_{is}$, wobei $N = t \cdot \sum_{i=1}^a n_i$ die Anzahl aller abhängigen und unabhängigen Beobachtungen ist. Man erhält analog als Schätzer

$$\widehat{p}_{is} = \frac{1}{N}\left(\overline{R}_{i\cdot s} - \tfrac{1}{2}\right),$$

wobei $\overline{R}_{i\cdot s} = n_i^{-1}\sum_{k=1}^{n_i} R_{iks}$ der Mittelwert der Ränge $R_{i1s}, \ldots, R_{in_is}$ ist. Dabei bezeichnet R_{iks} den Rang von X_{iks} unter allen (abhängigen und unabhängigen) Beobachtungen $X_{111}, \ldots, X_{an_at}$. Der Schätzer $\widehat{p}_{is}$ ist konsistent für p_{is}, falls der minimale Stichprobenumfang 'groß genug' ist, d.h $\min n_i \to \infty$. Dies gilt auch für ungleiche Anzahlen von Meßzeitpunkten, wie z.B. bei fehlenden Werten.

4.4 Asymptotische Verteilungen der Schätzer

4.4.1 Relative Marginaleffekte

Es kann für kleine Stichproben nicht erwartet werden, daß unter den allgemeinen Modellannahmen, wie sie hier gemacht werden, die Verteilungen der Schätzer $\widehat{p}_{is}$ nicht von den Randverteilungen F_{is} und den unbekannten gemeinsamen Verteilungen der Beobachtungen an einem Individuum abhängen. Für große Stichprobenumfänge (asymptotisch) kann man jedoch unter sehr schwachen Zusatzbedingungen entsprechende Normalverteilungen nachweisen. Dabei hat sich in Simulationsstudien gezeigt, daß die Approximation durch diese Normalverteilungen auch schon für relativ kleine Anzahlen von Individuen sehr brauchbar ist. Zur Formulierung des allgemeinen Resultates wird einige Nomenklatur benötigt, die im folgenden erklärt werden soll.

Die *Kronecker-Summe* $\boldsymbol{A} \oplus \boldsymbol{B}$ zweier Matrizen $\boldsymbol{A}$ und $\boldsymbol{B}$ ist definiert als

$$\boldsymbol{A} \oplus \boldsymbol{B} = \begin{pmatrix} \boldsymbol{A} & \boldsymbol{0} \\ \boldsymbol{0} & \boldsymbol{B} \end{pmatrix}.$$

Die Kronecker-Summe mehrerer Matrizen $\boldsymbol{A}_i$, $i = 1, \ldots, a$, schreibt man abkürzend als

$$\bigoplus_{i=1}^a \boldsymbol{A}_i = \begin{pmatrix} \boldsymbol{A}_1 & & \boldsymbol{0} \\ & \ddots & \\ \boldsymbol{0} & & \boldsymbol{A}_a \end{pmatrix}.$$

Mit R_{iks} wird der Rang von X_{iks} unter allen $N = n \cdot t$ Beobachtungen bezeichnet, wobei $n = \sum_{i=1}^{a} n_i$ die Anzahl aller Individuen ist. Ferner bezeichnet $\overline{R}_{i\cdot s} = n_i^{-1} \sum_{k=1}^{n_i} R_{iks}$ den Mittelwert innerhalb der Gruppe i zum Zeitpunkt s über die Ränge der n_i Individuen. Weiterhin bezeichnet $\boldsymbol{R}_{ik} = (R_{ik1}, \ldots, R_{ikt})'$ den Vektor der t Ränge für das Individuum k in der Gruppe i und $\overline{\boldsymbol{R}}_{i\cdot} = (\overline{R}_{i\cdot 1}, \ldots, \overline{R}_{i\cdot t})'$ den Vektor der Mittelwerte in der Gruppe i für die t Zeitpunkte. Schließlich wird mit $\overline{\boldsymbol{R}}_{\cdot} = (\overline{\boldsymbol{R}}_{1\cdot}', \ldots, \overline{\boldsymbol{R}}_{a\cdot}')'$ der Vektor aller $a \cdot t$ Rangmittelwerte bezeichnet. Die relativen Marginaleffekte $p_{is} = \int H dF_{is}$ werden durch $\widehat{p}_{is} = \frac{1}{N}(\overline{R}_{i\cdot s} - \frac{1}{2})$ geschätzt und $\widehat{\boldsymbol{p}} = (\widehat{p}_{11}, \ldots, \widehat{p}_{1t}, \ldots, \widehat{p}_{a1}, \ldots, \widehat{p}_{at})'$ bezeichnet den Vektor dieser relativen Marginaleffekte.

SATZ 4.7 (ASYMPTOTISCHE NORMALITÄT UNTER $H_0^F : \boldsymbol{C}\boldsymbol{F} = 0$)
Falls $\min n_i \to \infty$, $i = 1, \ldots, a$, *gilt, so daß* $n/n_i \leq N_0 < \infty$ *ist, dann hat der Kontrastvektor*

$$\sqrt{n}\, \boldsymbol{C}\widehat{\boldsymbol{p}} \;=\; \sqrt{n}\, \boldsymbol{C}\, \tfrac{1}{N}\overline{\boldsymbol{R}}_{\cdot} \;=\; \sqrt{n}\, \boldsymbol{C}\, \tfrac{1}{N}\,(\overline{R}_{1\cdot 1}, \ldots, \overline{R}_{a\cdot t})'$$

unter der Hypothese $H_0^F : \boldsymbol{C}\boldsymbol{F} = 0$ *asymptotisch eine multivariate Normalverteilung mit Erwartungswertvektor* 0 *und Kovarianzmatrix* $\boldsymbol{C}\boldsymbol{V}_n\boldsymbol{C}'$. *Dabei läßt sich* $\boldsymbol{V}_n$ *darstellen als*

$$\boldsymbol{V}_n \;=\; \bigoplus_{i=1}^{a} \frac{n}{n_i}\boldsymbol{V}_i, \tag{4.3}$$

wobei die unbekannten Matrizen $\boldsymbol{V}_i$ *konsistent geschätzt werden können durch*

$$\widehat{\boldsymbol{V}}_i \;=\; \frac{1}{N^2(n_i - 1)} \sum_{k=1}^{n_i} (\boldsymbol{R}_{ik} - \overline{\boldsymbol{R}}_{i\cdot})(\boldsymbol{R}_{ik} - \overline{\boldsymbol{R}}_{i\cdot})'. \tag{4.4}$$

BEWEIS: siehe AKRITAS und BRUNNER (1997*a*).

Anmerkung: *Der Schätzer* $\widehat{\boldsymbol{V}}_i$ *ist der übliche Schätzer für eine Kovarianzmatrix aus einer Stichprobe von* n_i *Vektoren, wobei die ursprünglichen Beobachtungen* X_{iks} *durch die Ränge* R_{iks} *ersetzt worden sind. Dies ist jedoch nicht mit der Rangtransformation zu verwechseln, die i.a. zu unkorrekten Verfahren führt, was ausführlich von* BRUNNER *und* PURI *(1996) oder* AKRITAS *und* BRUNNER *(1997a) diskutiert worden ist. Es sei in diesem Zusammenhang darauf hingewiesen, daß Satz 4.7 i.a. nicht unter der Hypothese* $H_0^p : \boldsymbol{C}\boldsymbol{p} = \boldsymbol{0}$ *gilt. Ebenso gilt die Aussage des Satzes unter* H_0^F *i.a. nur für den Kontrastvektor* $\sqrt{n}\boldsymbol{C}\widehat{\boldsymbol{p}}$ *und nicht für den Vektor* $\sqrt{n}\widehat{\boldsymbol{p}}$.

4.4.2 Relative summarische Effekte

Für die relativen summarischen Effekte gelten ähnliche Überlegungen wie für die relativen Marginaleffekte. Bezeichne $Y_{ik} = \varphi(X_{ik1}, \ldots, X_{ikt})'$ die 'summarischen Meßgrößen', wie in (3.1) definiert, und sei $G_i(y)$ die Verteilungsfunktion von Y_{ik},

$i = 1, \ldots, a$, $k = 1, \ldots, n_i$. Sei ferner $H = n^{-1} \sum_{i=1}^{a} n_i G_i$ das gewichtete Mittel der Verteilungen G_i. Dann erhält man aus (4.1) einen konsistenten Schätzer

$$\widehat{p}_i = \int \widehat{H} d\widehat{G}_i = \frac{1}{n}\left(\overline{R}_{i\cdot} - \frac{1}{2}\right)$$

für den relativen summarischen Effekt $p_i = \int H dG_i$. Hier ist $\overline{R}_{i\cdot} = n_i^{-1} \sum_{k=1}^{n_i} R_{ik}$ der Mittelwert der Ränge R_{ik} in der i-ten Versuchsgruppe, wobei nun die R_{ik} die Ränge der summarischen Messgrößen Y_{ik} unter allen $n = \sum_{i=1}^{a} n_i$ (unabhängigen) summarischen Beobachtungen $Y_{11}, \ldots, Y_{an_a}$ sind.

Bezeichne $\boldsymbol{G} = (G_1, \ldots, G_a)'$ den Vektor der Verteilungsfunktionen in den a Versuchsgruppen und $\widehat{\boldsymbol{p}} = (\widehat{p}_1, \ldots, \widehat{p}_a)'$ den Vektor der geschätzten relativen summarischen Effekte, dann ist unter der Hypothese $H_0^G : \boldsymbol{CG} = \boldsymbol{0}$ asymptotisch die Kovarianzmatrix von $\sqrt{N}\boldsymbol{C}\widehat{\boldsymbol{p}}$ eine Diagonalmatrix. Für die relativen summarischen Effekte erhält man also wegen der Unabhängigkeit der Y_{ik} das asymptotische Resultat von Satz 4.7 in vereinfachter Form.

SATZ 4.8 (ASYMPTOTISCHE NORMALITÄT UNTER $H_0^F : \boldsymbol{CF} = \boldsymbol{0}$)
Falls $\min n_i \to \infty$, $i = 1, \ldots, a$, *gilt, so daß* $n/n_i \le N_0 < \infty$ *ist, dann hat der Kontrastvektor*

$$\sqrt{n}\,\boldsymbol{C}\widehat{\boldsymbol{p}} = \sqrt{n}\,\boldsymbol{C}\,\tfrac{1}{n}\overline{\boldsymbol{R}}_{\cdot} = \frac{1}{\sqrt{n}}\,\boldsymbol{C}\left(\overline{R}_{1\cdot}, \ldots, \overline{R}_{a\cdot}\right)'$$

unter der Hypothese $H_0^G : \boldsymbol{CG} = \boldsymbol{0}$ *asymptotisch eine multivariate Normalverteilung mit Erwartungswertvektor* $\boldsymbol{0}$ *und Kovarianzmatrix* $\boldsymbol{CV}_n\boldsymbol{C}'$. *Dabei läßt sich* $\boldsymbol{V}_n$ *darstellen als*

$$\boldsymbol{V}_n = \bigoplus_{i=1}^{a} \frac{n}{n_i}\sigma_i^2,$$

wobei die unbekannten Varianzen $\sigma_i^2 = Var(H(Y_{i1}))$ *konsistent geschätzt werden können durch*

$$\widehat{\sigma}_i^2 = \frac{1}{n^2(n_i - 1)} \sum_{k=1}^{n_i} (R_{ik} - \overline{R}_{i\cdot})^2. \tag{4.5}$$

BEWEIS: siehe AKRITAS, ARNOLD und BRUNNER (1997).

Anmerkung: *Für eine einfaktorielle Versuchsanlage, d.h. falls dem Index* i *keine Struktur unterlegt wird, kann man die Hypothese, daß alle Verteilungen gleich sind, in der Form* $H_0^G : \boldsymbol{CG} = \boldsymbol{0}$ *schreiben, wobei* $\boldsymbol{C} = \boldsymbol{P}_a = \boldsymbol{I}_a - \frac{1}{a}\boldsymbol{J}_a$ *ist. In diesem Fall sind unter* H_0^G *auch alle Varianzen* σ_i^2 *gleich und können gemeinsam geschätzt werden aus*

$$\widehat{\sigma}_0^2 = \frac{1}{n^2(n-1)} \sum_{i=1}^{a} \sum_{k=1}^{n_i} \left(R_{ik} - \frac{n+1}{2}\right)^2.$$

Falls ferner alle Verteilungen als stetig angenommen werden, dann treten mit Wahrscheinlichkeit 0 *Bindungen auf und* $\widehat{\sigma}_0^2$ *vereinfacht sich zu*

$$\widehat{\sigma}_s^2 = \frac{1}{n^2(n-1)} \sum_{k=1}^{n} \left(k - \frac{n+1}{2}\right)^2 = \frac{n+1}{12n}.$$

Man erhält also unter diesen speziellen Annahmen die Varianz für die KRUSKAL-WALLIS-*Statistik als Sonderfall und für* $a = 2$ *natürlich die Varianz für die* WILCOXON-MANN-WHITNEY-*Statistik.*

4.5 Graphische Darstellung der Ergebnisse

Die graphische Darstellung von Versuchsergebnissen ist ein ganz wichtiger Gesichtspunkt für den Anwender. Hier gilt es, dem Leser einer Arbeit oder dem Zuhörer eines Vortrags in kurzer, anschaulicher Form die Ergebnisse einer Studie vorzustellen.

Bei der Betrachtung der Beispiele in der Einleitung fällt auf, daß teilweise Einzelverläufe, teilweise Mediane oder Mittelwerte verwendet wurden. Bei manchen Graphiken würde man sich eine prägnantere Darstellung wünschen, welche die Versuchsergebnisse deutlicher sichtbar macht. Dies gilt insbesondere für die Verläufe ordinaler Daten, die ja wegen der beliebigen numerischen Benennung der ordinalen Kategorien eine gewisse Willkür beinhalten.

Eine adäquate graphische Darstellung von Ergebnissen mit nichtparametrischen Methoden scheint auf den ersten Blick schwierig zu sein. Schließlich hat man keine Parameter zur Verfügung, mit deren Hilfe man die Änderung zeitlicher Verläufe darstellen könnte. Bei parametrischen oder semi-parametrischen Modellen bietet sich die Möglichkeit, das Ergebnis für eine bestimmte Versuchsgruppe zu einem bestimmten Zeitpunkt durch den Schätzwert für einen Modellparameter (isoliert für diese eine Gruppe und diesen einen Zeitpunkt) darzustellen. Die Graphik bietet dann die Möglichkeit, in einer Synopse diesen 'isolierten' Schätzwert mit den Werten für andere Versuchsgruppen oder zu anderen Zeitpunkten zu vergleichen.

In nichtparametrischen Modellen kann man nun das Versuchsergebnis zu einem bestimmten Zeitpunkt von vornherein *relativ* zu allen anderen Ergebnissen des Versuchs darzustellen. Dazu kann man beispielsweise die Wahrscheinlichkeit verwenden, daß die Meßwerte einer bestimmten Gruppe zu einem bestimmten Zeitpunkt größer sind als alle Meßwerte des Versuchs. Dies wird genau durch die in Abschnitt 3.1.2 beschriebenen relativen Marginaleffekte $\widehat{p}_{is} = \int \widehat{H} d\widehat{F}_{is} = \frac{1}{N}(\overline{R}_{is\cdot} - \frac{1}{2})$ geleistet.

Eine graphische Darstellung der Verläufe von diesen relativen Marginaleffekten vermittelt einen Eindruck darüber, wie sich diese relativen Effekte mit der Zeit verändern oder sich zwischen den einzelnen Versuchsgruppen unterscheiden. Ein relativer Effekt $p_{is} < \frac{1}{2}$ bedeutet, daß die Versuchsergebnisse in der Gruppe i zum Zeitpunkt s gegenüber den Versuchsergebnisssen in allen anderen Gruppen zu allen anderen Zeitpunkten zu kleineren Werten tendieren. Diese Tendenz ist um so größer, je kleiner p_{is} ist. Dieser Sachverhalt entspricht der Verwendung der Differenz $\delta = \mu_{is} - \overline{\mu}_{\cdot}$ der Erwartungswerte in einem parametrischen Modell. In gleicher Weise bedeutet in einem nichtparametrischen Marginalmodell $p_{is} > \frac{1}{2}$ eine Tendenz zu größeren Werten entsprechend einer positiven Differenz $\delta = \mu_{is} - \overline{\mu}_{\cdot}$ der Erwartungswerte in einem parametrischen Modell.

Um mit relativen Marginaleffekten arbeiten zu können, eine ordinale Struktur der Meßwerte ausreichend. Die Verfahren sind also auf metrische und ordinale Daten in gleicher Weise anwendbar. Somit bieten sich die Schätzer $\widehat{p}_{is}$ für die relativen Marginaleffekte zur graphischen Darstellung der Versuchsergebnisse in natürlicher Weise an. Bei der Auswertung der einzelnen Beispiele aus der Einleitung sind daher die Schätzer $\widehat{p}_{is}$ zur graphischen Darstellung für die Ergebnisse der nichtparametrischen Analyse in den Kapiteln 7 bis 11 verwendet worden.

Im folgenden sollen anhand von zwei Beispielen einige (semi-)parametrische Darstellungen der Versuchsergebnisse mit der nichtparametrischen Darstellung verglichen werden. Für eine metrische Meßgröße werden anhand der γ-GT-Studie die graphischen Darstellungen der Zeitverläufe verglichen, während anhand der Schulter-Schmerz-Studie die graphische Darstellung des Verlaufs ordinaler Daten diskutiert wird.

4.5.1 Metrische Daten

Bei der γ-GT-Studie sind für die Verum- und Placebo-Gruppe die Verläufe der Mittelwerte über die Patienten für die vier Zeitpunkte in Abbildung 4.3 links oben dargestellt. Bei der Betrachtung der Originaldaten in Abschnitt 13.7 fällt auf, daß die Verteilungen zu einigen Zeitpunkten sehr schief sind; ferner weisen die Messungen sehr unterschiedliche Streuungen auf. Ein oder zwei extreme Werte können die Mittelwerte $\overline{X}_{i \cdot s}$ erheblich beeinflussen. Eine logarithmische Transformation $\overline{Y}_{iks} = \log(X_{iks})$ der Originalwerte führt zu weniger schiefen Verteilungen. Die Verläufe der $\overline{Y}_{i \cdot s}$ sind in Abbildung 4.3 rechts oben dargestellt. Bei den Originalwerten verlaufen die Mittelwerte $\overline{X}_{i \cdot s}$ der Verum-Gruppe postoperativ oberhalb der Placebo-Gruppe, während beide Verlaufskurven für die Mittelwerte der Logarithmen nahezu identisch sind. Eine Inspektion der logarithmierten Werte zeigt, daß die Verteilungen noch immer eine leichte Schiefe aufweisen. Eine erneute logarithmische Transformation $Z_{iks} = \log(Y_{iks}) = \log(\log(X_{iks}))$ ergibt schließlich einigermaßen symmetrische Verteilungen. Die Verlaufskurven der $\overline{Z}_{i \cdot s}$, d.h. der Mittelwerte der doppelt logarithmierten Originalwerte sind in Abbildung 4.3 links unten dargestellt.

Die relativen Marginaleffekte p_{is} und deren Schätzer $\widehat{p}_{is}$ werden kaum durch wenige Extremwerte oder durch Ausreißer beeinflußt. Ferner entfällt eine Diskussion, ob die Originalwerte X_{iks}, die logarithmierten Werte Y_{iks} oder die doppelt logarithmierten Werte Z_{iks} zu verwenden sind, da sich $\widehat{p}_{is}$ unter monotonen Transformationen nicht ändert.

Die Verläufe der $\widehat{p}_{is}$ sind in Abbildung 4.3 rechts unten dargestellt. Postoperativ verlaufen die Schätzer der relativen Marginaleffekte $\widehat{p}_{is}$ für die Verum-Gruppe unterhalb der $\widehat{p}_{is}$ für die Placebo-Gruppe - also umgekehrt gegenüber den Mittelwerten $\overline{X}_{i\cdot s}$ der Originalwerte. Das bedeutet, daß die γ-GT unter Verum (numerisch) zu kleineren Werten tendiert als unter Placebo. Ob dies signifikant ist oder mit großer Wahrscheinlichkeit durch den Zufall erklärt werden kann, wird später noch untersucht (siehe Abschnitt 8.3.7).

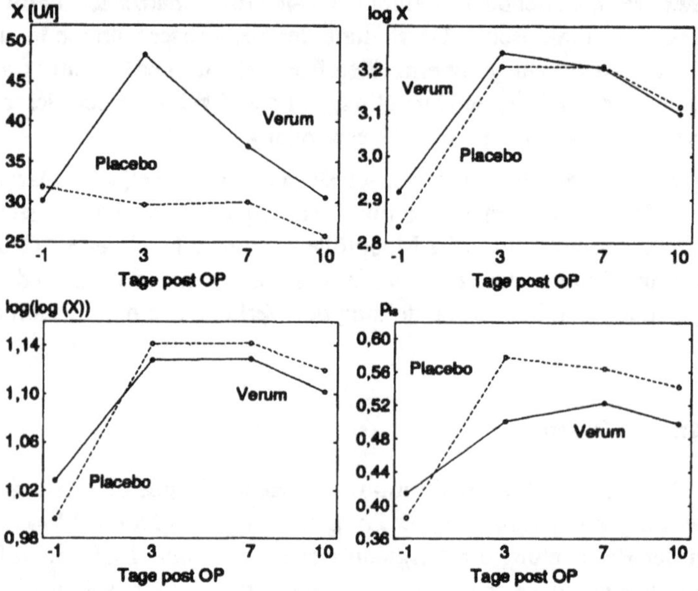

Abbildung 4.3 *Verschiedene graphische Darstellungen der Ergebnisse der γ-GT-Studie. Oben links sind die Mittelwertsverläufe der Originalwerte abgebildet, während oben rechts die Mittelwerte der logarithmierten Werte und unten links die Mittelwerte der doppelt logarithmierten Werte wiedergegeben sind. Die Verläufe der relativen Marginaleffekte sind unten rechts dargestellt.*

Bei der parametrischen Darstellung könnte man sicher lange diskutieren, ob die Originalwerte X_{iks}, die logarithmierten Werte $Y_{iks} = \log(X_{iks})$ oder die doppelt logarithmierten Werte $Z_{iks} = \log(\log(X_{iks}))$ zu verwenden wären - zumal sich hierbei der Verlauf der Mittelwerte für die Verum-Gruppe von 'oberhalb' der Placebo-Gruppe über 'nahezu identisch' bis zu 'postoperativ unterhalb' ändert. Bei der nichtparametrischen Darstellung mittels der geschätzten relativen Marginaleffekte stellt sich heraus, daß die γ-GT für die Verum-Gruppe postoperativ zu allen Zeitpunkten (zumindest numerisch) zu kleineren Werten tendiert als für die Placebo-Gruppe.

4.5.2 Ordinale Daten

Völlig unzureichend scheint die Darstellung der Scores (ordinale Daten) für die Schulter-Schmerz-Studie mittels Box-Plots in Abbildung 1.6 auf Seite 11 zu sein. Abgesehen davon, daß das Raster der diskreten Werte $\{1, 2, 3, 4, 5\}$ zu grob ist, um kleinere Veränderungen oder Tendenzen darzustellen, sind die numerischen Benennungen der ordinalen Kategorien willkürlich. Die Schätzer der relativen Marginaleffekte $\widehat{p}_{i s}$ hingegen können mit einer sehr geringen Rasterbreite Werte von $\frac{1}{2N} \cdot \min(n_i)$ bis $1 - \frac{1}{2N} \cdot \min(n_i)$ annehmen. Diese relativen Effekte hängen zum einen nicht von der speziellen Wahl der numerischen Benennung der ordinalen Kategorien ab (Invarianz der Ränge unter monotonen Transformationen); zum anderen können auch kleinere Tendenzen in den Verläufen dargestellt werden.

Für die Frauen in der Schulter-Schmerz-Studie sind in Abbildung 4.4 die Verläufe der Score Mediane den Verläufen der relativen Marginaleffekte gegenübergestellt.

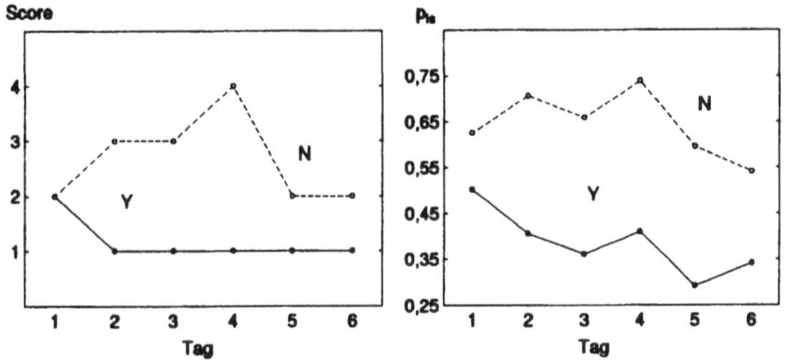

Abbildung 4.4 *Graphische Darstellungen der Ergebnisse der Schulter-Schmerz-Studie für die Frauen. Links sind die Mediane der Schmerz-Scores unter Behandlung N und Y dargestellt. In der rechten Graphik sind die Verläufe der relativen Marginaleffekte für die beiden Behandlungen N und Y aufgezeichnet.*

Man ersieht aus Abbildung 4.4 recht deutlich, daß der Schmerz-Score unter der Behandlung Y vom ersten Tag an zu kleineren Werten tendiert als unter der Behandlung N. Dieser Effekt verstärkt sich vom ersten bis zum letzten Tag. Unter Behandlung N bleiben die Schmerz-Scores in den ersten drei Tagen im wesentlichen konstant und fallen schließlich gegen Ende der Studie ab; aber selbst gegen Ende der Studie tendieren die Schmerz-Scores unter der Behandlung N immer noch zu größeren Werten als unter der Behandlung Y am ersten Tag.

Die Darstellung der Versuchsergebnisse mittels der geschätzten relativen Marginaleffekte ist für metrische wie für ordinale Daten einheitlich. Ein weiterer Vorteil der nichtparametrischen Darstellung der Versuchsergebnisse besteht somit darin, daß man bei der Betrachtung der Graphiken für metrische Daten gegenüber ordinalen Daten nicht 'umdenken' muß, wie es bei der Parametrisierung im Rahmen der verallgemeinerten linearen Modelle nötig ist.

5 Teststatistiken

Zum Testen der Hypothese $H_0^F : \boldsymbol{CF} = \boldsymbol{0}$ bieten sich *quadratische Formen* oder *Linearformen* in den Schätzern für die relativen Effekte an. Die linearen Kontraste der Vektoren dieser Schätzer sind unter der Hypothese $H_0^F : \boldsymbol{CF} = \boldsymbol{0}$ asymptotisch multivariat normalverteilt mit Erwartungswertvektor $\boldsymbol{0}$ und Kovarianzmatrix $\boldsymbol{CV}_n\boldsymbol{C}'$ (siehe Satz 4.7 und Satz 4.8). Die Vorgehensweise zur Konstruktion von Statistiken und die dabei auftretenden Schwierigkeiten - insbesondere bei kleinen Stichprobenumfängen oder singulären Kovarianzmatrizen - sollen allgemein für einen multivariat normalverteilten Vektor

$$\boldsymbol{z} = (Z_1, \ldots, Z_a)' \sim N(\boldsymbol{\mu}, \boldsymbol{S})$$

erläutert werden. Dabei wird zunächst die Kovarianzmatrix $\boldsymbol{S}$ als nicht-singulär, d.h. als invertierbar, vorausgesetzt. Es bezeichne, wie bisher, $\boldsymbol{C}$ eine beliebige Kontrastmatrix. Dann ist $\boldsymbol{Cz} \sim N(\boldsymbol{C\mu}, \boldsymbol{CSC}')$ und unter der Hypothese $H_0^\mu : \boldsymbol{C\mu} = \boldsymbol{0}$ folgt $\boldsymbol{Cz} \sim N(\boldsymbol{0}, \boldsymbol{CSC}')$.

Bezeichne im folgenden $\boldsymbol{M}^-$ eine beliebige verallgemeinerte Inverse einer Matrix $\boldsymbol{M}$ und $r(\boldsymbol{M})$ den Rang dieser Matrix. Ferner bezeichne χ_f^2 die zentrale χ^2-Verteilung mit f Freiheitsgraden und $\boldsymbol{w} = (w_1, \ldots, w_a)'$ einen Vektor von bekannten Konstanten. Die wesentlichen Resultate, die im weiteren benötigt werden, sind im folgenden Satz zusammengestellt. Zur Herleitung der Aussagen sei auf die Bücher von Rao und Mitra (1971) oder Matthai und Provost (1992) verwiesen.

Satz 5.1 *Sei* $\boldsymbol{z} \sim N(\boldsymbol{\mu}, \boldsymbol{S})$ *und* $|\boldsymbol{S}| \neq 0$. *Dann gilt für jede Kontrastmatrix* $\boldsymbol{C}$ *unter der Hypothese* $H_0^\mu : \boldsymbol{C\mu} = \boldsymbol{0}$ *für die quadratischen Formen*

$$Q(\boldsymbol{C}) = \boldsymbol{z}'\boldsymbol{C}'[\boldsymbol{CSC}']^-\boldsymbol{Cz} \sim \chi_f^2 \quad \text{mit } f = r(\boldsymbol{C}), \tag{5.1}$$

$$Q^*(\boldsymbol{C}) = \boldsymbol{z}'\boldsymbol{C}'[\boldsymbol{CC}']^-\boldsymbol{Cz} \sim U = \sum_{i=1}^{a} \lambda_i U_i, \tag{5.2}$$

wobei die Zufallsvariablen $U_i \sim \chi_1^2$ *unabhängig und die* λ_i *die Eigenwerte von* $\boldsymbol{C}'[\boldsymbol{CC}']^-\boldsymbol{CS}$ *sind. Weiterhin gilt für die Linearform*

$$L(\boldsymbol{w}) = \boldsymbol{w}'\boldsymbol{Cz} \sim N(0, \sigma^2) \quad \text{mit } \sigma^2 = \boldsymbol{w}'\boldsymbol{CSC}'\boldsymbol{w}. \tag{5.3}$$

Die in Satz 5.1 angegebenen Resultate können nicht unmittelbar in der Praxis angewandt werden, da die Kovarianzmatrix $\boldsymbol{S}$ i.a. nicht bekannt ist und aus der Stichprobe geschätzt werden muß. Ersetzt man in Satz 5.1 die unbekannte Kovarianzmatrix durch einen konsistenten Schätzer $\widehat{\boldsymbol{S}}_n$, dann gelten alle Aussagen asymptotisch, d.h. für große Stichprobenumfänge. Die aus der quadratischen Form (5.1) resultierende Statistik nennt man dann WALD-*Statistik* oder *Statistik vom* WALD-*Typ*, die aus der quadratischen Form (5.2) resultierende Statistik heißt dann *Statistik vom ANOVA-Typ* und die Linearform in (5.3) *Statistik für gemusterte Alternativen.*

In den folgenden Unterabschnitten werden die Eigenschaften dieser drei Statistiken hinsichtlich der Anwendung in der Praxis genauer diskutiert. Dabei wird insbesondere das Verhalten der Statistiken bei kleinen Stichprobenumfängen eine große Rolle spielen, da dies zu den alltäglichen Problemen der Praxis gehört, in der das gelobte Land der Asymptotik oft nicht einmal annähernd erreicht wird.

Auch der Fall einer singulären Kovarianzmatrix wird eine Rolle spielen. Diese Frage scheint auf den ersten Blick etwas 'akademisch' zu sein. Bedenkt man jedoch, daß auch ordinale oder diskrete Meßgrößen zugelassen sind, kann es in der Praxis durchaus vorkommen, daß bei einer sehr effektiven (oder sehr schlechten) Behandlung alle Individuen in die beste (oder in die schlechteste) Kategorie eingestuft werden, so daß keine Variabilität vorhanden ist. Dies würde zumindest zu einem singulären Schätzer der Kovarianzmatrix führen. Auch für den Fall, daß eines oder nur wenige der Individuen nicht in die beste Kategorie eingestuft werden, kann die Invertierung der geschätzten Kovarianzmatrix zu Problemen führen, da diese Matrix dann 'fast singulär' und die entsprechende Statistik schlecht konditioniert ist. Die Lösung des Problems kann aber nun nicht darin bestehen, die besten Versuchsergebnisse zu streichen, damit man den Versuch auswerten kann.

Als Beispiel soll die Schulter-Schmerz-Studie in Abschnitt 1.3.6 dienen. Nimmt man einmal an, daß Patient Nr. 13 zum Zeitpunkt 4 oder Patient Nr. 19 zum Zeitpunkt 5 nicht beobachtet worden wären, dann würde unter Verum für die weiblichen Patienten zum Zeitpunkt 5 bzw. für die männlichen Patienten zum Zeitpunkt 4 die geschätzte Varianz gleich 0 sein. Die oben angestellten Überlegungen motivieren dazu, auch diesen Gesichtspunkt bei der Diskussion der Statistiken zu berücksichtigen.

5.1 Statistiken vom Wald-Typ

Die allgemeinen Überlegungen des vorigen Abschnitts sollen auf die in Abschnitt 4 hergeleiteten Schätzer für die relativen Effekte angewandt werden. Nach Satz 4.7 hat die Statistik $\sqrt{n}\boldsymbol{C}\widehat{\boldsymbol{p}}$ unter $H_0^F : \boldsymbol{CF} = \boldsymbol{0}$ asymptotisch eine multivariate Normalverteilung mit Erwartungswertvektor $\boldsymbol{0}$ und Kovarianzmatrix $\boldsymbol{CV}_n\boldsymbol{C}'$. Die in (4.3) angegebene Kovarianzmatrix $\boldsymbol{V}_n$ wird durch $\widehat{\boldsymbol{V}}_n$, wie in (4.4) angegeben, konsistent geschätzt. Dann gilt unter $H_0^F : \boldsymbol{CF} = \boldsymbol{0}$ asymptotisch $(n \to \infty)$, daß die Statistik

$$Q_n(\boldsymbol{C}) \;=\; n\widehat{\boldsymbol{p}}'\boldsymbol{C}'\left[\boldsymbol{C}\widehat{\boldsymbol{V}}_n\boldsymbol{C}'\right]^- \boldsymbol{C}\widehat{\boldsymbol{p}} \;\sim\; \chi_f^2, \tag{5.4}$$

d.h. zentral χ_f^2-verteilt ist mit $f = r(\boldsymbol{C})$ Freiheitsgraden. Die Statistik $Q_n(\boldsymbol{C})$ heißt *Rangstatistik vom* WALD-*Typ*. Simulationsstudien haben gezeigt (siehe z.B. AKRITAS und BRUNNER 1997*a*), daß die Verteilung von $Q_n(\boldsymbol{C})$ nur sehr langsam gegen die χ_f^2-Verteilung konvergiert und die Güte der Approximation mit wachsender

Anzahl von Freiheitsgraden f abnimmt. Für kleine Stichproben kann daher ein entsprechender Test zu sehr antikonservativen Entscheidungen führen, so daß die Anwendung dieser Statistik in der Praxis nur auf den Fall $f = 1$ oder auf extrem große Stichproben beschränkt ist.

Ist die Kovarianzmatrix $\boldsymbol{V}_n$ oder der Schätzer $\widehat{\boldsymbol{V}}_n$ für $\boldsymbol{V}_n$ singulär (z.B. Schulter-Schmerz-Studie ohne die Patienten 13 oder 19), dann ist die Anwendung der Statistik $Q_n(\boldsymbol{C})$ nur unter bestimmten Zusatzbedingungen möglich. Die Diskussion dieser Situation geht jedoch über den Rahmen dieses Buches hinaus. Hier sei auf die Literatur verwiesen (z.B. BRUNNER, MUNZEL und PURI 1996).

In der parametrischen multivariaten Statistik (Normalverteilungsmodelle) macht man die Annahme, daß die Kovarianzmatrizen für alle Versuchsgruppen gleich sind (multivariate Homoskedastizität). Dann hat die Statistik $Q(\boldsymbol{C})$ HOTELLING's T^2-Verteilung mit entsprechenden Freiheitsgraden (siehe z.B. RENCHER, 1995). Auch andere Statistiken, wie z.B. WILK's Λ oder die LAWLEY-HOTELLING Spur, werden verwendet, jedoch wird auch hierfür die restriktive Annahme der Gleichheit der Kovarianzmatrizen benötigt. Es ist bekannt (siehe z.B. OLSON 1974), daß die Verteilungen dieser Statistiken sehr empfindlich auf eine Verletzung dieser Annahme sind. Nun ist bei nichtparametrischen Modellen die Annahme gleicher Kovarianzmatrizen der Beobachtungsvektoren $\boldsymbol{X}_{ik}$ nicht ausreichend, da sich diese Annahme i.a. nicht auf die Ränge überträgt (siehe AKRITAS 1990). Dies sieht man sehr leicht ein, wenn man bedenkt, daß sich die Ränge aus $\widehat{H}(X_{iks})$ ergeben und $\widehat{H}(\cdot)$ eine nicht-lineare Transformation ist. Für den Spezialfall einer homogenen Gruppe von Individuen sind die bekannten Statistiken der multivariaten Analyse (MANOVA) jedoch anwendbar. Im nächsten Abschnitt wird für diesen Spezialfall eine Approximation der Verteilung von $Q_n(\boldsymbol{C})$ für kleinen Stichprobenumfang n untersucht.

5.2 Hotelling's T^2-Statistik

Die Überlegungen dieses Abschnitts sind auf eine Versuchsanlage mit einer homogenen Gruppe von Individuen (LD-F1) beschränkt. Beobachtet werden die unabhängigen Vektoren $\boldsymbol{X}_k = (X_{k1}, \ldots, X_{kt})'$, $k = 1, \ldots, n$, mit den Randverteilungen $F_1, \ldots, F_t$. Es wird ferner vorausgesetzt, daß $\boldsymbol{C}$ eine $(q \times t)$-Kontrastmatrix mit $q \leq t$ ist, die so gewählt ist, daß $r(\boldsymbol{C}) = q$, d.h. $\boldsymbol{C}$ von vollem Zeilenrang ist. Nach Satz 4.7 hat die Statistik $\sqrt{n}\boldsymbol{C}\widehat{\boldsymbol{p}}$ unter $H_0^F : \boldsymbol{CF} = \boldsymbol{0}$ asymptotisch eine multivariate Normalverteilung mit Erwartungswertvektor $\boldsymbol{0}$ und Kovarianzmatrix $\boldsymbol{CV}_n\boldsymbol{C}'$. Falls $\boldsymbol{V}_n$ als nicht-singulär angenommen wird, dann ist auch $\boldsymbol{CV}_n\boldsymbol{C}'$ nicht-singulär. Setzt man ferner voraus, daß $\widehat{\boldsymbol{V}}_n$ nicht-singulär ist, dann hat die Statistik

$$T_R^2 = n(\boldsymbol{C}\widehat{\boldsymbol{p}})' \left[\boldsymbol{C}\widehat{\boldsymbol{V}}_n\boldsymbol{C}'\right]^{-1} (\boldsymbol{C}\widehat{\boldsymbol{p}}) \qquad (5.5)$$

unter $H_0^F : \boldsymbol{CF} = \boldsymbol{0}$ asymptotisch eine zentrale χ_q^2-Verteilung mit $q = r(\boldsymbol{C})$ Freiheitsgraden. Im Normalverteilungsmodell kann die Verteilung der entsprechenden

Statistik T^2 auf die F-Verteilung

$$\frac{n-q}{q(n-1)}T^2 \sim F(q, n-q)$$

transformiert werden. Simulationsstudien (AKRITAS und BRUNNER, 1997) haben gezeigt, daß auch die Verteilung von T_R^2 für eine kleine Anzahl n von Individuen in sehr guter Näherung unter $H_0^F : \boldsymbol{CF} = \boldsymbol{0}$ auf die F-Verteilung

$$Z_R(n,q) = \frac{n-q}{q(n-1)}T_R^2 \quad \dot{\sim} \quad F(q, n-q) \tag{5.6}$$

transformiert werden kann, wobei das Zeichen $\dot{\sim}$ 'approximativ verteilt nach' bedeutet.

Um für die Statistik T_R^2 in (5.5) eine Vorstellung von der schlechten Qualität der Approximation an die asymptotische χ^2-Verteilung zu erhalten und um zu zeigen, daß die transformierte Statistik Z_R in (5.6) auch für kleine Stichproben sehr gut durch eine F-Verteilung approximiert werden kann, sind in Tabelle 5.1 die Ergebnisse einer Simulationsstudie für die Hypothese $H_0^F : F_1 = \cdots = F_t$ angegeben. Dort sind für die Stichprobenumfänge $n = 8, 10, 14, 20$ und für $t = 4, 6, 8$ Zeitpunkte die simulierten Wahrscheinlichkeiten des Fehlers erster Art für die Statistiken T_R^2 und $Z_R(n, t-1)$ wiedergegeben, wobei T_R^2 mit dem oberen 5%-Quantil der χ^2_{t-1}-Verteilung und $Z_R(n, t-1)$ mit dem oberen 5%-Quantil der $F(t-1, n-t+1)$-Verteilung verglichen wurde. Zu jeder Situation wurden 5000 Simulationen für eine diskrete Gleichverteilung auf $\{1, 2, 3, 4, 5\}$ und verschiedene Abhängigkeiten durchgeführt. Für andere diskrete oder stetige Verteilungen waren die Simulationsergebnisse ähnlich.

Tabelle 5.1 *Simulierte Wahrscheinlichkeiten des Fehlers erster Art für die Statistiken T_R^2 (verglichen mit $\chi^2_{t-1;1-\alpha}$) bzw. $Z_R(n,t-1) = (n-t+1)T_R^2 / [(t-1)(n-1)]$ (verglichen mit $F_{1-\alpha}(t-1, n-t+1)$) zu $t = 4, 6, 8$ Zeitpunkten für $n = 8, 10, 14, 20$ Individuen (diskrete Gleichverteilung auf $\{1, 2, 3, 4, 5, \}$), zum Niveau $\alpha = 5\%$.*

n	$t=4$		$t=6$		$t=8$	
	T_R^2	Z_R	T_R^2	Z_R	T_R^2	Z_R
8	26.3%	5.0%	54.1%	4.5%	89.2%	5.1%
10	20.8%	5.6%	40.9%	4.9%	69.5%	5.2%
14	14.4%	5.8%	26.6%	4.7%	46.2%	4.9%
20	11.2%	5.1%	18.4%	4.8%	28.8%	4.9%

Es sei daran erinnert, daß zur Berechnung beider Statistiken T_R^2 und Z_R die Voraussetzung benötigt wird, daß $\widehat{\boldsymbol{V}}_n$ invertierbar ist. Ferner ist die Anwendung der Statistik Z_R auf eine Versuchsanlage mit einer homogenen Gruppe von Individuen (LD-F1) beschränkt. Für kompliziertere Versuchsanlagen und für singuläre Kovarianzmatrizen sind andere Überlegungen nötig.

5.3 Statistiken vom ANOVA-Typ

Das wesentliche Problem der Statistiken vom Wald-Typ besteht darin, daß die unbekannte Kovarianzmatrix durch einen konsistenten Schätzer ersetzt wird. Jede geschätzte Varianz und Kovarianz trägt aber zur Variabilität der quadratischen Form bei. Es liegt daher nahe, die Kovarianzmatrix $\widehat{\boldsymbol{V}}_n$ in (5.4) einfach wegzulassen und die Statistik

$$Q_n^*(\boldsymbol{C}) \;=\; n\widehat{\boldsymbol{p}}'\boldsymbol{C}'\left[\boldsymbol{C}\boldsymbol{C}'\right]^- \boldsymbol{C}\widehat{\boldsymbol{p}} \qquad (5.7)$$

zu verwenden. Gegenüber der Statistik $Q_n(\boldsymbol{C})$ in (5.4) verliert man möglicherweise dadurch etwas an Effizienz. Dies ist jedoch nur für sehr große Stichprobenumfänge von Bedeutung, da $Q_n(\boldsymbol{C})$ für kleine oder mittlere Stichprobenumfänge das Niveau z.T. erheblich überschreitet und sich damit eine Diskussion der Effizienz erübrigt.

Anmerkung: *Für gleiche Stichprobenumfänge und unter der Annahme gleicher Varianzen haben die Statistiken der parametrischen Varianzanalyse (ANOVA) dieselbe Form wie $Q_n^*(\boldsymbol{C})$, da die Kovarianzmatrix $\boldsymbol{V}_n = \sigma^2\boldsymbol{I}_n$ ist und $Q_n(\boldsymbol{C})$ bis auf den Faktor σ^2 mit $Q_n^*(\boldsymbol{C})$ übereinstimmt. Das erklärt die Bezeichnung Statistik vom ANOVA-Typ. Man beachte, daß die Matrix $\boldsymbol{T} = \boldsymbol{C}'[\boldsymbol{C}\boldsymbol{C}']^-\boldsymbol{C}$ ein Projektor ist und nicht von der speziellen Wahl der verallgemeinerten Inversen $[\boldsymbol{C}\boldsymbol{C}']^-$ abhängt. Damit kann man die Hypothese $H_0^F : \boldsymbol{C}\boldsymbol{F} = \boldsymbol{0}$ äquivalent als $H_0^F : \boldsymbol{T}\boldsymbol{F} = \boldsymbol{0}$ schreiben. Falls die Kontrastmatrix $\boldsymbol{C}$ ein Projektor ist, folgt $\boldsymbol{T} = \boldsymbol{C}$.*

Nach Satz 5.1 ist die Statistik $Q_n^*(\boldsymbol{C})$ asymptotisch verteilt wie eine Linearkombination $\sum_{i=1}^a \lambda_i U_i$ von unabhängigen Zufallsvariablen U_i, die zentral χ_1^2-verteilt sind. Die Konstanten λ_i sind die Eigenwerte der Matrix $[\boldsymbol{C}\boldsymbol{C}']^-\boldsymbol{C}\boldsymbol{V}_n\boldsymbol{C}'$ und sind i.a. unbekannt. Der Nachteil dieser Vorgehensweise besteht also darin, daß die asymptotische Verteilung von $Q_n^*(\boldsymbol{C})$ unbekannt ist, da sie von den unbekannten Eigenwerten λ_i abhängt. Ein offensichtlicher Vorteil ist, daß die Verteilung von $\sum_{i=1}^a \lambda_i U_i$ nur dann degeneriert, wenn *alle* Eigenwerte gleich 0 sind. Dies würde jedoch bedeuten, daß im gesamten Versuch keine Variabilität vorhanden ist.

Die asymptotische Verteilung von $Q_n^*(\boldsymbol{C})$ muß in jedem Fall geschätzt, d.h. approximiert werden. Die Möglichkeit, die Eigenwerte λ_i zu schätzen und dann die Quantile der Faltung $\sum_{i=1}^a \lambda_i U_i$ zu bestimmen, erscheint technisch nicht gerade einfach zu sein. Man wählt daher einen anderen Weg und approximiert zunächst die Verteilung der Linearkombination $\sum_{i=1}^a \lambda_i U_i$ derart durch eine gestreckte χ^2-Verteilung, daß die beiden ersten Momente von $\sum_{i=1}^a \lambda_i U_i$ und $g \cdot \chi_f^2$ übereinstimmen. Diese Approximation ist sehr gut und geht u.a. auf BOX (1954) zurück. Damit erhält man für $\boldsymbol{T} = \boldsymbol{C}'[\boldsymbol{C}\boldsymbol{C}']^-\boldsymbol{C}$ zunächst die Approximation

$$\frac{n}{gf}\widehat{\boldsymbol{p}}'\boldsymbol{T}\widehat{\boldsymbol{p}} \;\dot{\sim}\; F(f,\infty)$$

durch eine F-Verteilung. Man beachte hierbei, daß die Zufallsvariable Z/f verteilt ist nach $F(f,\infty)$, wenn $Z \sim \chi_f^2$ verteilt ist.

Schließlich schätzt man noch das Produkt $g \cdot f$ und den Freiheitsgrad f konsistent durch

$$\widehat{gf} = \operatorname{tr}\left(\boldsymbol{T}\widehat{\boldsymbol{V}}_n\right) \quad \text{und} \quad \widehat{f} = \left[\operatorname{tr}\left(\boldsymbol{T}\widehat{\boldsymbol{V}}_n\right)\right]^2 \Big/ \operatorname{tr}\left(\boldsymbol{T}\widehat{\boldsymbol{V}}_n\boldsymbol{T}\widehat{\boldsymbol{V}}_n\right), \tag{5.8}$$

wobei $\operatorname{tr}(\cdot)$ die Spur einer quadratischen Matrix bezeichnet. Damit kann man die asymptotische Verteilung der Statistik vom ANOVA-Typ

$$F_n(\boldsymbol{T}) = \frac{n}{\operatorname{tr}(\boldsymbol{T}\widehat{\boldsymbol{V}}_n)} \widehat{\boldsymbol{p}}'\boldsymbol{T}\widehat{\boldsymbol{p}} \quad \dot{\sim} \quad F(\widehat{f}, \infty) \tag{5.9}$$

approximieren, falls für alle n die Spur $\operatorname{tr}(\boldsymbol{T}\boldsymbol{V}_n) \geq t_0 > 0$ ist. Diese Bedingung besagt, daß für die zu untersuchende Hypothese Variabilität in den Beobachtungen vorhanden sein muß, was in der Praxis fast immer der Fall ist. Wenn mehrere Versuchsgruppen oder weitere Faktoren für die Versuchsgruppen vorhanden sind, kann für alle Statistiken, bei denen über die Zeitpunkte 'gemittelt' wird (d.h. alle Whole-Plot-Faktoren und deren Wechselwirkung), eine weitere BOX-Approximation zur Bestimmung eines zweiten Freiheitsgrades durchgeführt werden. Weitere Erläuterungen hierzu findet man bei BRUNNER, DETTE und MUNK (1997).

Die entscheidenden Vorteile der Statistik $F_n(\boldsymbol{T})$ bestehen darin, daß die Kovarianzmatrix auch singulär sein kann und daß - unabhängig von der Dimension der Kovarianzmatrix - nur die zwei Größen $g \cdot f$ und f geschätzt werden müssen. Damit sollte die Approximation auch für kleine Stichprobenumfänge recht gut sein. Dies läßt sich jedoch nur durch Simulationen untersuchen. Dazu wird dieselbe Situation untersucht, wie sie in Tabelle 5.1 in Abschnitt 5.2 dargestellt ist. Für die Statistik $F_n(\boldsymbol{T})$ sind in Tabelle 5.2 die simulierten Wahrscheinlichkeiten des Fehlers erster Art für die Stichprobenumfänge $n = 8, 10, 14, 20$ und für $t = 4, 6, 8$ Zeitpunkte aufgelistet, wobei die simulierten Werte der Statistik $F_n(\boldsymbol{T})$ in (5.9) mit dem oberen α-Quantil der $F(\widehat{f}, \infty)$-Verteilung verglichen wurden. Zu jeder Situation wurden 5000 Simulationen für eine diskrete Gleichverteilung auf $\{1, 2, 3, 4, 5\}$ und verschiedene Abhängigkeiten durchgeführt. Für andere diskrete oder stetige Verteilungen waren die Simulationsergebnisse ähnlich.

Der Nachteil der Statistik $F_n(\boldsymbol{T})$ ist, daß auch für große Stichproben die Verteilung nur approximativ zu bestimmen ist; allerdings ist diese Approximation sehr gut.

Tabelle 5.2 *Simulierte Wahrscheinlichkeiten des Fehlers erster Art für die Statistik $F_n(\boldsymbol{T})$ verglichen mit $F_{1-\alpha}(\widehat{f}, \infty)$), zum Niveau $\alpha = 5\%$.*

	$F_n(\boldsymbol{T})$		
n	$t = 4$	$t = 6$	$t = 8$
8	5.8%	4.1%	2.5%
10	5.4%	4.7%	3.3%
14	5.3%	4.2%	3.4%
20	5.1%	4.2%	3.9%

Bei der Betrachtung der Tabelle 5.2 fällt auf, daß die simulierten Überschreitungswahrscheinlichkeiten für die Statistik $F_n(\boldsymbol{T})$ mit wachsender Anzahl von Zeitpunkten kleiner werden. Das bedeutet, daß der Test konservativ wird. Dies liegt daran, daß f durch den Schätzer $\widehat{f}$ in (5.8) zwar konsistent, aber für kleine Stichproben verzerrt geschätzt wird. Die unverzerrte Schätzung von f für eine beliebige Kovarianzmatrix $\boldsymbol{V}_n$ ist ein offenes Problem.

Es sei noch angemerkt, daß für $r(\boldsymbol{C}) = 1$ die Statistiken $Q_n(\boldsymbol{C})$ und $F_n(\boldsymbol{T})$ identisch sind, was sich aus einfachen algebraischen Überlegungen ergibt. In diesem Fall folgt auch $\widehat{f} = 1$ und die Verteilungen der Statistiken vom WALD-Typ und vom ANOVA-Typ werden auf die gleiche Art und Weise approximiert.

Wegen der Konservativität des auf $F_n(\boldsymbol{T})$ in (5.9) beruhenden Tests könnte man vermuten, daß die Power dieses Tests ziemlich schlecht ist. Daher sollen im folgenden Abschnitt die drei betrachteten Statistiken, nämlich die Statistik vom WALD-Typ $Q_n(\boldsymbol{C})$, die Rangversion der HOTELLING T^2-Statistik $Z_R(n, q)$ und die Statistik vom ANOVA-Typ $F_n(\boldsymbol{T})$ miteinander verglichen werden.

5.4 Vergleich der Statistiken Q_n, Z_R und F_n

Alle drei genannten Statistiken können zum Testen der Hypothese $H_0^F : \boldsymbol{CF} = \boldsymbol{0}$ verwendet werden. Für den Anwender stellt sich nun die Frage, welche Statistik er schließlich verwenden soll. Generell ist natürlich wegen der höheren Effizienz die Statistik vom WALD-Typ zu bevorzugen, falls keine singulären Kovarianzmatrizen vorhanden sind. Allerdings müssen die Stichproben sehr groß sein, damit der darauf basierende Test das gewählte Niveau wenigstens einigermaßen einhält. Der pro Versuchsgruppe benötigte Stichprobenumfang steigt dabei mit der Anzahl der Zeitpunkte. Solche Stichprobenumfänge werden allerdings bei klinischen Studien kaum erreicht, allenfalls bei großen epidemiologischen Studien.

Aus Tabelle 5.1 geht hervor, daß bei mittleren und kleinen Stichprobenumfängen das Niveau z.T. so erheblich überschritten wird, daß die Statistik vom WALD-Typ $Q_n(\boldsymbol{C})$ für kleine Stichprobenumfänge nicht brauchbar ist. Somit bleiben nur die beiden anderen Statistiken Z_R und F_n übrig. Dabei ist die Rangversion der HOTELLING T^2-Statistik Z_R nur für eine Versuchsanlage mit einer homogenen Gruppe von Individuen anwendbar, so daß für den allgemeinen Fall nur noch die Statistik vom ANOVA-Typ übrig bleibt. Einen Gütevergleich der Statistiken Z_R und F_n kann man daher nur für die LD-F1 Versuchsanlage durchführen. Dabei mag man zunächst vermuten, daß die Power für die Statistik vom ANOVA-Typ relativ schlecht ist, da bei der Berechnung der Statistik nicht die Abhängigkeitsstruktur der Beobachtungen berücksichtigt wird, während die Rangversion der HOTELLING-Statistik Z_R aus der Statistik vom WALD-Typ berechnet wird, die diese Abhängigkeit ja berücksichtigt. Es kommt noch hinzu, daß F_n bei wachsender Anzahl von Zeitpunkten zu konservativeren Entscheidungen führt.

Um so überraschender ist das Ergebnis einer Simulationsstudie mit $n = 14$ Individuen und $t = 8$ Zeitpunkten (was der Versuchsanlage des Beispiels 1.3.4, der α-Amylase-Studie, entspricht). Es wurden normalverteilte Fehler- und Individuen-Effekte $\epsilon_{ks} \sim N(0,1)$ bzw. $B_k \sim N(0,4)$ für die Beobachtungen $X_{ks} = \mu_s + B_k + \epsilon_{ks}$ gewählt. Die Simulationen wurden für verschiedene Muster von Alternativen durchgeführt. Im einen Fall wurde $\mu_s = s \cdot \delta/8$ gewählt, im anderen Fall $\mu_1 = \cdots = \mu_4 = 0$, $\mu_5 = \cdots = \mu_8 = \delta$. Die Ergebnisse sind für verschiedene δ bei jeweils 5000 Simulationen in Tabelle 5.3 wiedergegeben, wobei $\alpha = 5\%$ gewählt wurde.

Tabelle 5.3 *Simulierte Ablehnwahrscheinlichkeit für $Z_R(n,q)$ und $F_n(T)$ für $\alpha = 5\%$ und zwei verschiedene Typen von Alternativen bei $n = 14$ Individuen und $t = 8$ Zeitpunkten.*

$\mu_s = s \cdot \delta/8,\ s = 1,\dots,8$			$\mu_1 = \cdots = \mu_4 = 0,\ \mu_5 = \cdots = \mu_8 = \delta$		
δ	$Z_R(14,7)$	$F_n(P_8)$	δ	$Z_R(14,7)$	$F_n(P_8)$
0.0	0.038	0.032	0.0	0.040	0.030
0.6	0.089	0.120	0.3	0.070	0.099
0.8	0.130	0.241	0.4	0.103	0.173
1.0	0.196	0.391	0.5	0.148	0.283
1.2	0.275	0.570	0.7	0.281	0.584
1.6	0.488	0.889	0.9	0.470	0.869
2.0	0.488	0.983	1.0	0.564	0.938

Die Statistik F_n erweist sich der Rangversion der HOTELLING-Statistik $Z_R(n,q)$ als überlegen, da sie eine erheblich bessere Power hat, die im Extremfall bei beiden Typen von Alternativen mehr als doppelt so hoch ist. Somit ist die Statistik vom ANOVA-Typ nicht nur allgemein (für beliebige Versuchsanlagen) anwendbar, wie die Statistik vom WALD-Typ, sondern sie hält auch für kleine Stichproben das Niveau gut ein (wird für größeres t höchstens konservativ) und hat eine bessere Power als die Rangversion der HOTELLING-Statistik. Daher kann die Statistik F_n für die nichtparametrische Analyse von longitudinalen Daten allgemein empfohlen werden. Bei der Auswertung der Beispiele wird im wesentlichen auf die Ergebnisse Bezug genommen, die man mit $F_n(T)$ erhält. Die Statistik Q_n wird dagegen meist für Effekte verwendet, bei denen über die Zeitpunkte gemittelt wird.

5.5 Statistiken für gemusterte Alternativen

Neben den in den vorangegangenen Abschnitten diskutierten quadratischen Formen kann man die Hypothese $CF = 0$ auch durch *Linearformen* überprüfen. Hierbei wird eine Linearkombination $\sum_{i=1}^{a} \sum_{s=1}^{t} w_{is}\widehat{p}_{is}$ der Schätzer für die relativen Effekte gebildet, wobei die Gewichte w_{is} der vermuteten Alternative angepaßt sind. Falls in der Gruppe i zum Zeitpunkt s ein großer relativer Effekt vermutet wird, dann wird für $w_{i\cdot}$ ein großer Wert gewählt und umgekehrt, d.h. das Muster der Konstanten $w_{i\cdot}$ entspricht dem Muster der vermuteten Alternative. Solche Linearkombinationen können sehr effizient sein, falls die vermutete Alternative wirklich vorliegt. Andererseits können sie gegen andere Alternativen völlig ineffizient sein. Statistiken für gemusterte Alternativen sind Verallgemeinerungen von Statistiken für einseitige Alternativen vom Einstichprobenfall auf den Mehrstichprobenfall.

Aus Satz 5.1 folgt, daß die Statistik $L_n(\boldsymbol{w}) = \sqrt{n}\boldsymbol{w}'\boldsymbol{C}\widehat{\boldsymbol{p}}$ unter der Hypothese $H_0^F : \boldsymbol{CF} = \boldsymbol{0}$ asymptotisch eine $N(0, \sigma_n^2)$-Verteilung mit der Varianz $\sigma_n^2 = \boldsymbol{w}'\boldsymbol{C}\boldsymbol{V}_n\boldsymbol{C}'\boldsymbol{w}$ hat. Diese wird dann konsistent geschätzt durch

$$\widehat{\sigma}_n^2 = \boldsymbol{w}'\boldsymbol{C}\widehat{\boldsymbol{V}}_n\boldsymbol{C}'\boldsymbol{w}, \tag{5.10}$$

wobei $\widehat{\boldsymbol{V}}_n$ wie für die Statistiken vom WALD-Typ oder vom ANOVA-Typ bestimmt wird. Für kleine Stichprobenumfänge kann man $L_n(\boldsymbol{w})/\widehat{\sigma}_n$ unter H_0^F durch eine t-Verteilung mit entsprechenden Freiheitsgraden approximieren. Diese Freiheitsgrade sind im Einzelfall gesondert zu ermitteln.

5.6 Konsistenz der Statistiken

In der Anmerkung zu Satz 4.7 wurde erwähnt, daß die Aussage dieses Satzes i.a. nicht unter $H_0^p : \boldsymbol{Cp} = \boldsymbol{0}$ gilt, sondern unter der weitaus eingeschränkteren Menge von Verteilungen, für die $H_0^F : \boldsymbol{CF} = \boldsymbol{0}$ gilt. Dieser Sachverhalt soll hier näher diskutiert werden, da er für die Interpretation der Ergebnisse und für das tiefere Verständnis der nichtparametrischen Analyse von faktoriellen Versuchsanlagen wesentlich ist.

In einem linearen Modell werden in einer faktoriellen Versuchsanlage zur Darstellung der Faktoreinflüsse die Lokationsparameter linear zerlegt und die Hypothesen über lineare Kontraste $\boldsymbol{C\mu} = \boldsymbol{0}$ in Lokationsparametern formuliert. Sowohl die Hypothese $H_0^\mu : \boldsymbol{C\mu} = \boldsymbol{0}$ als auch die Alternative $H_1^\mu : \boldsymbol{C\mu} \neq \boldsymbol{0}$ sind anschaulich gut interpretierbar und werden seit vielen Jahrzehnten in allen Anwendungsgebieten der Statistik benutzt.

Nun ist diese Sichtweise der 'linearen Zerlegung von Lokationsparametern' in vielen Fällen sicher nicht sinnvoll. Zum einen sind dies alle Situationen, in denen die Meßwerte eine natürliche obere und / oder untere Grenze haben und relativ zur Streuung nahe an einer solchen Grenze liegen; zum anderen sind dies alle Versuchsanlagen mit rein ordinalen Daten oder solchen Meßgrößen, bei denen sich die Ergebnisse unter beliebigen monotonen Transformationen nicht ändern sollen. Im ersten Fall kann man möglicherweise durch eine geeignete monotone Transformation, wie z.B. den Logarithmus oder eine Wurzel, transformierte Meßgrößen erzeugen, für deren Lokationsparameter eine lineare Zerlegung eher angemessen ist. Allerdings hängen dann die Ergebnisse von der Transformation der Daten ab, d.h. es können z.B. Wechselwirkungen verschwinden oder es können Wechselwirkungen auftreten, die vor der Transformation nicht vorhanden waren.

Die lineare Zerlegung eines Lokationsparameters ist also nur *eine* mögliche Darstellung von faktoriellen Effekten, die unter Umständen nur approximativ in einem mittleren Bereich der Daten angemessen ist und von speziellen Transformationen abhängt.

Eine Beurteilung von faktoriellen Einflüssen durch die relativen Effekte und eine lineare Zerlegung dieser relativen Effekte ist unter beliebigen monotonen Transformationen der Daten invariant. Dies ist für rein ordinale Daten (wie z.B. den Schmerz-Score in der Schulter-Schmerz-Studie oder die Panik-Scores in den beiden Panik-Skala-Studien) eine unerläßliche Forderung.

Ebenso kann für metrische Daten die Darstellung von Faktoreinflüssen durch die relativen Effekte sinnvoll sein, zum Beispiel, wenn die Skala der betrachteten Meßgrößen nicht eindeutig festgelegt ist oder nicht in einem eindeutigen Bezug zu einem interessierenden Effekt steht. Insofern ist in solchen Fällen die Beschreibung der Faktoreinflüsse durch die relativen Effekte und eine lineare Zerlegung dieser relativen Effekte sinnvoll und die über die entsprechenden Kontraste formulierten Hypothesen $H_0^p : \boldsymbol{Cp} = \mathbf{0}$ sowie die zugehörigen Alternativen $H_0^p : \boldsymbol{Cp} \neq \mathbf{0}$ können anschaulich gut interpretiert werden.

Es liegt also sehr nahe, die Statistik $\sqrt{n}\boldsymbol{C}\widehat{\boldsymbol{p}}$ zum Testen der Hypothese $H_0^p : \boldsymbol{Cp} = \mathbf{0}$ zu verwenden. Die asymptotische Verteilung von $\sqrt{n}\boldsymbol{C}\widehat{\boldsymbol{p}}$ ist multivariat normal und hat unter H_0^p den Erwartungswertvektor $\mathbf{0}$. Die Struktur der Kovarianzmatrix ist jedoch sehr kompliziert. Die genauen Zusammenhänge sind im folgenden Satz festgehalten.

SATZ 5.2 (ASYMPTOTISCHER ÄQUIVALENZ-SATZ)
Es bezeichne $\boldsymbol{F} = (F_1, \ldots, F_a)'$ den Vektor aller Verteilungen in der Versuchsanlage, H deren gewichtetes Mittel und $\boldsymbol{p} = \int H d\boldsymbol{F}$ den Vektor der relativen Effekte. Analog bezeichnen $\widehat{\boldsymbol{F}} = (\widehat{F}_1, \ldots, \widehat{F}_a)'$, $\widehat{H}$ und $\widehat{\boldsymbol{p}} = \int \widehat{H} d\widehat{\boldsymbol{F}}$ die entsprechenden empirischen Größen. Dann gilt

$$\sqrt{n}\,\widehat{\boldsymbol{p}} = \sqrt{n} \int \widehat{H} d\widehat{\boldsymbol{F}} \quad \doteq \quad \sqrt{n} \left[\int \widehat{H} d\boldsymbol{F} + \int H d\widehat{\boldsymbol{F}} - \boldsymbol{p} \right],$$

wobei das Zeichen $\doteq$ den Begriff asymptotisch äquivalent *abkürzt.*

BEWEIS: siehe AKRITAS und BRUNNER (1997*a*).

Anmerkung: *Aus der asymptotischen Äquivalenz zweier Folgen von Zufallsvektoren folgt, daß diese für (mehr oder weniger) große Stichprobenumfänge näherungsweise die gleiche Verteilung haben. Die Approximation wird für größere Stichprobenumfänge besser.*

Die Kovarianzmatrix des Vektors $\int H d\widehat{\boldsymbol{F}}$ ist eine Block-Diagonalmatrix. Dies trifft jedoch nicht für den Vektor $\int \widehat{H} d\boldsymbol{F}$ zu, der überdies auch nicht vom Vektor $\int H d\widehat{\boldsymbol{F}}$ unabhängig ist und die Kovarianzmatrix von $\sqrt{n}[\int \widehat{H} d\boldsymbol{F} + \int H d\widehat{\boldsymbol{F}}]$ hat eine relativ komplizierte Darstellung. Diese Struktur wird auch für den Kontrast

$$\begin{aligned} \sqrt{n}\boldsymbol{C}\widehat{\boldsymbol{p}} &\doteq \sqrt{n}\boldsymbol{C}\left[\int \widehat{H} d\boldsymbol{F} + \int H d\widehat{\boldsymbol{F}} - \boldsymbol{p}\right] \\ &\doteq \sqrt{n}\left[\int \widehat{H} d(\boldsymbol{C}\boldsymbol{F}) + \int H d(\boldsymbol{C}\widehat{\boldsymbol{F}}) - \boldsymbol{C}\boldsymbol{p}\right] \end{aligned} \tag{5.11}$$

unter $H_0^p : \boldsymbol{C}\boldsymbol{p} = \boldsymbol{0}$ nicht einfacher.

Schränkt man jedoch zur Formulierung einer Hypothese die Klasse der Verteilungen noch weiter ein und formuliert die Hypothese über die Verteilungsfunktionen als $H_0^F : \boldsymbol{C}\boldsymbol{F} = \boldsymbol{0}$, dann folgt

$$\sqrt{n}\boldsymbol{C}\widehat{\boldsymbol{p}} \doteq \sqrt{n}\,\boldsymbol{C}\int H d\widehat{\boldsymbol{F}}$$

und die Kovarianzmatrix hat die in (4.3) angegebene einfache Form. Ein Schätzer für die Kovarianzmatrix ist aus (4.4) einfach zu bestimmen (siehe Satz 4.7 auf Seite 48).

Dieser Zusammenhang ist in der Literatur erstmals von AKRITAS und ARNOLD (1994) aufgezeigt worden, wobei auch die eigenständige Bedeutung der Hypothesen H_0^F diskutiert worden ist. Diese Hypothesen werden rein formal analog zu den Hypothesen in den linearen Modellen formuliert. Die Verteilungsfunktionen, welche diese Hypothesen erfüllen, können unter Umständen eigenartig aussehen. Man beachte jedoch, daß stets $H_0^p : \boldsymbol{C}\boldsymbol{p} = \boldsymbol{0}$ und $H_0^\mu : \boldsymbol{C}\boldsymbol{\mu} = \boldsymbol{0}$ gilt, wenn $H_0^F : \boldsymbol{C}\boldsymbol{F} = \boldsymbol{0}$ ist. Dies bedeutet, daß aus den anschaulich gut interpretierbaren Hypothesen H_0^p und H_0^μ durch die Hypothese H_0^F eine Untermenge von Verteilungen herausgegriffen wird, für welche die asymptotische Kovarianzmatrix der Statistik $\sqrt{n}\boldsymbol{C}\widehat{\boldsymbol{p}}$ eine einfache Form hat. Insofern kann man diese Hypothese auch als 'Kunstgriff' zur Herleitung einer einfachen Statistik ansehen.

Der entscheidende Punkt aber ist die Klärung der Frage, welche Alternativen durch die Statistiken für H_0^F aufgedeckt werden, d.h. für welche Alternativen die auf diesen Statistiken basierenden Tests konsistent sind. Für die Statistiken vom WALD-Typ muß natürlich vorausgesetzt werden, daß die Kovarianzmatrix $\boldsymbol{V}_n$ (und zur Berechnung der Statistik auch der Schätzer) invertierbar ist. Für die Statistiken vom ANOVA-Typ wird hier nur die weitaus schwächere Bedingung $\operatorname{tr}(\boldsymbol{T}\boldsymbol{V}_n) \neq 0$ bzw. $\operatorname{tr}(\boldsymbol{T}\widehat{\boldsymbol{V}}_n) \neq 0$ benötigt, wobei wieder $\boldsymbol{T} = \boldsymbol{C}'[\boldsymbol{C}\boldsymbol{C}']^-\boldsymbol{C}$ ist. Schließlich muß bei den Statistiken für gemusterte Alternativen vorausgesetzt werden, daß die Varianz $\sigma^2 = \boldsymbol{w}'\boldsymbol{C}\boldsymbol{V}_n\boldsymbol{C}'\boldsymbol{w} \neq 0$ und daß zur Berechnung der Statistik der Schätzer $\widehat{\sigma}^2 = \boldsymbol{w}'\boldsymbol{C}\widehat{\boldsymbol{V}}_n\boldsymbol{C}'\boldsymbol{w} \neq 0$ ist.

Auf diese relativ komplizierten Zusammenhänge soll hier nicht näher eingegangen werden. Die oben genannten Resultate wurden unter sehr allgemeinen Voraussetzungen von AKRITAS und BRUNNER (1997*a*), BRUNNER und PURI (1996) sowie BRUNNER, MUNZEL und PURI (1996) nachgewiesen und sind im folgenden Satz zusammengestellt.

SATZ 5.3 (KONSISTENZ DER TESTSTATISTIKEN)

1. *Falls die Kovarianzmatrix V_n in (4.3) nicht singulär ist, dann ist ein Test für $H_0^F : CF = 0$, der auf der Statistik vom* WALD*-Typ $Q_n(C)$ in (5.4) basiert, konsistent für Alternativen der Form $H_1^p : Cp \neq 0$.*

2. *Falls* $\operatorname{tr}(TV_n) \neq 0$ *ist, dann ist ein Test für $H_0^F : CF = 0$, der auf der Statistik vom ANOVA-Typ $F_n(T)$ in (5.9) basiert, konsistent für Alternativen der Form $H_1^p : Cp \neq 0$.*

3. *Falls $\sigma^2 = w'CV_nC'w \neq 0$ ist, dann ist ein Test für $H_0^F : CF = 0$, der auf der Statistik $L_n(w)$ für gemusterte Alternativen basiert, konsistent für Alternativen der Form $H_1^w : w'Cp \neq 0$.*

Anmerkung: *Die wesentlichen Aussagen dieses Satzes sind, daß unter bestimmten Voraussetzungen die Statistiken $Q_n(C)$ und $F_n(T)$ zum Testen der Hypothese $H_0^F : CF = 0$ Alternativen der Form $H_1^p : Cp \neq 0$ aufdecken. Für beide Statistiken ist die Klasse der Alternativen anschaulich und gut interpretierbar.*

Im Gegensatz zur Statistik vom WALD*-Typ ist es bei der Statistik vom ANOVA-Typ unerheblich, welchen Rang die Kovarianzmatrix hat. Die Statistik vom ANOVA-Typ sollte also nicht nur wegen der besseren Approximation bei kleinen Stichprobeumfängen sondern auch bei großen Stichprobenumfängen dann verwendet werden, wenn die Kovarianzmatrix singulär ist oder 'nahe an der Singularität' ist, wie im Beispiel der Schulter-Schmerz-Studie.*

Zur Verdeutlichung werden die Resultate dieses Abschnitts noch einmal in drei Punkten zusammengefaßt:

1. Die Implikation $H_0^F \Rightarrow H_0^p$ hat zur Folge, daß die auf den relativen Effekten basierenden Tests unter H_0^F das Niveau einhalten.

2. Satz 5.3 besagt, daß die Wahrscheinlichkeit für einen Fehler 2. Art unter jeder festen Alternative H_1^p mit wachsendem Stichprobenumfang gegen 0 konvergiert. Die auf $\widehat{p}$ beruhenden Tests sind also konsistent für die gut interpretierbaren Alternativen in H_1^p. In den meisten Fällen sind dies auch die Alternativen, an denen der Anwender interessiert ist.

3. In dem Bereich der Hypothesen H_0^p, wo H_0^F nicht gilt, also in $H_0^p \backslash H_0^F$, sind die auf $\widehat{p}$ basierenden Tests nicht konsistent. Dieser Bereich beinhaltet zum

Beispiel die Skalen-Alternativen. Allgemein enthält dieser Bereich nur solche Alternativen, bei denen in keiner Versuchsgruppe eine Tendenz der Beobachtungen zu größeren oder kleineren Werten gegenüber allen Beobachtungen besteht, aber H_0^F nicht gilt. Der Anwender interessiert sich in der Regel aber genau für diese Tendenzen und möchte zumeist solche Alternativen gar nicht aufdecken.

Die auf $\widehat{p}$ basierenden Tests sind also für die sinnvollen (nichtparametrische) Alternativen H_1^p konsistent, während sie Alternativen, bei denen keine Veränderung der zentralen Tendenz vorhanden ist, nur mit geringer Wahrscheinlichkeit aufdecken.

In den Kapiteln 7 bis 11 werden die bisher diskutierten Statistiken auf die speziellen Versuchsanlagen aus Abschnitt 2.2.4 angewendet. Ferner werden die entsprechenden Hypothesen diskutiert, die Verfahren anhand der Beispiele aus Abschnitt 1.3 erläutert und die Ergebnisse interpretiert.

6 Software

6.1 Grundlagen für die Entwicklung von Software

Nichtparametrische Verfahren werden von fast allen Software-Herstellern - wenn überhaupt - mehr oder weniger am Rande behandelt. Die Ursache hierfür ist im wesentlichen darin zu sehen, daß für die nichtparametrischen Modelle keine einheitliche Theorie existiert wie zum Beispiel für die linearen Modelle oder die verallgemeinerten linearen Modelle.

Seit der Einführung der nichtparametrischen Hypothesen durch AKRITAS und ARNOLD (1994), durch die Erweiterung der Rangverfahren auf beliebige unstetige Verteilungen (MUNZEL 1994, BRUNNER, PURI und SUN 1995, AKRITAS, ARNOLD und BRUNNER 1997), durch die Erweiterung auf beliebige *repeated-measures*-Modelle (AKRITAS und BRUNNER 1997*a*, sowie BRUNNER, MUNZEL und PURI 1996) und durch die Erweiterung auf multivariate Verfahren (MUNZEL 1996) scheint sich hier für die Rangverfahren die Entwicklung einer Theorie abzuzeichnen. Diese Verfahren sind für den Anwender insbesondere von Bedeutung, da sie nicht nur dann zu verwenden sind, wenn es gilt, bei Daten aus stetigen Verteilungen robust gegen Ausreißer zu sein. Die gleichen Verfahren können auch auf Zähldaten und ordinale Daten angewendet werden. Besonders für ordinale Daten ist die Modellierung in faktoriellen Versuchsanlagen sehr umständlich, wenn man auf die verallgemeinerten linearen Modelle zurückgreift. Hier scheint sich für die Rangverfahren herauszustellen, daß die Anwendung einfacher und effizienter ist, besonders dann, wenn kleine oder mittlere Stichprobenumfänge vorhanden sind. Der bei den verallgemeinerten linearen Modellen verwendete Maximum-Likelihood-Schätzer konvergiert bei kleinen Stichprobenumfängen ($n_i < 20$ pro homogener Versuchsgruppe) nur sehr schlecht - falls überhaupt. Das heißt, daß sich insbesondere für klinische Studien, Tierversuche und Laborexperimente die hier beschriebenen nichtparametrischen Verfahren anbieten. Die Entwicklung dieser Verfahren steht zwar längst nicht mehr am Anfang, ist jedoch sicher noch nicht so weit abgeschlossen, daß ein Software-Hersteller aus diesem Entwicklungsprozeß heraus bestimmte Verfahren zur Verfügung stellen wird.

Naturgemäß bieten Software-Hersteller erst dann Verfahren an, wenn sie vom Anwender akzeptiert sind und von der Praxis gefordert werden. So bleibt es denn letztlich dem Anwender selbst überlassen, den oder die Software-Hersteller zu drängen, für bestimmte Verfahren leicht zu bedienende Prozeduren oder Module zu entwickeln.

Um dem interessierten Anwender nun die Möglichkeit zu geben, die hier vorgestellten Verfahren zu erproben und Erfahrung mit der Handhabung und Interpretation der Ergebnisse zu sammeln, sind für die in diesem Buch beschriebenen Versuchsanlagen Makros in SAS-IML entwickelt worden. Aus technischen Gründen erschien es einfacher und übersichtlicher, für die in Abschnitt 2.2.4 aufgelisteten Versuchsanlagen separate Makros anzubieten. Diese werden im folgenden kurz beschrieben.

6.2 Spezielle Makros

Der jeweilige Name eines Makros entspricht der im Abschnitt 2.2.4 verwendeten Bezeichnung der Versuchsanlage. Das Makro wird im SAS-Programm-Editor mit dem Befehl

%INCLUDE '*Pfad\Name der SAS-Datei des Makros*';

aufgerufen. Die Daten müssen in Form eines SAS-Datensatz an das Makro übergeben werden. Die Strukturierung eines solchen Datensatzes entspricht der Struktur, wie sie zum Beispiel für die Verwendung der SAS-Prozedur PROC MIXED verlangt wird. Jedes Makro wird anhand eines Beispiels am Ende eines Abschnitts erklärt.

Folgende Makros sind verfügbar und können im Internet vom ftp-Server

ftp://ftp.ams.med.uni-goettingen.de/pub/nonpar/ld

abgerufen werden.

1. LD_F1.SAS
   für die LD-F1 Versuchsanlage (Modell 2.1 auf Seite 26).
2. LD_F2.SAS
   für die LD-F2 Versuchsanlage (Modell 2.2 auf Seite 26).
3. F1_LD_F1.SAS
   für die F1-LD-F1 Versuchsanlage (Modell 2.3 auf Seite 27).
4. TPCOD.SAS
   für die 2-Perioden-Cross-Over Versuchsanlage als Spezialfall des Modells 2.3. Dieses Modell ist in Abschnitt 8.1.2 beschrieben.
5. F2_LD_F1.SAS
   für die F2-LD-F1 Versuchsanlage (Modell 2.4 auf Seite 28).
6. F1_LD_F2.SAS
   für die F1-LD-F2 Versuchsanlage (Modell 2.5 auf Seite 29).
7. OWL.SAS
   für relative summarische Effekte in der F1-LD-F1 Versuchsanlage. Da die Abhängigkeiten nach Bildung eines summarischen Effektes nicht mehr vorhanden sind, liegt eine Einweg-Klassifikation mit unabhängigen Beobachtungen vor (*one-way layout, OWL*). Ein Beispiel ist in Abschnitt 8.5 beschrieben.

7 Versuchsanlagen für eine Gruppe

Aus den allgemeinen Resultaten, die in den Kapiteln 4 und 5 angegeben sind, sollen hier die Statistiken für Versuchsanlagen mit einer homogenen Gruppe von Individuen angegeben und auf die Beispiele aus Abschnitt 1.3 angewendet werden.

7.1 $t = 2$ Zeitpunkte

Die Versuchsanlage mit $t = 2$ Zeitpunkten und einer homogenen Gruppe von Individuen ist die einfachste Versuchsanlage mit longitudinalen Daten. Man kann diese Anlage auch als verbundenes Zwei-Stichproben-Design (*matched pairs design*) ansehen. Das statistische Modell erhält man für $t = 2$ aus Modell 2.1 auf Seite 26. Die beobachteten Zufallsvektoren $\boldsymbol{X}_k = (X_{k1}, X_{k2})'$, $k = 1, \ldots, n$, werden als unabhängig angesehen, wobei X_{ks} die Randverteilung F_s, $s = 1, 2$, hat. Die Daten und Verteilungen dieser Versuchsanlage sind in Schema 7.1 anschaulich dargestellt.

Schema 7.1 (LD-F1: Daten und Randverteilungen)

	DATEN		RAND-VERTEILUNGEN	
	Zeit		*Zeit*	
Individuen	$s = 1$	$s = 2$	$s = 1$	$s = 2$
$k = 1$	X_{11}	X_{12}	F_1	F_2
$\vdots$	$\vdots$	$\vdots$	$\vdots$	$\vdots$
$k = n$	X_{n1}	X_{n2}	F_1	F_2

Als Beispiel sei die Anzahl der CFU-GM für die 34 Stammzell-Konzentrate von männlichen Patienten bei hoher Vorbelastung angeführt (siehe Beispiel 1.3.10). Falls die Konservierung durch das Einfrieren keinen Einfluß auf die Anzahl der CFU-GM hat, sind die beiden Randverteilungen F_1 und F_2 gleich und man formuliert die Hypothese als $H_0^F : F_1 = F_2$.

Die schwächere Hypothese $H_0^p : p = \int F_1 dF_2 = \frac{1}{2}$ bedeutet, daß man einen Verteilungsunterschied zwischen F_1 und F_2 zuläßt, solange sich die 'zentrale Tendenz' nicht ändert, d.h. die relativen Behandlungseffekte $p_s = \int H dF_s$, $s = 1, 2$, gleich sind und damit $p_2 - p_1 = p - \frac{1}{2} = 0$ ist. Die Hypothese H_0^F ist stärker als die Hypothese H_0^p, da aus $F_1 = F_2$ folgt, daß $p_1 = p_2$ ist (siehe Proposition 3.2 auf Seite 39).

Nimmt man für die Randverteilungen F_1 und F_2 ein Lokationsmodell $F_s(x) = F(x - \mu_s)$, $s = 1, 2$, an, dann formuliert man in diesem semiparametrischen Marginalmodell die Hypothese als $H_0^\mu : \mu_1 = \mu_2$. Offensichtlich sind in diesem einfachen Modell die Hypothesen H_0^F, H_0^p und H_0^μ äquivalent.

PROPOSITION 7.1 (HYPOTHESEN-ÄQUIVALENZ)
Im (semiparametrischen) Marginalmodell $F_s(x) = F(x - \mu_s)$, $s = 1, 2$, *gilt*

$$H_0^F : F_1 = F_2 \iff H_0^p : p_1 = p_2 \iff H_0^\mu : \mu_1 = \mu_2.$$

Zunächst wird aus Satz 4.7 auf Seite 48 ein Verfahren zum Testen von H_0^F angegeben. Im Abschnitt 7.1.2 wird dann der Gebrauch des bekannten WILCOXON-Vorzeichen-Tests diskutiert und in Abschnitt 7.1.3 schließlich ein Verfahren zum Testen von H_0^p beschrieben.

7.1.1 Die Hypothese $H_0^F : F_1 = F_2$

Im folgenden bezeichnet R_{ks} den Rang von X_{ks}, $k = 1, \ldots, n$ und $s = 1, 2$, unter allen $N = 2n$ Beobachtungen und $\overline{R}_{\cdot 2} = n^{-1} \sum_{k=1}^n R_{k2}$ den Mittelwert der Ränge zum zweiten Zeitpunkt. Die Ränge zur Berechnung der Statistiken ergeben sich aus Schema 7.2, wobei die gestrichelten Linien symbolisch die Menge der Beobachtungen markieren, innerhalb derer die Ränge gebildet werden. Zur Berechnung der Statistiken für die Hypothese H_0^F benötigt man nur die Ränge über alle (abhängigen und unabhängigen) Beobachtungen. Um die Hypothese H_0^p für die relativen Effekte (siehe Abschnitt 7.1.3) zu testen, werden zusätzlich noch andere Ränge benötigt, die dann mithilfe eines analogen Schemas anschaulich erklärt werden.

Schema 7.2 (Ränge R_{ks} für $t = 2$ Zeitpunkte - H_0^F)

	Zeitpunkt	
Individuen	$s = 1$	$s = 2$
$k = 1$	R_{11}	R_{12}
$\vdots$	$\vdots$	$\vdots$
$k = n$	R_{n1}	R_{n2}
	$\overline{R}_{\cdot 1}$	$\overline{R}_{\cdot 2}$

Für große Stichproben hat die Statistik

$$U_n = \sqrt{n}\left(\widehat{p} - \frac{1}{2}\right) = \frac{1}{\sqrt{n}}\left(\overline{R}_{\cdot 2} - \frac{2n+1}{2}\right) \tag{7.1}$$

unter der Hypothese H_0^F eine $N(0, \sigma_{n,0}^2)$-Verteilung. Die unbekannte Varianz $\sigma_{n,0}^2$ wird konsistent geschätzt durch $S_{n,0}^2/(4n^2)$, wobei

$$S_{n,0}^2 = \frac{1}{n-1} \sum_{k=1}^{n} \left(R_{k2} - R_{k1} - \overline{R}_{\cdot 2} + \overline{R}_{\cdot 1}\right)^2 \tag{7.2}$$

die empirische Varianz der Rangdifferenzen $R_{k2} - R_{k1}$, $k = 1, \ldots, n$, ist.

Für kleine Stichproben approximiert man unter H_0^F die Verteilung der Statistik

$$T_n^F = \sqrt{n}\, \frac{\overline{R}_{\cdot 2} - \overline{R}_{\cdot 1}}{S_{n,0}} \tag{7.3}$$

durch eine zentrale t_{n-1}-Verteilung. Diese Approximation ist gut brauchbar für $n \geq 7$ bei stetigen Verteilungen. Für diskrete Verteilungen hängt die Qualität der Approximation natürlich vom Ausmaß und von der Anzahl der Bindungen ab. Für $n \geq 15$ ist jedoch auch hier die Approximation gut brauchbar, falls keine zu extreme Bindungssituation vorliegt. Der Test ist konsistent für Alternativen der Form $H_1^p : p_1 \neq p_2$ bzw. $p \neq \frac{1}{2}$.

Man leitet die Ergebnisse aus den allgemeinen Resultaten (Sätze 4.7 auf Seite 48 und 5.1 auf Seite 54 sowie Formel (5.4)) auf Seite 55) dadurch her, daß man für den Vektor der Verteilungsfunktionen $\boldsymbol{F} = (F_1, F_2)'$ die Kontrastmatrix $\boldsymbol{C} = (-1, 1)$ verwendet. Der Vektor der relativen Behandlungseffekte $\boldsymbol{p} = (p_1, p_2)' = \int H dF$ wird dann durch

$$\widehat{\boldsymbol{p}} = (\widehat{p}_1, \widehat{p}_2)' = \int \widehat{H} d\widehat{\boldsymbol{F}} = \frac{1}{2n}\left(\overline{R}_{\cdot 1} - \frac{1}{2}, \overline{R}_{\cdot 2} - \frac{1}{2}\right)'$$

geschätzt und man erhält schließlich die Statistik

$$\begin{aligned} \sqrt{n}\boldsymbol{C}\widehat{\boldsymbol{p}} &= \sqrt{n}\,(\widehat{p}_1 - \widehat{p}_2) \\ &= \frac{1}{2\sqrt{n}}\left(\overline{R}_{\cdot 2} - \overline{R}_{\cdot 1}\right) = \frac{1}{\sqrt{n}}\left(\overline{R}_{\cdot 2} - \frac{2n+1}{2}\right), \end{aligned}$$

wie sie in (7.1) angegeben ist. Die letzte Gleichung folgt aus der einfachen Rechnung $R_{\cdot 1} + R_{\cdot 2} = N(N+1)/2 = n(2n+1)$, was nach Proposition 4.4 (Seite 45) im Falle von Bindungen nur für die Mittel-Ränge gilt.

Den Varianzschätzer $\widehat{\sigma}_{n,0}^2 = S_{n,0}^2/(4n^2)$ erhält man für $\boldsymbol{C} = (-1, 1)$ aus $\widehat{\sigma}_{n,0}^2 = \boldsymbol{C}\widehat{\boldsymbol{V}}_n\boldsymbol{C}'$ (wie in Satz 4.7 auf Seite 48 angegeben), wobei man $\widehat{\boldsymbol{V}}_n$ aus (4.4) für $n_i = n$ und $N = 2n$ bestimmt.

Anmerkung: Die speziell zum Testen der Hypothese $H_0^F : F_1 = F_2$ in (7.3) hergeleitete Statistik kann technisch einfach dadurch bestimmt werden, daß die ursprünglichen Beobachtungen X_{ks} durch ihre Mittel-Ränge ersetzt werden und damit die Statistik des t-Tests für verbundene Stichproben berechnet wird. Diese Vorgehensweise ist jedoch nur in wenigen Spezialfällen korrekt und führt im allgemeinen, insbesondere bei faktoriellen Versuchsanlagen zu fehlerhaften Ergebnissen (BRUNNER und NEUMANN 1986, AKRITAS 1990, THOMPSON 1991).

Anwendung auf die Daten der Stammzell-Konzentrat-Studie

Die Anwendung der Statistik soll anhand der Stammzell-Konzentrat-Studie (Beispiel 1.3.10) demonstriert werden. Für die Gruppe der männlichen Patienten mit hoher Vorbelastung soll die Frage untersucht werden, ob die Konservierung durch das Einfrieren die CFU-GM verändert. Dies ist eine Versuchsanlage mit zwei verbundenen Stichproben, bei denen für $n = 34$ Konzentrate vor dem Einfrieren und nach dem Wiederauftauen die Anzahlen der CFU bestimmt werden. Diese Versuchsanlage ist ein Spezialfall des Modells 2.1 (LD-F1) für $t = 2$ Zeitpunkte. Die Hypothese, daß durch den Prozeß des Einfrierens die Anzahl der CFU nicht verändert wird, formuliert man als Gleichheit der Randverteilungen $H_0^F : F_1 = F_2$ zu den beiden Zeitpunkten.

Das SAS-IML Makro LD_F1 berechnet für die Ränge $R_{11}, \ldots, R_{n2}$ der Beobachtungen $X_{11}, \ldots, X_{n2}$ die Mittelwerte $\overline{R}_{\cdot 1}$, $\overline{R}_{\cdot 2}$ und die Statistik T_n^F in (7.3). Die Ergebnisse sind in Tabelle 7.1 wiedergegeben.

Tabelle 7.1 *Auswertung der Stammzell-Konzentrat Studie für die männlichen Patienten mit hoher Vorbelastung (Beispiel 1.3.10). Die Ergebnisse sind mit dem SAS-Makro LD_F1 berechnet worden. Die Handhabung des Makros ist in Abschnitt 7.3 erläutert, den Ausdruck aller Ergebnisse findet man in Abschnitt 14.10.2.*

Zeit	Rangmittel	Relative Marginaleffekte
1	40.88	0.594
2	28.12	0.406

	Statistiken	p-Werte (zweiseitig) $N(0,1)$	t_{n-1}
T_n^F	7.896	$3 \cdot 10^{-15}$	$4 \cdot 10^{-9}$
T_n^P	6.878	$6 \cdot 10^{-12}$	$7 \cdot 10^{-8}$

Man entnimmt der Tabelle 7.1 den Wert $T_n^F = 7.896$ und einen p-Wert von $p < 10^{-8}$ bei Approximation durch die t_{n-1}-Verteilung. Die Annahme, daß für die Gruppe der männlichen Patienten mit hoher Vorbelastung die Konservierung keinen Einfluß auf die CFU-GM hat, ist somit nicht haltbar. Die Anzahl der CFU-GM wird durch die Konservierung verringert.

Zur Schätzung der relativen Marginaleffekte werden die Ränge R_{ks} verwendet, die sich bei einer monotonen Transformation der CFU-Werte, z.B. bei Bildung des Logarithmus, nicht ändern. Man erhält daher für die Originalwerte X_{ks} die gleichen Ränge (und damit die gleiche Statistik) wie für die logarithmierten Werte $Z_{ks} = \log(X_{ks})$. Infolge dessen erübrigt sich gegenüber einem parametrischen Modell eine Diskussion, ob die Differenz $CFU_{vor} - CFU_{nach}$ oder der Quotient CFU_{vor}/CFU_{nach} die geeignete Größe ist, um den Unterschied durch die Konservierung zu beschreiben. Ferner ist die Statistik robust gegen Ausreißer, da nur die Ränge der Beobachtungen und nicht die Beobachtungen selbst zur Berechnung der

Statistik verwendet werden. Diese Eigenschaft ist gerade beim vorliegenden Datensatz von Bedeutung (siehe Proben Nr. 196 und 197 in den Originaldaten, Abschnitt 13.10).

7.1.2 Der Wilcoxon-Vorzeichen-Test

Aus historischen Gründen soll in diesem Abschnitt das nichtparametrische Verfahren beschrieben werden, welches üblicherweise für die verbundene Zwei-Stichproben-Versuchsanlage verwendet wird, nämlich der WILCOXON-Vorzeichen-Test. Es sei jedoch jetzt schon darauf hingewiesen, daß dieses Verfahren nur in einem sehr eingeschränkten Modell sinnvoll ist und die unüberlegte Anwendung dieses Verfahrens zu inkorrekten Ergebnissen führen kann.

Das im vorigen Abschnitt betrachtete Modell 2.1 wird in folgender Weise eingeschränkt:

1. Die Beobachtungen X_{k1} und X_{k2} sind *metrische* Meßgrößen, d.h. die Bildung der Differenzen $X_{k2} - X_{k1}$, $k = 1, \ldots, n$, ist sinnvoll. Damit sind rein ordinale Daten, wie Scores oder grading scales, ausgeschlossen.

2. Die Randverteilungen F_1 und F_2 sind stetig und es ist $P(X_{k1} = X_{k2}) = 0$, $k = 1, \ldots, n$.

3. Es wird angenommen, daß die Differenzen $Y_k = X_{k2} - X_{k1}$, $k = 1, \ldots, n$, symmetrisch um eine unbekannte Stelle δ verteilt sind.

4. Die Hypothese wird als $H_0^\delta : \delta = 0$ formuliert.

Die Annahme symmetrisch verteilter Differenzen ist zum Beispiel erfüllt, wenn ein lineares Modell $X_{ks} = \mu_s + B_k + \epsilon_{ks}$, $s = 1, 2$, vorliegt, in dem die Zufallsvariablen B_k und ϵ_{ks} unabhängig und identisch verteilt sind. In diesem Fall ist $\delta = \mu_2 - \mu_1$ und man formuliert die Hypothese äquivalent als $H_0^\delta : \mu_2 = \mu_1$.

Anmerkung: *Die Symmetrie der Verteilung von Y_k wird zur Herleitung des Verfahrens wesentlich benötigt.*

Zur Berechnung der Statistik des WILCOXON-Vorzeichen-Tests bildet man die Ränge R_k^a der absoluten Differenzen $|Y_k|$, d.h.

$$R_k^a = \sum_{i=1}^{n} c^+(|Y_k| - |Y_i|), \quad k = 1, \ldots, n,$$

wobei Bindungen nach Voraussetzung mit Wahrscheinlichkeit 0 vorkommen. Weiter benötigt man für die Differenzen Y_k, $k = 1, \ldots, n$, den Wert $c^+(Y_k)$ als Indikator für ein positives Vorzeichen von Y_k, wobei $c^+(\cdot)$ die in Definition 4.1 festgelegte rechtsstetige Version der Zählfunktion ist. Damit bildet man die WILCOXON-Vorzeichen-Statistik

$$W_n^+ = \sum_{k=1}^{n} c^+(Y_k) R_k^a. \tag{7.4}$$

Man kann zeigen, daß in dem oben beschriebenen eingeschränkten Modell die Zufallsvariablen $c^+(Y_k)$ und R_k^a unter H_0^δ unabhängig sind. Daraus folgt, daß für jede gegebene Folge von absoluten Rängen $R_1^a = r_1^a, \ldots, R_n^a = r_n^a$ jeder Summand in W_n^+ unter H_0^δ mit gleicher Wahrscheinlichkeit die Werte 0 oder r_k^a annehmen kann. Damit kann die Verteilung von W_n^+ unter $H_0^\delta : \delta = 0$ rekursiv aus

$$\begin{aligned} P(W_n^+ = k) &= \frac{f_n(k)}{2^n}, \\ f_n(k) &= f_{n-1}(k) + f_{n-1}(k-n), \quad k = 0, 1, \ldots, n(n+1)/2, \\ & \quad f_n(i) = 0 \quad \text{für} \quad i < 0, \\ & \quad f_0(0) = 1, \quad f_0(1) = 0. \end{aligned}$$

bestimmt werden. Diese Rekursion kann mit einem *Shift-Algorithmus* (STREITBERG und ROEHMEL 1986) oder dem *Netzwerk-Algorithmus* (MEHTA, PATEL und SENCHAUDHURI 1988) leicht berechnet werden. Ein solcher Algorithmus wird von der SAS-Prozedur PROC UNIVARIATE für den WILCOXON-Vorzeichen-Test (dort als SIGNRANK abgekürzt) zur Berechnung des p-Wertes benutzt.

Die Verteilung der WILCOXON-Vorzeichen-Statistik W_n^+ hängt unter H_0^δ nur vom Stichprobenumfang n ab und kann daher tabelliert werden. Diese Tabellen sind für alle stetigen, symmetrischen Verteilungen der Differenzen $Y_1, \ldots, Y_n$ gültig. Dies verhalf zu der Zeit, als noch keine leistungsfähigen Computer verfügbar waren, dem WILCOXON-Vorzeichen-Test zu seiner immer noch vorhandenen Beliebtheit. In der heutigen Zeit ist es allerdings müßig, die Verteilung von W_n^+ unter H_0^δ zu tabellieren, da die meisten verfügbaren guten Statistikprogramme die p-Werte unmittelbar berechnen. Der Anwender sollte heute eher die Handhabung von statistischer Software und die Interpretation der Ergebnisse als den Gebrauch von tabellierten Schwellenwerten kennenlernen, die überdies nur korrekt sind, wenn keine Bindungen vorhanden sind.

Erwartungswert und Varianz von W_n^+ lassen sich unter H_0^δ einfach berechnen, da unter H_0^δ der Erwartungswert $E(c^+(Y_k)) = \frac{1}{2}$ und die Varianz $Var(c^+(Y_k)) = \frac{1}{4}$, $k = 1, \ldots, n$, ist. Man erhält damit

$$\begin{aligned} E(W_n^+) &= \frac{1}{2} \sum_{k=1}^{n} r_k^a = \frac{1}{2} \sum_{k=1}^{n} k = \frac{n(n+1)}{4}, \\ Var(W_n^+) &= \frac{1}{4} \sum_{k=1}^{n} (r_k^a)^2 = \frac{n(n+1)(2n+1)}{24}. \end{aligned}$$

Für große Stichprobenumfänge ($n \geq 15$) standardisiert man damit W_n^+ und approximiert unter H_0^δ die Verteilung von

$$T_n^+ = \frac{W_n^+ - n(n+1)/4}{\sqrt{n(n+1)(2n+1)/24}} \tag{7.5}$$

durch die $N(0,1)$-Verteilung.

Nun ist in der Literatur gezeigt worden, (siehe DENKER und RÖSLER 1985, sowie BRUNNER und DENKER 1994), daß die Statistik W_n^+ des WILCOXON-Vorzeichen-Tests unmittelbar aus der im vorigen Abschnitt in (7.1) angegebenen Statistik U_n bestimmt werden kann. Dazu bildet man die Ränge mit einer geeigneten Scorefunktion in den $\mathbb{R}^1$ ab und muß die restriktive Annahme machen, daß die Verteilung der Differenz Y_k symmetrisch zu 0 ist. Damit ergibt sich die asymptotische Form der WILCOXON-Vorzeichen-Statistik als Spezialfall der Statistik U_n des vorigen Abschnitts. Insofern kann man U_n in (7.1) bzw. T_n^F in (7.3) als Verallgemeinerung der WILCOXON-Vorzeichen-Statistik ansehen, deren Verteilung unter H_0^F auch für unsymmetrische Verteilungen der Differenzen Y_k, $k = 1, \ldots, n$, asymptotisch die $N(0,1)$-Verteilung ist. Die Statistik U_n kann sogar bei erheblich allgemeineren Modellen für verbundene Stichproben angewendet werden.

Da die Verteilung der Statistik W_n^+ unter H_0^δ sehr empfindlich auf eine Abweichung von der Symmetrie ist - und diese Voraussetzung ist in der Praxis nicht zu überprüfen - wird für die verbundene Zwei-Stichproben-Versuchsanlage empfohlen, grundsätzlich die Statistik T_n^F in (7.3) zu verwenden, die überdies auch für unstetige Verteilungen und sogar für rein ordinale Daten anwendbar ist (siehe z.B. MUNZEL 1998).

Ein weiteres, sehr einfaches Verfahren, das zur Überprüfung eines Behandlungsunterschieds in einer Versuchsanlage mit zwei verbundenen Stichproben eingesetzt wird, ist der bekannte Vorzeichen-Test, der z.B. in dem Buch von BÜNING und TRENKLER (1994) ausführlich beschrieben wird. In einem nichtparametrischen Modell prüft dieser Test, ob die gemeinsame Verteilung von (X_{k1}, X_{k2}) oberhalb und unterhalb der Diagonalen die gleiche Masse besitzt und nicht, ob die Randverteilungen gleich sind. Im Spezialfall des linearen Modells, das beim WILCOXON-Vorzeichen-Test erwähnt wurde, sind diese beiden Probleme äquivalent. Der Vorzeichen-Test verwendet allerdings nur einen sehr geringen Teil der Information aus den Daten, da lediglich das Vorzeichen der Differenzen zur Bildung der Statistik benutzt wird. Aus diesem Grund wird die Anwendung des Vorzeichen-Tests hier nicht weiter diskutiert.

7.1.3 Die verallgemeinerte Behrens-Fisher-Situation

Die Hypothese $H_0^p : p = \int F_1 dF_2 = \frac{1}{2}$ enthält u.a. alle symmetrischen Randverteilungen F_1^s und F_2^s mit gleichen Symmetriezentren $\mu^s = \mu_1^s = \mu_2^s$ aber verschiedenen Varianzen σ_1^2 und σ_2^2. Daher nennt man diese Situation auch *verallgemeinerte*

BEHRENS-FISHER-*Situation*. Man schätzt die relativen Behandlungseffekte p_1 und p_2 genau wie unter der Hypothese $H_0^F : F_1 = F_2$. Aufgrund von Satz 5.2 folgt jedoch, daß die Varianz der Statistik $U_n = \sqrt{n}(\widehat{p} - \frac{1}{2})$ unter H_0^p eine andere ist als unter H_0^F.

Man erhält für die Statistik U_n unter H_0^p einen konsistenten Varianzschätzer aus $S_{n,p}^2/n^2$, wobei

$$S_{n,p}^2 = \frac{1}{n-1}\sum_{k=1}^{n}\left[(R_{k2} - R_{k2}^{(2)}) - (R_{k1} - R_{k1}^{(1)}) - (\overline{R}_{\cdot 2} - \overline{R}_{\cdot 1})\right]^2 \quad (7.6)$$

die empirische Varianz der Differenzen $(R_{k2} - R_{k2}^{(2)}) - (R_{k1} - R_{k1}^{(1)})$ ist. Dabei werden neben den Rängen R_{ks} unter allen $N = 2n$ Beobachtungen $X_{11}, \ldots, X_{n2}$ auch die Ränge $R_{ks}^{(s)}$, $s = 1, 2$, innerhalb der n Beobachtungen zum Zeitpunkt s benötigt. Die Bildung dieser Ränge ist anschaulich in Schema 7.3 dargestellt. Die gestrichelten Linien markieren symbolisch die Mengen der Beobachtungen, innerhalb derer die Ränge gebildet werden.

Schema 7.3 (Ränge R_{ks} und $R_{ks}^{(s)}$ für $t = 2$ Zeitpunkte - H_0^p)

	Zeitpunkt	
Individuen	$s = 1$	$s = 2$
$k = 1$	R_{11}	R_{12}
$\vdots$	$\vdots$	$\vdots$
$k = n$	R_{n1}	R_{n2}
	$\overline{R}_{\cdot 1}$	$\overline{R}_{\cdot 2}$

	Zeitpunkt	
Individuen	$s = 1$	$s = 2$
$k = 1$	$R_{11}^{(1)}$	$R_{12}^{(2)}$
$\vdots$	$\vdots$	$\vdots$
$k = n$	$R_{n1}^{(1)}$	$R_{n2}^{(2)}$
	$(n+1)/2$	$(n+1)/2$

Für große Stichprobenumfänge hat die Statistik

$$T_n^p = \sqrt{n}\,\frac{\overline{R}_{\cdot 2} - \overline{R}_{\cdot 1}}{2S_{n,p}} \quad (7.7)$$

unter $H_0^p : p_1 = p_2$ bzw. $p = \frac{1}{2}$ eine $N(0,1)$-Verteilung. Für kleine Stichproben verwendet man die Näherung mit der t_{n-1}-Verteilung, die für $n \geq 15$ brauchbar ist. Ebenso wie der Test für H_0^F in Abschnitt 7.1.1 ist auch der Test für H_0^p in der verallgemeinerten BEHRENS-FISHER-Situation konsistent für Alternativen der Form $H_1^p : p_1 \neq p_2$ bzw. $p \neq \frac{1}{2}$.

Für das in Abschnitt 7.1.1 durchgerechnete Beispiel der Stammzell-Konzentrat-Studie entnimmt man der Tabelle 7.1 den Wert $T_n^p = 6.878$ und einen p-Wert von $p = 7.466 \cdot 10^{-8}$ bei Approximation durch die t_{n-1}-Verteilung. Damit ergibt sich für diese Hypothese ebenfalls die Aussage, daß die Konservierung die Anzahl der CFU-GM verändert.

7.2 $t \geq 2$ Zeitpunkte

7.2.1 Modelle und Hypothesen

Bei dieser Versuchsanlage liegt eine homogene Gruppe von $k = 1, \ldots, n$ Individuen vor, die zu $s = 1, \ldots, t$ Zeitpunkten beobachtet werden; d.h. es liegen n unabhängige Vektoren $\boldsymbol{X}_k = (X_{k1}, \ldots, X_{kt})'$ von Beobachtungen X_{ks} mit den Randverteilungen F_s, $s = 1, \ldots, t$, vor. Dieser Versuchsanlage entspricht das Modell 2.1 (LD-F1) auf Seite 26.

Die Hypothese, daß kein Zeiteffekt vorliegt, formuliert man über die Randverteilungen als $H_0^F : F_1 = \cdots = F_t$ oder $F_s = \overline{F}.$, $s = 1, \ldots, t$. Diese Formulierung ergibt sich aus $H_0^F : \boldsymbol{CF} = \boldsymbol{0}$ in (3.12) auf Seite 38 für $\boldsymbol{F} = (F_1, \ldots, F_t)'$, $\overline{F}. = t^{-1} \sum_{s=1}^t F_s$ und $\boldsymbol{C} = \boldsymbol{P}_t = \boldsymbol{I}_t - \frac{1}{t}\boldsymbol{J}_t$. Man erhält so den Kontrastvektor

$$\boldsymbol{CF} = \boldsymbol{P}_t\boldsymbol{F} = \begin{pmatrix} F_1 - \overline{F}. \\ \vdots \\ F_t - \overline{F}. \end{pmatrix} = \begin{pmatrix} 0 \\ \vdots \\ 0 \end{pmatrix}. \tag{7.8}$$

Nimmt man für die Randverteilungen $F_s(x)$ wieder ein Lokationsmodell an, $F_s(x) = F(x - \mu_s)$, $s = 1, \ldots, t$, wobei $\mu_s = \int x dF_s(x)$ die Erwartungswerte sind, dann kann man in diesem Lokationsmodell die Hypothese der Gleichheit aller Erwartungswerte als $H_0^\mu : \boldsymbol{P}_t\boldsymbol{\mu} = \boldsymbol{0}$ formulieren, wobei $\boldsymbol{\mu} = (\mu_1, \ldots, \mu_t)'$ der Vektor der Erwartungswerte μ_s ist. Offensichtlich sind in diesem einfachen Modell die Hypothesen $H_0^F : \boldsymbol{P}_t\boldsymbol{F} = \boldsymbol{0}$ und $H_0^\mu : \boldsymbol{P}_t\boldsymbol{\mu} = \boldsymbol{0}$ äquivalent. Für beliebige Kontrastmatrizen $\boldsymbol{C}$ gilt $\boldsymbol{CF} = \boldsymbol{0} \Rightarrow \boldsymbol{C\mu} = \boldsymbol{0}$ (siehe Proposition 3.2). Die Umkehrung gilt nur in besonderen Fällen, wie zum Beispiel in einem Lokationsmodell (siehe Abschnitt 8.3.2).

Zur nichtparametrischen Analyse eines Modells mit wiederholten Messungen wird vielfach der bekannte Test von FRIEDMAN (siehe z.B. BÜNING und TRENKLER 1994) verwendet. Die Anwendung dieses Verfahrens ist allerdings nur dann korrekt, wenn unter der Hypothese 'kein Behandlungseffekt' die Verteilung der Vektoren $\boldsymbol{X}_k$ die CS-Struktur hat (siehe Abschnitt 2.3), was bei longitudinalen Daten jedoch nur selten erfüllt ist. Diese Voraussetzung wird aber benötigt, um die asymptotische χ^2_{t-1}-Verteilung der FRIEDMAN-Statistik herzuleiten. Somit ist der FRIEDMAN-Test i.a. nicht zur Auswertung longitudinaler Daten geeignet, da dann die asymptotische Verteilung der Statistik nicht mehr eine χ^2_{t-1}-Verteilung ist.

Im folgenden sollen daher nichtparametrische Verfahren für Modelle mit beliebiger unbekannter Kovarianzmatrix betrachtet werden (sogenannte *multivariate Modelle*, siehe z.B. ARNOLD 1981).

Unterschiede in den Verteilungen werden durch die relativen Marginaleffekte $p_s = \int H dF_s$, $s = 1, \ldots, t$, des nichtparametrischen Marginalmodells (siehe Abschnitt 2.2) beschrieben, wobei $H = t^{-1} \sum_{s=1}^t F_s$ ist. Diese relativen Effekte werden aus (4.1) auf Seite 43 geschätzt und man erhält

$$\widehat{p}_s = \frac{1}{N}\left(\overline{R}_{\cdot s} - \frac{1}{2}\right), \quad s = 1, \ldots, t.$$

Hierbei ist $\overline{R}_{\cdot s} = n^{-1} \sum_{k=1}^{n} R_{ks}$ der Mittelwert der Ränge R_{ks} zum Zeitpunkt s unter allen $N = nt$ Beobachtungen $X_{11}, \ldots, X_{nt}$. Die zur Berechnung der Statistiken benötigten Ränge R_{ks} sind in Schema 7.4 dargestellt. Die gestrichelten Linien markieren die Menge der Beobachtungen, innerhalb derer die Ränge gebildet werden.

Schema 7.4 (Ränge R_{ks} in der LD-F1-Versuchsanlage)

	Zeitpunkte		
Individuen	$s = 1$	$\cdots$	$s = t$
$k = 1$	R_{11}	$\cdots$	R_{1t}
$\vdots$	$\vdots$	$\vdots$	$\vdots$
$k = n$	R_{n1}	$\cdots$	R_{nt}
	$\overline{R}_{\cdot 1}$	$\cdots$	$\overline{R}_{\cdot t}$

Man kann nun zum einen daran interessiert sein, *globale Alternativen* aufzudecken, d.h. jegliche Unterschiede zu beliebigen Zeitpunkten bezüglich der relativen Marginaleffekte. Diese globalen Alternativen schreibt man als $H_1^p : \boldsymbol{C}\boldsymbol{p} \neq \mathbf{0}$. Genauere Aussagen erhält man durch Paarvergleiche für die einzelnen Zeitpunkte, wobei natürlich eine α-Adjustierung zu berücksichtigen ist. Verfahren für $H_1^p : \boldsymbol{C}\boldsymbol{p} \neq \mathbf{0}$ sind in Abschnitt 7.2.2 beschrieben.

Andererseits kann man auch daran interessiert sein, einen bestimmten Trend, oder allgemein ein bestimmtes *Muster* über die Zeit aufzudecken. Hierbei muß natürlich angenommen werden, daß aus sachlichen Gründen eine bestimmte Vorstellung über dieses Muster vor Erhebung der Daten vorhanden ist. Solche Alternativen heißen allgemein *gemusterte Alternativen* für die relativen Marginaleffekte und werden in der Form $H_1^w : \boldsymbol{w}'\boldsymbol{C}\boldsymbol{p} \neq 0$ geschrieben, wobei der Vektor der Gewichte $\boldsymbol{w} = (w_1, \ldots, w_t)'$ dem vermuteten Muster der Alternativen entspricht (siehe Abschnitt 5.5).

Ein Verfahren, das besonders gut ein vermutetes Alternativenmuster von relativen Marginaleffekten aufdeckt, ist in Abschnitt 7.2.3 beschrieben. Dieses Verfahren basiert auf der bekannten Idee von PAGE (1963) zur Konstruktion einer Statistik für *geordnete Alternativen*. Bei dem Verfahren von PAGE (1963) werden die Rangmittelwerte der FRIEDMAN-Statistik jeweils mit den Gewichten $1, 2, \ldots, t$ multipliziert und dann summiert.

Diese Idee wurde von HETTMANSPERGER und NORTON (1987) aufgegriffen und auf einfache Versuchsanlagen für unabhängige Beobachtungen mit stetigen Verteilungsfunktionen angewendet. AKRITAS und BRUNNER (1996) wendeten die gleiche Idee auf mehrfaktorielle Versuchsanlagen und allgemeine gemischte Modelle an, wobei auch Modelle mit wiedereholten Messungen und longitudinalen Daten eingeschlossen sind. Darüber hinaus sind auch unstetige Verteilungsfunktionen, d.h. beliebige Bindungen zwischen den Daten, zugelassen. Alle hier und in den folgenden Abschnitten beschriebenen Verfahren für gemusterte Alternativen basieren auf dieser Methode.

7.2.2 Globale Alternativen

Zum Testen der Hypothese $H_0^F : \boldsymbol{P}_t\boldsymbol{F} = \boldsymbol{0}$ in (7.8) kommen als Statistiken die quadratischen Formen $Q_n(\boldsymbol{C})$ in (5.4) und $F_n(\boldsymbol{T})$ in (5.9) in Frage, die in den Abschnitten 5.1 und 5.3 allgemein diskutiert wurden. Für beide Statistiken wird ein Schätzer für die unbekannte Kovarianzmatrix $\boldsymbol{V}_n$ benötigt. Diesen entnimmt man aus (4.4) in Satz 4.7 auf Seite 48

$$\widehat{\boldsymbol{V}}_n = \frac{1}{N^2(n-1)} \sum_{k=1}^{n} (\boldsymbol{R}_k - \overline{\boldsymbol{R}}_\cdot)(\boldsymbol{R}_k - \overline{\boldsymbol{R}}_\cdot)', \tag{7.9}$$

wobei $\boldsymbol{R}_k = (R_{k1}, \ldots, R_{kt})'$, $k = 1, \ldots, n$, die Vektoren der Ränge bezeichnet und $\overline{\boldsymbol{R}}_\cdot = n^{-1} \sum_{k=1}^n \boldsymbol{R}_k$ den Vektor der Mittelwerte $\overline{R}_{\cdot s}$, $s = 1, \ldots, t$. Entsprechend der Hypothese $H_0^F : F_1 = \cdots = F_t$ ist die Kontrastmatrix $\boldsymbol{C} = \boldsymbol{P}_t$, und man bildet mit dem Vektor der Rangmittel $\widehat{\boldsymbol{p}} = \frac{1}{N}\left(\overline{\boldsymbol{R}}_\cdot - \frac{1}{2}\boldsymbol{1}_t\right)$ die Statistik

$$Q_n(\boldsymbol{P}_t) = \frac{1}{nt^2}\left(\overline{\boldsymbol{R}}_\cdot - \tfrac{N+1}{2}\boldsymbol{1}_t\right)' [\boldsymbol{P}_t \widehat{\boldsymbol{V}}_n \boldsymbol{P}_t]^- \left(\overline{\boldsymbol{R}}_\cdot - \tfrac{N+1}{2}\boldsymbol{1}_t\right), \tag{7.10}$$

die für große Stichproben unter $H_0^F : \boldsymbol{P}_t\boldsymbol{F} = \boldsymbol{0} \iff F_1 = \cdots = F_t$ eine zentrale χ^2_{t-1}-Verteilung hat. Wie in den Abschnitten 5.1 und 5.2 erwähnt, werden allerdings sehr große Stichprobenumfänge benötigt, damit der Test einigermaßen das gewählte Niveau einhält. Daher sollte man in diesem Fall die Statistik vom ANOVA-Typ in (5.9) auf Seite 59 bevorzugen. Die Matrix $\boldsymbol{T}$ ist hier $\boldsymbol{T} = \boldsymbol{P}_t[\boldsymbol{P}_t\boldsymbol{P}_t]^-\boldsymbol{P}_t = \boldsymbol{P}_t$ und man erhält

$$\begin{aligned} F_n(\boldsymbol{P}_t) &= \frac{n}{\operatorname{tr}(\boldsymbol{P}_t\widehat{\boldsymbol{V}}_n)} \widehat{\boldsymbol{p}}' \boldsymbol{P}_t \widehat{\boldsymbol{p}} \\ &= \frac{n}{N^2 \operatorname{tr}(\boldsymbol{P}_t\widehat{\boldsymbol{V}}_n)} \sum_{s=1}^{t} (\overline{R}_{\cdot s} - \overline{R}_{\cdot\cdot})^2, \end{aligned} \tag{7.11}$$

wobei $\overline{R}_{\cdot\cdot} = t^{-1}\sum_{s=1}^{t} R_{\cdot s}$ ist. Unter $H_0^F : \boldsymbol{P}_t\boldsymbol{F} = 0$ approximiert man die Statistik $F_n(\boldsymbol{P}_t)$ mit einer $F(\widehat{f}, \infty)$-Verteilung, wobei

$$\widehat{f} \;=\; \left[\mathrm{tr}\left(\boldsymbol{P}_t\widehat{\boldsymbol{V}}_n\right)\right]^2 / \mathrm{tr}\left(\boldsymbol{P}_t\widehat{\boldsymbol{V}}_n\boldsymbol{P}_t\widehat{\boldsymbol{V}}_n\right)$$

ist. Simulationen haben gezeigt, daß die Statistik $F_n(\boldsymbol{P}_t)$ zu leicht konservativen Entscheidungen führt (siehe z.B. Tabelle 5.2 in Abschnitt 5.3 und die Diskussion im Abschnitt 5.4).

Die beiden Statistiken $Q_n(\boldsymbol{P}_t)$ und $F_n(\boldsymbol{P}_t)$ sollen auf die Daten der Panik-Skala-Studie I (Beispiel 1.3.1) und die Daten der α-Amylase-Studie (Beispiel 1.3.4) in Abschnitt 1.3 angewandt werden.

Anwendung auf die Daten der Panik-Skala-Studie I

Es handelt sich hier um eine homogene Gruppe von $n = 16$ Patienten, bei denen die CGI (Clinical Global Impression) in Form von diskreten Scores $(2, 3, \ldots, 8)$ zu fünf Zeitpunkten beobachtet wurde. Die Frage, ob sich während dieser Zeit die CGI verändert hat, kann durch einen Test für die Hypothese der Gleichheit aller Randverteilungen $H_0^F : F_1 = \cdots = F_5$ überprüft werden. Das SAS-IML Makro *LD_F1* berechnet die Ränge $R_{11}, \ldots, R_{n5}$ der Beobachtungen $X_{11}, \ldots, X_{n5}$, die Mittelwerte $\overline{R}_{\cdot 1}, \ldots, \overline{R}_{\cdot 5}$ und die Statistiken $Q_n(\boldsymbol{P}_5)$ und $F_n(\boldsymbol{P}_5)$. Die Ergebnisse sind in Tabelle 7.2 wiedergegeben.

Tabelle 7.2 *Auswertung der Panik-Skala-Studie I (Beispiel 1.3.1). Die Ergebnisse sind mit dem SAS-Makro LD_F1 berechnet worden. Die Handhabung des Makros ist in Abschnitt 7.3 erläutert, den Ausdruck aller Ergebnisse findet man in Abschnitt 14.1.*

Zeitpunkte s	1	2	3	4	5
$\overline{R}_{\cdot s}$	66.09	50.50	41.28	25.63	19.00
$\widehat{p}_s$	0.820	0.625	0.510	0.314	0.231

Statistiken			p-Werte
WALD-Typ	$Q_n(\boldsymbol{C})$	126.69	$< 10^{-15}$
ANOVA-Typ	$F_n(\boldsymbol{T})$	36.94	$< 10^{-15}$

Die sehr kleinen p-Werte belegen deutlich, daß die Randverteilungen der Panik-Scores zu den fünf Zeitpunkten unterschiedlich sind. Die Untersuchung der gezielten Frage nach einem abfallenden Trend erfolgt in Abschnitt 7.2.3.

Anwendung auf die Daten der α-Amylase-Studie

Im Rahmen dieser Studie wurde bei einer homogenen Gruppe von 14 Probanden zu 8 Zeitpunkten die α-Amylase im Speichel bestimmt. Diese 8 Zeitpunkte erstrecken sich über zwei Tage, an denen jeweils um 8, 12, 17 und 21 Uhr eine Speichelprobe entnommen wurde. Es sollte untersucht werden, ob die α-Amylase im Speichel während dieser Zeit gleich blieb. Diese Frage kann durch einen Test für die Hypothese der Gleichheit aller Randverteilungen, nämlich $H_0^F : F_1 = \cdots = F_8$ überprüft werden. Das SAS-IML Makro LD_F1 berechnet die Ränge $R_{11}, \ldots, R_{n8}$ der Beobachtungen $X_{11}, \ldots, X_{n8}$, die Mittelwerte $\overline{R}_{\cdot 1}, \ldots, \overline{R}_{\cdot 8}$ und die Statistiken $Q_n(\boldsymbol{P}_8)$ und $F_n(\boldsymbol{P}_8)$. Die Ergebnisse sind in Tabelle 7.3 wiedergegeben.

Tabelle 7.3 *Auswertung der α-Amylase-Studie (Beispiel 1.3.4) ohne Strukturierung der Zeit. Die Ergebnisse sind mit dem SAS-Makro LD_F1 berechnet worden. Die Handhabung des Makros ist in Abschnitt 7.3 erläutert, den Ausdruck aller Ergebnisse findet man in Abschnitt 14.4.*

Zeitpunkte s	1	2	3	4	5	6	7	8
$\overline{R}_{\cdot s}$	44.89	52.32	55.79	66.54	35.04	60.07	75.04	62.32
$\widehat{p}_s$	0.396	0.463	0.494	0.590	0.308	0.532	0.665	0.552

Statistiken			p-Werte
WALD-Typ	$Q_n(\boldsymbol{C})$	65.57	$1.155 \cdot 10^{-11}$
ANOVA-Typ	$F_n(\boldsymbol{T})$	8.04	$3.560 \cdot 10^{-7}$

Bei der relativ geringen Anzahl von $n = 14$ Probanden gegenüber den 8 Zeitpunkten sollte nur die Statistik vom ANOVA-Typ berücksichtigt werden (vgl. die Diskussion in Abschnitt 5.4 auf Seite 60). Damit erhält man für die α-Amylase-Studie die Aussage, daß die Randverteilungen zu den 8 Zeitpunkten unterschiedlich sind ($p = 3.56 \cdot 10^{-7}$). Ob das vermutete Muster $\boldsymbol{w} = (1, 2, 4, 3, 1, 2, 4, 3)'$ vorliegt, wird im Abschnitt 7.2.3 mithilfe der Statistik $L_n(\boldsymbol{w})$ überprüft.

7.2.3 Gemusterte Alternativen

Vielfach wird aufgrund sachlicher Überlegungen oder aufgrund von Voruntersuchungen ein bestimmter Trend oder ein bestimmtes Muster für die Alternative vermutet. Besonders empfindlich auf solche Alternativen sind Linearformen $K_n(\boldsymbol{w}) = \sqrt{n}\boldsymbol{w}'\boldsymbol{C}\widehat{\boldsymbol{p}}$ der geschätzten relativen Behandlungseffekte $\widehat{\boldsymbol{p}} = (\widehat{p}_1, \ldots, \widehat{p}_t)'$, bei denen der Koeffizientenvektor $\boldsymbol{w} = (w_1, \ldots, w_t)'$ dem vermuteten Muster entspricht. Dieser Sachverhalt wurde in Abschnitt 5.5 allgemein beschrieben. Für eine Versuchsanlage mit einer homogenen Gruppe von Individuen und mit t Zeitpunkten erhält man die Statistik

$$\begin{aligned} L_n(\boldsymbol{w}) &= K_n(\boldsymbol{w})/\widehat{\sigma}_n = \frac{\sqrt{n}}{\widehat{\sigma}_n}\boldsymbol{w}'\boldsymbol{P}_t\widehat{\boldsymbol{p}} \\ &= \frac{\sqrt{n}}{N\widehat{\sigma}_n}\sum_{k=1}^{n}\sum_{s=1}^{t} w_s\left(R_{ks} - \frac{N+1}{2}\right) \qquad (7.12) \end{aligned}$$

mit dem Varianzschätzer

$$\widehat{\sigma}_n^2 \;=\; \boldsymbol{w}'\boldsymbol{P}_t\widehat{\boldsymbol{V}}_n\boldsymbol{P}_t\boldsymbol{w}, \tag{7.13}$$

wobei $\widehat{\boldsymbol{V}}_n$ der in (7.9) angegebene Schätzer für die Kovarianzmatrix ist. Asymptotisch hat die Statistik $L_n(\boldsymbol{w})$ unter $H_0^F : \boldsymbol{CF} = \boldsymbol{0}$ eine $N(0,1)$-Verteilung. Für kleine Stichproben verwendet man in guter Näherung die t_{n-1}-Verteilung.

Falls keine fehlenden Werte vorhanden sind, vereinfacht sich der Varianzschätzer $\widehat{\sigma}_n^2$ in (7.13) zu

$$\widehat{\sigma}_n^2 \;=\; \frac{1}{N^2(n-1)}\sum_{k=1}^{n}(U_k - \overline{U}.)^2,$$

wobei $U_k = \sum_{s=1}^{t}(w_s - \overline{w}.)R_{ks}$ und $\overline{w}. = t^{-1}\sum_{s=1}^{t} w_s$ der Mittelwert der Gewichte ist.

Anwendung auf die Daten der Panik-Skala-Studie I

Dieses Beispiel wurde bereits in Abschnitt 7.2.2, Tabelle 7.2 auf Seite 80 ausgewertet und wird hier unter dem speziellen Gesichtspunkt betrachtet, daß ein abfallender Trend der Panik-Scores über die fünf Zeitpunkte vermutet wird. Dieser Vermutung entspricht der Gewichtsvektor $\boldsymbol{w} = (5,4,3,2,1)'$, der im SAS-Makro LD_F1 eingegeben werden kann. Dann wird zusätzlich die Analyse für gemusterte Alternativen durchgeführt. Die Ergebnisse sind in Tabelle 7.4 wiedergegeben.

Tabelle 7.4 *Auswertung der Panik-Skala-Studie I (Beispiel 1.3.1) für gemusterte Alternativen. Die Ergebnisse sind mit dem SAS-Makro LD_F1 berechnet worden. Die Handhabung des Makros ist in Abschnitt 7.3 erläutert, den Ausdruck aller Ergebnisse findet man in Abschnitt 14.1.*

Gemusterte Alternative:

Zeitpunkte	1	2	3	4	5
Muster	5	4	3	2	1

Statistik		p-Werte (einseitig)	
		$N(0,1)$	t_{n-1}
$L_n(\boldsymbol{w})$	8.377	$< 10^{-15}$	$2.43 \cdot 10^{-7}$

Der extrem kleine p-Wert von $p = 2.4 \cdot 10^{-7}$, den man bei der Approximation durch die t_{n-1}-Verteilung erhält, bestätigt die Vermutung, daß die Scores über die fünf Zeitpunkte abfallen. Dies bedeutet jedoch nicht, daß *diese* Form eines abfallenden Trends vorliegt. So würden z.B. auch andere Muster als das eines kontinuierlich fallenden Trends zu kleinen p-Werten führen: $\boldsymbol{w} = (4,3,5,2,1)'$ ergibt $p < 7 \cdot 10^{-7}$ und $\boldsymbol{w} = (5,4,4,1,1)'$ ergibt $p = 2.5 \cdot 10^{-7}$. Das in diesem Beispiel beobachtete Muster der relativen Effekte würde von der Statistik $L_n(\boldsymbol{w})$ aber nicht mehr als U-förmige Alternative erkannt werden, da man z.B. für $\boldsymbol{w} = (3,2,1,2,3)'$ einen p-Wert von 0.244 erhält.

Anwendung auf die Daten der α-Amylase-Studie

Aufgrund einer Voruntersuchung bestand die Vermutung, daß die α-Amylase vom Morgen zum Mittag stark ansteigt und dann wieder in der Art abfällt, daß die Gewichte $\boldsymbol{w} = (1,2,4,3,1,2,4,3)'$ zu den insgesamt 8 Zeitpunkten an den zwei Tagen die vermutete Alternative beschreiben.

Eine andere Möglichkeit, die Daten dieser Versuchsanlage zu modellieren, besteht darin, den Faktor 'Zeit' zu strukturieren und in die Faktoren 'Wochentag' (*Montag*, *Donnerstag*) und 'Uhrzeit' $(8h, 12h, 17h, 21h)$ aufzuteilen. Verfahren für eine Strukturierung des Faktors 'Zeit' (LD-F2) werden in Kapitel 10 beschrieben. Dabei ist es dann auch möglich, den Einfluß des Tages und eine Wechselwirkung zwischen Tag und Uhrzeit zu untersuchen.

Hier soll jedoch das einfache Modell (LD-F1) einer Versuchsanlage mit einer homogenen Gruppe von Individuen und dem einen Faktor 'Zeit' mit $t = 8$ Stufen zur Analyse der α-Amylase-Studie verwendet werden. Die Ergebnisse sind in Tabelle 7.5 zusammengestellt.

Tabelle 7.5 *Auswertung der α-Amylase Studie (Beispiel 1.3.4) hinsichtlich einer gemusterten Alternativen. Die Ergebnisse sind mit dem SAS-Makro LD_F1 berechnet worden. Die Handhabung des Makros ist in Abschnitt 7.3 erläutert, den Ausdruck aller Ergebnisse findet man in Abschnitt 14.4.*

Gemusterte Alternative:

Zeitpunkte	1	2	3	4	5	6	7	8
Muster	1	2	4	3	1	2	4	3

Statistik		p-Werte (einseitig)	
		$N(0,1)$	t_{n-1}
$L_n(\boldsymbol{w})$	5.586	$1.160 \cdot 10^{-8}$	0.000044

Der p-Wert von 0.000044 bestätigt das aufgrund einer Voruntersuchung vermutete Muster eines *links-schiefen Regenschirm*-Typs von $\boldsymbol{w} = (1,2,4,3)'$ für jeden Tag, d.h. $\boldsymbol{w} = (1,2,4,3,1,2,4,3)'$ für beide Tage zusammen. Für ein *rechts-schiefes Regenschirm*-Muster, z.B. $\boldsymbol{w} = (3,4,2,1)'$ für jeden Tag würde man hier einen p-Wert von 0.998 erhalten. Das bedeutet, daß das beobachtete Muster der relativen Effekte nicht als *rechts-schiefer Regenschirm* erkannt würde.

Die Überlegungen zu den letzten beiden Beispielen zeigen, daß die Linearform $L_n(\boldsymbol{w})$ sehr empfindlich auf die Alternativen sein kann, die dem Muster $\boldsymbol{w}$ entsprechen oder ihm sehr ähnlich sind. Für andere Muster von Alternativen hingegen ist $L_n(\boldsymbol{w})$ ziemlich unempfindlich. Dies entspricht genau der Absicht, die der Konstruktion der Statistik $L_n(\boldsymbol{w})$ zugrunde liegt: Man möchte wissen, ob *dieses oder ein ähnliches* Muster vorliegt; ein *völlig* anderes Muster interessiert nicht.

7.2.4 Fehlende Werte

In der Praxis sind fehlende Werte bei longitudinalen Daten keine Seltenheit. Daher soll diese Problematik hier angesprochen und einige Vorschläge zur nichtparametrischen Analyse von Datensätzen mit fehlenden Werten gemacht werden.

Zwei Gesichtspunkte sind hierbei zu berücksichtigen: Zum einen ist die technische Abänderung der Formeln zu beachten, zum anderen die inhaltliche Interpretation der Ergebnisse aufgrund der unvollständigen Daten. Falls das Fehlen der Meßwerte *rein zufällig* zustande gekommen ist (z.B. aus technischen Gründen, wie zerbrochene Reagenzgläser, unleserliche Aufzeichnungen, Ausfall von Laborgeräten etc.), dann bleibt nur das erste Problem zu lösen. Für den Fall, daß die Meßwerte nicht rein zufällig fehlen, werden zur Zeit in parametrischen Modellen Verfahren entwickelt, mit denen man solche Daten auswerten kann.

In nichtparametrischen Modellen bleibt bei unvollständigen Daten nur eine pragmatische Vorgehensweise übrig: Man führt mehrere Auswertungen durch und vergleicht die erhaltenen Resultate. Entweder nimmt man die Werte als zufällig fehlend an oder ersetzt die fehlenden Werte durch 'vernünftige' Werte, die man im ungünstigsten oder besten Fall erhalten hätte oder schreibt den letzten beobachteten Wert fort (*last observation carried forward, LOCF*). Es ist nicht die Absicht, an dieser Stelle eine ausführliche Diskussion der Behandlung fehlender Werte oder Therapie-Abbrüche zu führen. Es sollen lediglich die Formeln erläutert werden, die in den Modellen mit zufällig fehlenden Werten die Schätzer für die relativen Marginaleffekte und die Kovarianzmatrix V_n liefern.

Für die Zufallsvariablen X_{ks}, $k = 1, \ldots, n$, $s = 1, \ldots, t$, führt man Indikatoren λ_{ks} ein, die anzeigen, ob ein Meßwert fehlt oder nicht, d.h.

$$\lambda_{ks} = \begin{cases} 1, & \text{falls } X_{ks} \text{ beobachtet wurde,} \\ 0, & \text{falls } X_{ks} \text{ fehlt.} \end{cases}$$

Bezeichne nun $\lambda_{\cdot s} = \sum_{k=1}^{n} \lambda_{ks}$ die Anzahl der zum Zeitpunkt s vorhandenen Meßwerte. Dann definiert man die empirische Verteilungsfunktion $\widehat{F}_s(x)$ zum Zeitpunkt s durch

$$\widehat{F}_s(x) = \frac{1}{\lambda_{\cdot s}} \sum_{k=1}^{n} \lambda_{ks} c(x - X_{ks}), \qquad (7.14)$$

wobei im Fall eines fehlenden Wertes für X_{ks} ein beliebiger Wert eingesetzt werden kann, da das Produkt $\lambda_{ks} c(x - X_{ks})$ in jedem Fall gleich 0 wird. Die Anzahl aller beobachteten Werte ist dann $N = \sum_{k=1}^{n} \sum_{s=1}^{t} \lambda_{ks}$ und die gemittelte Verteilungsfunktion $H(x)$ und die entsprechende empirische Funktion $\widehat{H}(x)$ sind dann

$$H(x) = \frac{1}{N}\sum_{k=1}^{n}\sum_{s=1}^{t}\lambda_{ks}F_s(x), \tag{7.15}$$

$$\widehat{H}(x) = \frac{1}{N}\sum_{s=1}^{t}\lambda_{\cdot s}\widehat{F}_s(x) = \frac{1}{N}\sum_{k=1}^{n}\sum_{s=1}^{t}\lambda_{ks}c(x - X_{ks}). \tag{7.16}$$

Damit erhält man für $p_s = \int H dF_s$ den Schätzer

$$\begin{aligned}\widehat{p}_s &= \int \widehat{H} d\widehat{F}_s = \frac{1}{\lambda_{\cdot s}}\sum_{k=1}^{n}\lambda_{ks}\widehat{H}(X_{ks}) \\ &= \frac{1}{N\lambda_{\cdot s}}\sum_{k=1}^{n}\lambda_{ks}\left(R_{ks} - \tfrac{1}{2}\right) = \frac{1}{N}\left(\overline{R}_{\cdot s} - \tfrac{1}{2}\right),\end{aligned}$$

wobei $\overline{R}_{\cdot s} = \lambda_{\cdot s}^{-1}\sum_{k=1}^{n}\lambda_{ks}R_{ks}$ ist, $s = 1,\ldots,t$. Hierbei ist R_{ks} der Rang von X_{ks} unter allen $N = \sum_{k=1}^{n}\sum_{s=1}^{t}\lambda_{ks}$ beobachteten Werten. Mit $\widehat{\boldsymbol{p}} = (\widehat{p}_1,\ldots,\widehat{p}_t)'$ bezeichnet man wieder den Vektor der geschätzten relativen Behandlungseffekte.

Falls nun die kleinste Anzahl der Individuen, bei denen zum Zeitpunkt s Meßwerte fehlen, groß genug wird, d.h. wenn

$$\min_{1\leq s\leq t}\sum_{k=1}^{n}\lambda_{ks} = \min_{1\leq s\leq t}\lambda_{\cdot s} \to \infty, \tag{7.17}$$

so daß $n/\lambda_{\cdot s} \leq N_0 < \infty$, $s = 1,\ldots,t$, d.h. die Quotienten $n/\lambda_{\cdot s}$ gleichmäßig beschränkt bleiben, dann bleiben alle Aussagen erhalten, die in den Kapiteln 4 und 5 für vollständige Beobachtungen formuliert sind.

Den Schätzer für die Kovarianzmatrix $\boldsymbol{V}_n$ in (4.3) erhält man aus

$$\widehat{\boldsymbol{V}}_n = (\widehat{v}_n(s,s'))_{s,s'=1,\ldots,t}$$

mit

$$\begin{aligned}\widehat{v}_n(s) = \widehat{v}_n(s,s) &= \frac{n}{N^2\lambda_{\cdot s}(\lambda_{\cdot s}-1)}\sum_{k=1}^{n}\lambda_{ks}(R_{ks}-\overline{R}_{\cdot s})^2, \\ \widehat{v}_n(s,s') &= \frac{n}{N^2\left[(\lambda_{\cdot s}-1)(\lambda_{\cdot s'}-1)+\Lambda_{ss'}-1\right]}\sum_{k=1}^{n}\lambda_{ks}\lambda_{ks'}(R_{ks}-\overline{R}_{\cdot s})(R_{ks'}-\overline{R}_{\cdot s'}),\end{aligned} \tag{7.18}$$

wobei $\Lambda_{ss'} = \sum_{k=1}^{n}\lambda_{ks}\lambda_{ks'}$ ist und $\overline{R}_{\cdot s} = \lambda_{\cdot s}^{-1}\sum_{k=1}^{n}\lambda_{ks}R_{ks}$. Falls keine fehlenden Werte vorhanden sind, ist $\lambda_{\cdot s} = n$, $s = 1,\ldots,t$, und man erhält die in den Kapiteln 4 und 5 angegebenen Formeln für vollständige Beobachtungen. Bezüglich der Herleitung der Resultate für unvollständige Beobachtungen sei auf die Literatur (BRUNNER, MUNZEL und PURI 1996) verwiesen.

7.2.5 Singuläre Kovarianzmatrizen

Singuläre Kovarianzmatrizen können in der Praxis besonders dann auftreten, wenn das Meßergebnis durch diskrete Scores (grading scales) beschrieben wird. Für den Fall, daß eine Behandlung sehr effektiv oder sehr schlecht ist, können die Meßwerte aller Individuen zu einem Zeitpunkt in die beste oder schlechteste Klasse fallen. Auch wenn die Meßwerte fast aller Individuen in eine einzige ordinale Kategorie fallen, kann bei den Statistiken $Q_n(C)$ in (5.4) und $Z_R(n, t-1)$ in (5.6) insofern ein Problem auftreten, als die Matrix $\widehat{\boldsymbol{V}}_n$ dann 'nahezu' singulär ist. Daher sind diese Statistiken empfindlich gegenüber geringfügigen Änderungen der Meßwerte. Ferner kann im Falle einer singulären geschätzten Kovarianzmatrix $\widehat{\boldsymbol{V}}_n$ bei der Statistik vom WALD-Typ $Q_n(C) = n\widehat{\boldsymbol{p}}\boldsymbol{C}'[\boldsymbol{C}\widehat{\boldsymbol{V}}_n\boldsymbol{C}']^-\boldsymbol{C}\widehat{\boldsymbol{p}}$ und der Rangversion $Z_R(n, t-1)$ der HOTELLING-Statistik die Multiplikation mit einer verallgemeinerten Inversen dazu führen, daß die geschätzten relativen Marginaleffekte sowohl aus der Hypothese als auch aus bestimmten Alternativen in die 0 abgebildet werden. Dies bedeutet, daß bestimmte Alternativen nicht aufgedeckt werden können. Ob dieser Fall eintritt und welche Alternativen dann nicht aufgedeckt werden können, hängt von der untersuchten Hypothese und z.B. davon ab, welche geschätzten Varianzen gleich 0 sind.

Eine genaue algebraische Charakterisierung dieser Situation ist von BRUNNER, MUNZEL und PURI (1996) angegeben worden, soll aber hier nicht näher diskutiert werden. In der Praxis erkennt man diesen Fall daran, daß $Q_n(C) = 0$ aber $\boldsymbol{C}\widehat{\boldsymbol{p}} \neq \boldsymbol{0}$ ist.

Diese Schwierigkeiten treten bei der Statistik vom ANOVA-Typ $F_n(\boldsymbol{T})$ in (5.9) nicht auf. Ein Test, der auf $F_n(\boldsymbol{T})$ basiert, ist konsistent für alle Alternativen der Form $H_1^p : \boldsymbol{C}\boldsymbol{p} \neq \boldsymbol{0}$. Auch besteht hier das Problem nicht, daß man (wie für $Q_n(C)$ und $Z_R(n, t-1)$) annehmen muß, daß der Rang der geschätzten Kovarianzmatrix $\widehat{\boldsymbol{V}}_n$ gleich dem Rang der unbekannten (asymptotischen) Kovarianzmatrix $\boldsymbol{V}_n$ ist. In solchen Fällen sollte also stets die Statistik $F_n(\boldsymbol{T})$ verwendet werden.

Als Beispiel für diesen Fall soll die Schulter-Schmerz-Studie (Beispiel 1.3.6) dienen. Betrachtet man nur die Gruppe der weiblichen Patienten für die Behandlung Y (Tabelle 7.6), so fällt auf, daß zum Zeitpunkt 5 nur die Patientin Nr. 19 nicht mit dem Score 1 bewertet worden ist. Nimmt man einmal an, daß Patientin Nr. 19 nicht in der Studie war, dann haben zum Zeitpunkt 5 alle Patientinnen den Schmerz-Score 1 und die geschätzte Kovarianzmatrix $\widehat{\boldsymbol{V}}_n$ ist singulär.

Es soll für diese Gruppe überprüft werden, ob sich der Schmerz-Score während der 6 Zeitpunkte verändert hat (globale Alternative). Weiterhin interessiert besonders die Frage, ob die Schmerzen während dieser Zeit geringer geworden sind. Zur Beantwortung dieser Frage wählt man korrespondierend zum Muster der vermuteten Alternativen die Gewichte w_s, die man zum Vektor $\boldsymbol{w} = (6, 5, 4, 3, 2, 1)'$ zusammenfaßt. Das SAS-Makro LD_F1 berechnet die drei Statistiken $Q_n(C)$, $F_n(\boldsymbol{T})$ und

$L_n(w)$. Die Ergebnisse der Analyse ohne die Patientin Nr. 19 sind in Tabelle 7.7 wiedergegeben.

Tabelle 7.6 *Teildatensatz aus der Schulter-Schmerz-Studie (Beispiel 1.3.6), bei dem nur die weiblichen Patienten unter Behandlung Y ausgewählt sind.*

Schmerz-Score									
				Zeitpunkt					
Pat.-Nr.	Beh.	Geschl.	Alter	1	2	3	4	5	6
1	Y	F	64	1	1	1	1	1	1
3	Y	F	77	3	2	2	2	1	1
4	Y	F	54	1	1	1	1	1	1
5	Y	F	66	1	1	1	1	1	1
8	Y	F	24	2	2	1	1	1	1
9	Y	F	56	1	1	1	1	1	1
10	Y	F	29	3	1	1	1	1	1
12	Y	F	68	2	1	1	1	1	2
16	Y	F	70	1	1	1	1	1	1
18	Y	F	65	2	1	1	1	1	1
19	Y	F	61	4	4	2	4	2	2
20	Y	F	67	4	4	4	2	1	1
21	Y	F	32	1	1	1	2	1	1
22	Y	F	33	1	1	1	2	1	2

Tabelle 7.7 *Auswertung der weiblichen Patienten unter Behandlung Y ohne die Patientin Nr. 19 in der Schulter-Schmerz-Studie (Beispiel 1.3.6). Die Ergebnisse sind mit dem SAS-Makro LD_F1 berechnet worden. Die Handhabung des Makros ist in Abschnitt 7.3 erläutert, den Ausdruck aller Ergebnisse findet man in Abschnitt 14.6.*

Zeitpunkte s	1	2	3	4	5	6
$\overline{R}_{\cdot s}$	49.65	40.15	37.35	42.23	31.00	36.62
$\widehat{p}_s$	0.630	0.508	0.472	0.535	0.391	0.463

Statistiken			p-Werte
WALD-Typ	$Q_n(C)$	18.98	0.00194
ANOVA-Typ	$F_n(T)$	2.74	0.04517

Gemusterte Alternative:

Zeitpunkte	1	2	3	4	5	6
Muster	6	5	4	3	2	1

Statistik		p-Werte (einseitig)	
		$N(0,1)$	t_{n-1}
$L_n(w)$	1.82	0.0347	0.0472

Bei Betrachtung der Simulationsergebnisse für die Statistik $Q_n(C)$ vom WALD-Typ in Tabelle 5.1 auf Seite 57 für $t = 6$ und $n = 14$, dann man fest, daß bei Verwendung des oberen 5%-Quantils der χ^2_{t-1}-Verteilung als Approximation für die Verteilung von $Q_n(C)$ eine Irrtumswahrscheinlichkeit von ca. 27% statt der gewählten 5%

hinzunehmen wäre. Dies ist nicht akzeptabel und daher ist der p-Wert von 0.00194 für $Q_n(C)$ nicht verwertbar. Wie aus der Tabelle 5.2 auf Seite 59 hervorgeht, führt die Statistik $F_n(\boldsymbol{T})$ bei $n = 14$ und $t = 6$ zu leicht konservativen Entscheidungen. Im Beispiel erhält man einen p-Wert von $p = 0.04517$ und kann die Entscheidung treffen, daß die Randverteilungen der Schmerz-Scores für die Patientinnen unter der Behandlung Y nicht zu allen Zeitpunkten gleich sind.

Die Vermutung eines fallenden Trends für den Schmerz-Score dieser Gruppe von Patientinnen wird mit der Statistik $L_n(\boldsymbol{w})$ für $\boldsymbol{w} = (6, 5, 4, 3, 2, 1)'$ überprüft. Der p-Wert von 0.0472 bestätigt - wenn auch knapp - diese Vermutung: Man kann davon ausgehen, daß ein fallender Trend der Form $(6, 5, 4, 3, 2, 1)'$ vorliegt oder ein Trend, der diesem sehr ähnlich ist. Bei der Gesamtbetrachtung der Schulter-Schmerz-Studie (siehe Abschnitt 10.3) ist dieses Einzelergebnis sehr gut zu interpretieren.

7.3 Handhabung des Makros LD_F1.SAS

Das Makro wird im SAS-Programm-Editor mit dem Befehl

%INCLUDE '*Pfad*\LD_F1.SAS';

eingebunden. Der Datensatz muß als SAS-Datei zur Verfügung stehen und wird z.B. durch folgenden DATA-Step eingelesen:

```
DATA   SAS-Name;
INPUT  Individuum  Zeit  Zielvariable;
CARDS;
    1  1  X11
    1  2  X12
    :  :  :
    1  t  X1t
    :  :  :
    n  1  Xn1
    n  2  Xn2
    :  :  :
    n  t  Xnt
;
RUN;
```

Zum Testen der Hypothese $H_0^F : \boldsymbol{P}_t\boldsymbol{F} = \boldsymbol{0}$ gegen globale Alternativen berechnet das Makro die Statistik vom WALD-Typ $Q_n(\boldsymbol{P}_t)$ in (7.10) und die Statistik vom ANOVA-Typ $F_n(\boldsymbol{P}_t)$ in (7.11) sowie die zugehörigen p-Werte. Ferner werden die Rangmittel $\overline{R}_{\cdot s}$ und die relativen Marginaleffekte $\widehat{p}_s$ ausgegeben. Diese können zur graphischen Darstellung der Zeitverläufe der Versuchsergebnisse verwendet werden.

Zur Prüfung der Hypothese $H_0^F : \boldsymbol{P}_t \boldsymbol{F} = \boldsymbol{0}$ gegen eine gemusterte Alternative müssen die Gewichte w_s passend zu den Zeitpunkten in einem SAS-Datensatz zur Verfügung gestellt werden. Der Datensatz für die Gewichte der gemusterten Alternativen wird eingelesen durch den DATA-Step:

```
DATA  SAS-Name für den Datensatz der Gewichte;
INPUT  Zeitfaktor  Gewichte;
CARDS;
     1  w1
     2  w2
     :  :
     t  wt
;
RUN;
```

Hierbei muß beachtet werden, daß die Bezeichnungen der Stufen des 'Zeitfaktors' mit den Stufen des Faktors 'Zeit' im Datensatz, der die Meßwerte enthält, übereinstimmen müssen, damit eine Zuordnung der Gewichte zu den Zeitpunkten erfolgen kann.

Ausgegeben wird die Statistik $L_n(\boldsymbol{w})$ in (7.12) und die p-Werte für große Stichprobenumfänge (Approximation mit der Normalverteilung) und für kleine Stichprobenumfänge (Approximation mit der t_{n-1}-Verteilung).

Das Makro wird im SAS-Programm-Editor aufgerufen durch

```
%LD_F1( DATA     = SAS-Datensatz,
        VAR      = SAS-Name der Zielvariablen,
        TIME     = SAS-Name des Zeitfaktors,
        SUBJECT  = SAS-Name der Individuen,
        DATA_PT  = SAS-Datensatz für die Gewichte,
        VAR_PT   = SAS-Name der Gewichtsvariablen,
        TIME_PT  = SAS-Name des Zeitfaktors für die Gewichte);
```

Die Handhabung des Makros wird anhand der Panik-Skala-Studie I erklärt. Die Originaldaten findet man in Abschnitt 13.1 und die Analyse in den Tabellen 7.2 und 7.4.

Einlesen des Datensatzes und der Gewichte $\boldsymbol{w} = (5, 4, 3, 2, 1)'$ für einen vermuteten fallenden Trend:

```
DATA  panik1;
INPUT  pat  woche  cgi;  CARDS;
   1  0  8
   1  2  6
   1  4  5
   1  6  5
   1  8  4
   2  0  8
   :  :  :
  16  8  3
;
RUN;
```

```
DATA  trend;
INPUT  woche  gew;  CARDS;
   0 5
   2 4
   4 3
   6 2
   8 1
;
RUN;
```

Aufruf des Makros:

```
%LD_F1( DATA      = panik1,
        VAR       = cgi,
        TIME      = woche,
        SUBJECT   = pat,
        DATA_PT   = trend,
        VAR_PT    = gew,
        TIME_PT   = woche);
```

Falls keine Statistiken für gemusterte Alternativen berechnet werden sollen, werden die Einträge in der Parameterliste

```
DATA_PT = trend,
VAR_PT  = gew,
TIME_PT = woche
```

beim Aufruf des Makros einfach weggelassen.

Folgende Spezialfälle werden von dem Makro berücksichtigt:

1. Abhängige Meßwiederholungen (siehe Kapitel 9).
2. Fehlende Werte (siehe Abschnitt 7.2.4). Hierbei ist vorausgesetzt, daß *kein informative missing* vorliegt.
3. Singuläre Kovarianzmatrizen (siehe Abschnitt 7.2.5).
4. Für den Sonderfall $t = 2$ Zeitpunkte werden sowohl die Statistik T_n^F in (7.3) für $H_0^F : F_1 = F_2$ als auch die Statistik T_N^p in (7.7) für $H_0^p : p = 1/2$ ausgegeben. Für die p-Werte wird sowohl die Approximation mit der Normalverteilung (große Stichproben) als auch mit der t_{n-1}-Verteilung (kleine Stichproben) angegeben. Für die Berechnung der Statistik T_n^p sind zur Zeit noch keine fehlenden Werte zugelassen.

8 Versuchsanlagen für mehrere Gruppen

Bei longitudinalen Daten werden meistens verschiedene Behandlungen an mehreren Gruppen von Individuen untersucht. Für jedes Individuum wird dann eine Verlaufskurve zu bestimmten Zeitpunkten beobachtet. Im vorangegangenen Abschnitt wurde für eine homogene Gruppe von Indidividuen untersucht, ob sich die Verlaufskurve über die Zeit ändert, ob sie z.B. einen fallenden oder steigenden Trend oder ein anderes vermutetes Muster aufweist. Bei mehreren Gruppen von Individuen kann zusätzlich noch überprüft werden, ob sich die einzelnen Gruppen über die gesamte Zeit unterscheiden (Gruppeneffekt) oder ob die Verläufe über die Zeit für die einzelnen Gruppen unterschiedlich sind (Wechselwirkung des Gruppeneffektes mit der Zeit). Das nichtparametrische Modell, das dieser Versuchsanlage zugrunde gelegt wird, ist das Modell 2.3, das in Kapitel 2 beschrieben ist.

Zunächst wird der einfache Fall einer Versuchsanlage für longitudinale Daten bei mehreren Gruppen betrachtet, nämlich eine Versuchsanlage mit zwei Gruppen und zwei Zeitpunkten. Auch der 2-Perioden Cross-Over-Versuch kann als 2×2-Versuchsanlage mit longitudinalen Daten aufgefaßt werden. Nichtparametrische Verfahren zur Auswertung solcher Cross-Over-Versuche sind in Abschnitt 8.1.2 beschrieben.

Der allgemeine Fall mit $a \geq 2$ Gruppen und $t \geq 2$ Zeitpunkten wird in Abschnitt 8.3 behandelt, in dem auch das Problem fehlender Werte und singulärer Kovarianzmatrizen kurz angesprochen wird. In Abschnitt 8.5 werden schließlich Verfahren für relative summarische Effekte beschrieben. In jedem Abschnitt wird der Beschreibung der Verfahren eine Diskussion und Interpretation der nichtparametrischen Hypothesen vorangestellt, da dieser Gesichtspunkt für die Anwendungen wesentlich ist.

8.1 $a = 2$ Gruppen, $t = 2$ Zeitpunkte

8.1.1 Die 2×2-Versuchsanlage für longitudinale Daten

In einer 2×2-Versuchsanlage für longitudinale Daten beobachtet man die Zufallsvektoren $\boldsymbol{X}_{ik} = (X_{ik1}, X_{ik2})'$, $i = 1,2$, $k = 1, \ldots, n_i$. Die Beobachtungen X_{iks} haben die Randverteilungen F_{is}, $i = 1,2$, $s = 1,2$. Behandlungsunterschiede werden mit den relativen Marginaleffekten

$$p_{is} = \int H dF_{is}, \quad i = 1,2, \quad s = 1,2,$$

beschrieben, wobei $H = N^{-1} \sum_{i=1}^{2} n_i(F_{i1} + F_{i2})$, $N = 2(n_1 + n_2)$ ist. Zur besseren Veranschaulichung der Versuchsanlage und des Modells sind die Daten und die Randverteilungen in Schema 8.1 dargestellt.

Schema 8.1 (Daten und Randverteilungen für $a = 2$ und $t = 2$)

		DATEN		RAND-VERTEILUNGEN	
Faktor A		*Zeitpunkte*		*Zeitpunkte*	
(Gruppen)	*Individuen*	$s = 1$	$s = 2$	$s = 1$	$s = 2$
$i = 1$	$k = 1$	X_{111}	X_{112}	F_{11}	F_{12}
	$\vdots$	$\vdots$	$\vdots$	$\vdots$	$\vdots$
	$k = n_1$	X_{1n_11}	X_{1n_12}	F_{11}	F_{12}
$i = 2$	$k = 1$	X_{211}	X_{212}	F_{21}	F_{22}
	$\vdots$	$\vdots$	$\vdots$	$\vdots$	$\vdots$
	$k = n_2$	X_{2n_21}	X_{2n_22}	F_{21}	F_{22}

Der Whole-Plot-Faktor A repräsentiert den Gruppeneffekt, der Sub-Plot-Faktor T den Zeiteffekt, und ein unterschiedliches Profil der beiden Verlaufskurven wird durch die AT-Wechselwirkung beschrieben. Man formuliert die nichtparametrische Hypothese, daß kein Gruppeneffekt vorhanden ist als

$$H_0^F(A): \quad \overline{F}_{1\cdot} - \overline{F}_{2\cdot} = 0,$$

wobei $\overline{F}_{i\cdot} = (F_{i1} + F_{i2})/2$, $i = 1, 2$ ist. Formal erhält man diese Hypothese aus der allgemeinen Formulierung $\boldsymbol{CF} = 0$ in (3.12), indem man die Kontrastmatrix $\boldsymbol{C} = \frac{1}{2}\boldsymbol{C}_A = \frac{1}{2}(1, 1, -1, -1)$ mit dem Vektor der Verteilungsfunktionen multipliziert. Man erhält dann

$$\tfrac{1}{2}\boldsymbol{C}_A\boldsymbol{F} \;=\; \tfrac{1}{2}(1, 1, -1, -1)\begin{pmatrix} F_{11} \\ F_{12} \\ F_{21} \\ F_{22} \end{pmatrix} \;=\; \overline{F}_{1\cdot} - \overline{F}_{2\cdot} \;=\; 0.$$

Der Faktor $\frac{1}{2}$ kann natürlich auch weggelassen und die Hypothese äquivalent als $H_0^F : \boldsymbol{C}_A\boldsymbol{F} = 0$ formuliert werden. In einem linearen Modell beinhaltet $H_0^F(A)$, daß die über die beiden Zeitpunkte gemittelten Erwartungswerte $\overline{\mu}_{1\cdot}$ und $\overline{\mu}_{2\cdot}$ gleich sind.

Entsprechend formuliert man die Hypothese, daß kein Zeiteffekt vorhanden ist,

$$H_0^F(T): \quad \overline{F}_{\cdot 1} - \overline{F}_{\cdot 2} = 0.$$

Dies beinhaltet in einem linearen Modell, daß die über die beiden Gruppen gemittelten Erwartungswerte $\overline{\mu}_{\cdot 1}$ und $\overline{\mu}_{\cdot 2}$ gleich sind. Man erhält diese Hypothese mit der Kontrastmatrix $\frac{1}{2}\boldsymbol{C}_T = \frac{1}{2}(1, -1, 1, -1)$ formal wieder aus $\boldsymbol{CF} = 0$.

Schließlich formuliert man die Hypothese, daß sich die beiden Gruppen über die Zeit gleich verhalten, als

$$H_0^F(AT): \quad F_{11} - F_{12} = F_{21} - F_{22},$$

was man formal mit der Kontrastmatrix $C_{AT} = (1, -1, -1, 1)$ aus $C_{AT}F = 0$ erhält. Auch diese Hypothese schließt in einem linearen Modell die bekannte Hypothese $H_0^\mu(AT) : \mu_{11} - \mu_{12} = \mu_{21} - \mu_{22}$ für die Wechselwirkung ein. Unter dieser Hypothese sind die beiden Haupteffekte $\delta^A = \overline{\mu}_{1\cdot} - \overline{\mu}_{2\cdot}$ und $\delta^T = \overline{\mu}_{\cdot 1} - \overline{\mu}_{\cdot 2}$ wohldefiniert und gut interpretierbar: In diesem Fall sind die parametrischen und die nichtparametrischen Hypothesen für die Haupteffekte äquivalent.

PROPOSITION 8.1 (HYPOTHESEN-ÄQUIVALENZ)
Falls in einem linearen Modell $H_0^\mu(AT)$ gilt, d.h. falls $\mu_{11} - \mu_{12} = \mu_{21} - \mu_{22}$ ist, dann gilt

$$H_0^F(A) \iff H_0^\mu(A) \quad \textit{und} \quad H_0^F(T) \iff H_0^\mu(T).$$

Die Hypothese, daß keine Wechselwirkung vorhanden ist, bedeutet in einem linearen Modell anschaulich, daß sich für jede Faktorstufen-Kombination (i, s) der Erwartungswert von X_{iks} linear zerlegen läßt in einen Gesamteffekt, einen Effekt, der nur von der Stufe i des Faktors A abhängt und einen Effekt, der nur von der Stufe s des Faktors T abhängt. Folglich gilt für alle i und s die Zerlegung $\mu_{is} = \mu + \alpha_i + \beta_s$. Soll eine solche Zerlegung für alle monotonen Transformationen $m(X_{iks})$ der Beobachtungen X_{iks} existieren, dann kann gezeigt werden, daß dies äquivalent dazu ist, daß im Sinne von $H_0^F(AT)$ keine nichtparametrische Wechselwirkung vorhanden ist. Dabei hängt die Zerlegung von der jeweiligen monotonen Transformation ab.

PROPOSITION 8.2 (NICHTPARAMETRISCHE WECHSELWIRKUNG)
Die nichtparametrische Hypothese $H_0^F(AT) : F_{11} - F_{12} = F_{21} - F_{22}$ ist äquivalent dazu, daß für alle monotonen Transformationen $m(\cdot)$

$$E[m(X_{iks})] = \mu_m + \alpha_{m,i} + \beta_{m,s}, \quad i, s = 1, 2,$$

gilt, wobei $\sum_{i=1}^2 \alpha_{m,i} = \sum_{s=1}^2 \beta_{m,s} = 0$ ist.

BEWEIS: siehe AKRITAS, ARNOLD und BRUNNER (1997).

Man schätzt die relativen Marginaleffekte p_{is} durch

$$\widehat{p}_{is} = \frac{1}{N}\left(\overline{R}_{i\cdot s} - \frac{1}{2}\right), \quad i, s = 1, 2,$$

wobei $\overline{R}_{i\cdot s} = n_i^{-1} \sum_{k=1}^{n_i} R_{iks}$ der Mittelwert der Ränge R_{iks} von X_{iks} unter allen $N = 2n$ abhängigen und unabhängigen Beobachtungen ist und $n = n_1 + n_2$ die Gesamtanzahl aller Individuen bezeichnet.

Die Ränge und Rangmittelwerte in dieser Versuchsanlage sind zur besseren Veranschaulichung in Schema 8.2 dargestellt. Das gestrichelte Rechteck markiert die Menge der Beobachtungen, innerhalb derer die Ränge gebildet werden.

Schema 8.2 (Ränge R_{iks} und Mittelwerte $\overline{R}_{i\cdot s}$)

Faktor A	*Individuen*	*Zeitpunkte* $s = 1$	$s = 2$	$\overline{R}_{i\cdot s}$	
$i = 1$	$k = 1$	R_{111}	R_{112}	$\overline{R}_{1\cdot 1}$	$\overline{R}_{1\cdot 2}$
	$\vdots$	$\vdots$	$\vdots$		
	$k = n_1$	R_{1n_11}	R_{1n_12}		
$i = 2$	$k = 1$	R_{211}	R_{212}	$\overline{R}_{2\cdot 1}$	$\overline{R}_{2\cdot 2}$
	$\vdots$	$\vdots$	$\vdots$		
	$k = n_2$	R_{2n_21}	R_{2n_22}		

Aus Satz 4.7 erhält man die Statistiken und deren asymptotische Verteilungen.

Statistik für $H_0^F(A) : \overline{F}_{1\cdot} = \overline{F}_{2\cdot}$

$$U_n^A = \frac{\overline{R}_{1\cdot 1} + \overline{R}_{1\cdot 2} - \overline{R}_{2\cdot 1} - \overline{R}_{2\cdot 2}}{\sqrt{\sum_{i=1}^{2} \widehat{\sigma}_i^2 / n_i}}, \tag{8.1}$$

$$\widehat{\sigma}_i^2 = \frac{1}{n_i - 1} \sum_{k=1}^{n_i} \left(R_{ik1} + R_{ik2} - \overline{R}_{i\cdot 1} - \overline{R}_{i\cdot 2}\right)^2, \quad i = 1, 2. \tag{8.2}$$

Unter $H_0^F(A)$ hat U_n^A asymptotisch eine $N(0,1)$-Verteilung. Für kleine Stichproben approximiert man die Verteilung von U_n^A unter $H_0^F(A)$ durch eine $t_{\widehat{\nu}_A}$-Verteilung mit

$$\widehat{\nu}_A = \frac{\left(\sum_{i=1}^{2} \widehat{\sigma}_i^2 / n_i\right)^2}{\sum_{i=1}^{2} \left(\widehat{\sigma}_i^2 / n_i\right)^2 / (n_i - 1)}. \tag{8.3}$$

Statistik für $H_0^F(T) : \overline{F}_{\cdot 1} = \overline{F}_{\cdot 2}$

$$U_n^T = \frac{\overline{R}_{1\cdot 1} - \overline{R}_{1\cdot 2} + \overline{R}_{2\cdot 1} - \overline{R}_{2\cdot 2}}{\sqrt{\sum_{i=1}^{2} \widehat{\tau}_i^2 / n_i}}, \tag{8.4}$$

$$\widehat{\tau}_i^2 = \frac{1}{n_i - 1} \sum_{k=1}^{n_i} \left(R_{ik1} - R_{ik2} - \overline{R}_{i\cdot 1} + \overline{R}_{i\cdot 2}\right)^2, \quad i = 1, 2. \tag{8.5}$$

Unter $H_0^F(T)$ hat U_n^T asymptotisch eine $N(0,1)$-Verteilung. Für kleine Stichproben approximiert man die Verteilung von U_n^T unter $H_0^F(T)$ durch eine $t_{\widehat{\nu}_T}$-Verteilung mit

$$\widehat{\nu}_T \;=\; \frac{\left(\sum_{i=1}^2 \widehat{\tau}_i^2/n_i\right)^2}{\sum_{i=1}^2 \left(\widehat{\tau}_i^2/n_i\right)^2/(n_i-1)}\,. \tag{8.6}$$

Statistik für $H_0^F(AT)$: $F_{11} - F_{12} = F_{21} - F_{22}$

$$U_n^{AT} \;=\; \frac{\overline{R}_{1\cdot1} - \overline{R}_{1\cdot2} - \overline{R}_{2\cdot1} + \overline{R}_{2\cdot2}}{\sqrt{\sum_{i=1}^2 \widehat{\tau}_i^2/n_i}}\,, \tag{8.7}$$

wobei $\widehat{\tau}_i^2$ in (8.5) gegeben ist. Unter $H_0^F(AT)$ hat U_n^{AT} asymptotisch eine $N(0,1)$-Verteilung. Für kleine Stichproben approximiert man die Verteilung von U_n^{AT} unter $H_0^F(AT)$ durch eine $t_{\widehat{\nu}_T}$-Verteilung, wobei $\widehat{\nu}_T$ in (8.6) angegeben ist.

Zur besseren Interpretation der Ergebnisse, die man durch Anwendung der Statistiken U_n^A, U_n^T und U_n^{AT} erhält, sollen diese Statistiken in einem linearen Modell näher untersucht werden.

Für die hier betrachtete 2×2-Versuchsanlage werden in einem linearen Marginalmodell die Verteilungsfunktionen durch Lokationsparameter in folgender Weise modelliert:

$$F_{is}(x) \;=\; F(x - \mu_{is}), \quad i, s = 1, 2, \tag{8.8}$$

wobei μ_{is} in folgender Form linear zerlegt wird:

$$\begin{aligned} \mu_{11} &= \alpha + \beta + \gamma, & \mu_{12} &= \alpha - \beta - \gamma, \\ \mu_{21} &= -\alpha + \beta - \gamma, & \mu_{22} &= -\alpha - \beta + \gamma. \end{aligned}$$

Dabei beschreibt α den Gruppeneffekt, β den Zeiteffekt und γ die Wechselwirkung. Entsprechend formuliert man die Hypothesen als

$$H_0^\mu(A) : \alpha = 0, \quad H_0^\mu(T) : \beta = 0 \quad \text{und} \quad H_0^\mu(AT) : \gamma = 0.$$

Zum Testen dieser Hypothesen in einem Modell mit normalverteilten Fehlertermen und Individuen-Effekten bildet man die Summen $Y_{ik} = X_{ik1} + X_{ik2}$ und die Differenzen $Z_{ik} = X_{ik1} - X_{ik2}$. Bezeichne weiterhin $\overline{Y}_{i\cdot} = n_i^{-1} \sum_{k=1}^{n_i} Y_{ik}$ bzw. $\overline{Z}_{i\cdot} = n_i^{-1} \sum_{k=1}^{n_i} Z_{ik}$ den jeweiligen Mittelwert, dann ist $E(\overline{Z}_{1\cdot} + \overline{Z}_{2\cdot}) = 4\beta$, $E(\overline{Z}_{1\cdot} - \overline{Z}_{2\cdot}) = 4\gamma$ und $E(\overline{Y}_{1\cdot} - \overline{Y}_{2\cdot}) = 4\alpha$, und die Hypothesen $H_0^\mu(A)$, $H_0^\mu(T)$ und $H_0^\mu(AT)$ können asymptotisch mit den bekannten Verfahren der Normalverteilungstheorie getestet werden.

Dabei sollte man allerdings bedenken, daß ein lineares Modell nur *ein* mögliches (sehr vereinfachtes) Modell eines mehrfaktoriellen Versuches ist. In vielen Fällen ist ein lineares Modell mit reinen Verschiebungseffekten für reale Daten nicht angemessen. Zum Beispiel sind die Effekte in einem linearen Modell nicht invariant unter beliebigen monotonen Transformationen. Die Statistiken U_n^A, U_n^T und U_n^{AT} für das nichtparametrische Modell sind hingegen invariant unter solchen Transformationen, da es reine Rangstatistiken sind. Daher können die nichtparametrischen Hypothesen und die linearen Hypothesen nicht in allen Fällen äquivalent sein. Eine solche Äquivalenz kann man für rein ordinale Daten, wie *grading scales*, auch gar nicht fordern, da es sinnlos ist, ein lineares Modell für rein ordinale Daten anzunehmen.

Für eine 2×2-Versuchsanlage kann man wenigstens zeigen, daß in einem linearen Modell mit den Statistiken U_n^A, U_n^T und U_n^{AT} unter bestimmten Vorraussetzungen die gleichen Alternativen aufgedeckt werden, wie mit den bekannten Statistiken der Normalverteilungstheorie. Die zusätzlichen Bedingungen sind im folgenden näher erläutert.

In einem linearen Modell hängen die Statistiken U_n^A, U_n^T und U_n^{AT} von den Parametern α, β und γ ab, d.h. $U_n^A = U_n^A(\alpha, \beta, \gamma)$, $U_n^T = U_n^T(\alpha, \beta, \gamma)$ und $U_n^{AT} = U_n^{AT}(\alpha, \beta, \gamma)$. Wenn nun z.B. die Statistik U_n^A in einem linearen Modell einen sinnvollen Gruppeneffekt beschreiben soll, dann muß U_n^A größer werden, wenn α größer wird und umgekehrt, d.h. $U_n^A(\alpha, \beta, \gamma)$ muß monoton in α sein. Falls für $\alpha = 0$ der Erwartungswert von U_n^A (oder wenigstens der asymptotische Erwartungswert) ebenfalls gleich 0 ist, dann deckt man mit einem auf U_n^A basierenden Test Alternativen der Form $H_1^{\mu} : \alpha \neq 0$ auf, d.h. dieselben Alternativen, die man mit einem Verfahren für ein lineares Modell aufdecken würde.

Die entsprechenden Aussagen für die drei Statistiken U_n^A, U_n^T und U_n^{AT} sind in der folgenden Proposition zusammengestellt.

PROPOSITION 8.3 (MONOTONIE VON U_n^A, U_n^T UND U_n^{AT})
Im linearen Marginalmodell (8.8) gelten für die nichtparametrischen Statistiken U_n^A, U_n^T und U_n^{AT} in (8.1), (8.4) bzw. (8.7) folgende Aussagen:

1. *$U_n^A(\alpha, \beta, \gamma)$ ist monoton in α, und der asymptotische Erwartungswert von U_n^A ist für alle Stichprobenumfänge n_1 und n_2 genau dann gleich 0, wenn $\alpha = 0$ ist.*

2. *$U_n^T(\alpha, \beta, \gamma)$ ist monoton in β. Für gleiche Stichprobenumfänge $n_1 = n_2$ ist der asymptotische Erwartungswert von U_n^T genau dann gleich 0, wenn $\beta = 0$ ist. Falls entweder $\alpha = 0$ oder $\gamma = 0$ ist, dann gilt die Aussage auch für ungleiche Stichprobenumfänge.*

3. *$U_n^{AT}(\alpha, \beta, \gamma)$ ist monoton in γ. Für gleiche Stichprobenumfänge $n_1 = n_2$ ist der asymptotische Erwartungswert von U_n^{AT} genau dann gleich 0, wenn $\gamma = 0$ ist. Falls entweder $\alpha = 0$ oder $\beta = 0$ ist, dann gilt die Aussage auch für ungleiche Stichprobenumfänge.*

Anmerkung: *Bei ungleichen Stichprobenumfängen $n_1 \neq n_2$ wird z.B. für die Statistik U_n^T der Unterschied zum linearen Modell nur deutlich, wenn $\gamma \neq 0$ und $\alpha \neq 0$ sind, γ und α relativ groß und die Stichprobenumfänge sehr unterschiedlich sind. Analog gilt dies auch für die Statistik U_n^{AT}.*

Man kann durch Gegenbeispiele zeigen, daß die Aussagen der Proposition 8.3 auf Versuchsanlagen mit $a = 2$ Gruppen und $t = 2$ Zeitpunkten beschränkt sind.

Anwendung auf die Daten der Stammzell-Konzentrat-Studie

Die Anwendung der Statistiken soll anhand der Stammzell-Konzentrat-Studie (Beispiel 1.3.10) demonstriert werden. Betrachtet man die Gruppen der männlichen und weiblichen Patienten getrennt, dann liegt für jede Gruppe von Patienten ein Spezialfall des Modells 2.3 (F1-LD-F1) für $a = 2$ Schichten und $t = 2$ Zeitpunkte vor, wobei die Patienten jeweils nach dem Kriterium *hohe / niedrige* Vorbelastung geschichtet sind.

Für die beiden Gruppen der männlichen und weiblichen Patienten sollen getrennt folgende Fragen untersucht werden:

Wird die Anzahl der CFU

- durch die Vorbelastung insgesamt – d.h. über die beiden Zeitpunkte zusammen – (Haupteffekt A),
- durch die Art der Konservierung insgesamt – d.h. über die beiden Vorbelastungen zusammen – (Haupteffekt T),
- durch die Art der Konservierung in den beiden Schichten der Vorbehandlung möglicherweise unterschiedlich – (Wechselwirkung AT)

verändert?

Tabelle 8.1 *Auswertung der Stammzell-Konzentrat-Studie für die Männer (Beispiel 1.3.10). Die Ergebnisse sind mit dem SAS-Makro $F1\_LD\_F1$ berechnet worden. Die Handhabung des Makros ist in Abschnitt 8.4 erläutert, den Ausdruck aller Ergebnisse findet man in Abschnitt 14.10.1.*

Rangmittel		
	Zeitpunkte	
Gruppe	1	2
MN	74.73	62.68
MH	73.41	48.16

Relative Marginaleffekte		
	Zeitpunkte	
Gruppe	1	2
MN	0.580	0.486
MH	0.570	0.372

Statistiken		p-Werte (zweiseitig)		FG
		$N(0,1)$	t_ν	ν
U_n^A	0.924	0.35541	0.35901	61.7
U_n^T	8.303	$< 10^{-15}$	$1.8 \cdot 10^{-11}$	58.5
U_n^{AT}	-2.937	0.00331	0.00473	58.5

Das SAS-IML Makro $F1\_LD\_F1$ berechnet die Ränge R_{iks} der Beobachtungen X_{iks}, die Mittelwerte $\overline{R}_{1\cdot 1}, \ldots, \overline{R}_{2\cdot 2}$, die relativen Marginaleffekte $\widehat{p}_{11}, \ldots, \widehat{p}_{22}$ und die Statistiken U_n^A, U_n^T und U_n^{AT} in (8.1), (8.4) und (8.7). Die Ergebnisse sind für die männlichen Patienten in Tabelle 8.1 und für die weiblichen Patienten in Tabelle 8.2 wiedergegeben.

Bei den männlichen Patienten erhält man für die Wechselwirkung $U_n^{AT} = -2.937$ mit einem p-Wert von 0.00473 und damit eine deutlich signifikante Wechselwirkung. Anschaulich bedeutet dies, daß die Differenz $\widehat{p}_{11} - \widehat{p}_{12} = 0.580 - 0.486 = 0.094$ der relativen Effekte für die Patienten mit niedriger Vorbelastung signifikant verschieden ist von der Differenz $\widehat{p}_{21} - \widehat{p}_{22} = 0.569 - 0.372 = 0.187$ der relativen Effekte für die Patienten mit hoher Vorbelastung. Die Stammzell-Konzentrate der Patienten mit hoher Vorbelastung werden durch das Einfrieren stärker geschädigt als die Stammzell-Konzentrate der Patienten mit niedriger Vorbelastung. Wegen dieser starken Wechselwirkung wären die Ergebnisse für die beiden Haupteffekte schwierig zu interpretieren. Man analysiert daher den Zeiteffekt für die beiden Gruppen mit *niedriger / hoher* Vorbelastung getrennt mit den Statistiken des Abschnitts 7.1 (SAS-Makro LD_F1).

Für die Gruppe mit niedriger Vorbelastung erhält man $T_n^F = 3.966$ und $p = 0.000438$ und damit einen klaren Zeiteffekt. Die Gruppe mit hoher Vorbelastung wurde bereits in Abschnitt 7.1 ausgewertet. Man entnimmt der Tabelle 7.1 die Werte $T_n^F = 7.896$ und $p = 4.2 \cdot 10^{-9}$ und erhält damit für beide Gruppen einen signifikanten Zeiteffekt. Diese Ergebnisse sind so zu interpretieren, daß für beide Gruppen die Anzahl der CFU-GM nach dem Wiederauftauen signifikant niedriger ist als vorher. Für die Gruppe mit hoher Vorbelastung ist der Unterschied, d.h. das Ausmaß der Schädigung, jedoch größer.

Tabelle 8.2 *Auswertung der Stammzell-Konzentrat-Studie für die Frauen (Beispiel 1.3.10). Die Ergebnisse sind mit dem SAS-Makro $F1\_LD\_F1$ berechnet worden. Die Handhabung des Makros ist in Abschnitt 8.4 erläutert, den Ausdruck aller Ergebnisse findet man in Abschnitt 14.10.3.*

Rangmittel			Relative Marginaleffekte		
	Zeitpunkte			Zeitpunkte	
Gruppe	1	2	Gruppe	1	2
WN	80.54	63.77	WN	0.770	0.608
WH	44.15	21.54	WH	0.420	0.202

Statistiken		p-Werte (zweiseitig)		FG
		$N(0,1)$	$t_{\widehat{\nu}}$	$\widehat{\nu}$
U_n^A	7.729	$1.1 \cdot 10^{-14}$	$8.8 \cdot 10^{-10}$	44.8
U_n^T	7.240	$4.4 \cdot 10^{-13}$	$2.7 \cdot 10^{-9}$	49.3
U_n^{AT}	-1.075	0.2824	0.2876	49.3

Für die weiblichen Patienten ergibt sich ein ganz anderes Bild als für die männlichen Patienten. Die Wechselwirkung ist mit $U_n^{AT} = -1.075$ und $p = 0.2876$ nicht signifikant. Anschaulich wird dieses Ergebnis durch nahezu gleiche Differenzen der relativen Effekte für die Gruppen mit hoher bzw. niedriger Vorbelastung bestätigt. Man entnimmt der Tabelle 8.2 die Differenzen $\hat{\delta}_n^p = \widehat{p}_{11} - \widehat{p}_{12} = 0.770 - 0.608 = 0.162$ bzw. $\hat{\delta}_h^p = \widehat{p}_{21} - \widehat{p}_{22} = 0.420 - 0.202 = 0.218$.

Es ist somit sinnvoll, für die beiden Gruppen gemeinsam den Zeiteffekt zu untersuchen. Man entnimmt der Tabelle 8.2 die Werte $U_n^T = 7.24$ und $p = 2.7 \cdot 10^{-9}$, also einen klar signifikanten Effekt des Einfrierens für beide Gruppen. Insgesamt unterscheiden sich die beiden Gruppen signifikant voneinander ($U_n^A = 7.729, p = 8.8 \cdot 10^{-10}$).

Man kann das Gesamtergebnis dahingehend zusammenfassen, daß die Gruppe der weiblichen Patienten mit hoher Vorbelastung eine geringere Anzahl von CFU-GM hat als die Gruppe mit niedriger Vorbelastung. Durch das Einfrieren wird bei beiden Gruppen diese Anzahl (im Sinne der relativen Effekte) gleichermaßen reduziert.

Bei der Analyse dieses Datensatzes wird der Vorteil der in diesem Abschnitt beschriebenen Verfahren deutlich. Zum einen sind diese Verfahren robust gegen Ausreißer und Extremwerte, was für die Gruppe der männlichen Patienten mit niedriger Vorbelastung von Bedeutung ist. Das Wertepaar (157.491, 220.363) ist sicherlich als Ausreißer anzusehen (man vergleiche dazu die Originaldaten in Abschnitt 13.10). Zum anderen sind die Ergebnisse invariant unter monotonen Transformationen der Daten. Damit erübrigt sich eine Diskussion, ob die Originalwerte oder die Logarithmen zu analysieren sind. Bei einer parametrischen oder semi-parametrischen Analyse entspricht dies der Frage, ob die Differenzen der Wertepaare oder die Quotienten die geeigneten Größen zur Beurteilung der Daten sind. Bei den weiblichen Patienten würde man hier sogar widersprüchliche Ergebnisse erhalten. Für die Differenzen $CFU_{vor} - CFU_{nach}$ erhält man für die Gruppe mit niedriger Vorbelastung die Mittelwerte $\hat{\delta}_n = \overline{X}_{1\cdot1} - \overline{X}_{1\cdot2} = 7.67$ und für die Gruppe mit hoher Vorbelastung $\hat{\delta}_h = \overline{X}_{2\cdot1} - \overline{X}_{2\cdot2} = 1.27$, also $\hat{\delta}_n > \hat{\delta}_h$. Für die Logarithmen hingegen erhält man die Mittelwerte $\hat{\delta}_n^{\log} = 1.63$ und $\hat{\delta}_h^{\log} = 2.49$, also $\hat{\delta}_n^{\log} < \hat{\delta}_h^{\log}$. Für die Differenzen der relativen Effekte gilt jedoch in beiden Fällen $\hat{\delta}_n^p = 0.162$ bzw. $\hat{\delta}_h^p = 0.218$ und damit $\hat{\delta}_n^p < \hat{\delta}_h^p$.

Bei der Auswertung des semi-parametrischen Modells (8.8) durch eine asymptotische Varinazanalyse würde man für den Fall, daß die Differenzen der Originalwerte betrachtet werden, mit $p = 0.0032$ eine signifikante Wechselwirkung erhalten und für den Fall, daß die Differenzen der Logarithmen betrachtet werden, würde man keine signifikante Wechselwirkung erhalten ($p = 0.307$). Es ließe sich sicher intensiv darüber diskutieren, welcher Auswertung man den Vorzug geben sollte. Diese Diskussion entfällt bei der hier beschriebenen nichtparametrischen Analyse. Die Statistik U_n^{AT} für die Wechselwirkung liefert nämlich in beiden Fällen das gleiche Ergebnis $U_n^{AT} = -1.075$ und $p = 0.2876$. Dies ergibt bei der nichtparametrischen Auswertung die Aussage, daß keine signifikante Wechselwirkung vorliegt.

8.1.2 Der 2-Perioden Cross-Over-Versuch

Die Idee einer Cross-Over-Versuchsanlage ist, die Versuchsstreuung dadurch zu reduzieren, daß man beide Behandlungen an jedem Individuum untersucht. Man muß dabei natürlich berücksichtigen, daß aufgrund eines möglichen Zeiteffektes die Verteilungen zu den beiden Zeitpunkten (Perioden) auch verschieden sein können, ohne daß ein Effekt der Behandlung vorhanden ist. Weiterhin kann die Behandlung, die in der ersten Periode angewandt wurde, in der zweiten Periode einen Nacheffekt (Residualeffekt) haben, der dann einen möglichen Effekt der anderen Behandlung überlagert. Um Periodeneffekte ausschließen zu können, werden die Individuen in zwei Gruppen randomisiert, bei der die erste Gruppe ($i = 1$) die Behandlung A in der ersten Periode ($s = 1$) erhält und dann in der zweiten Periode ($s = 2$) die Behandlung B. Die zweite Gruppe ($i = 2$) von Individuen erhält die Behandlungen in umgekehrter Reihenfolge. Somit liegt hier eine speziell strukturierte Versuchsanlage mit longitudinalen Daten vor.

Es soll hier nicht die Problematik eines möglichen Residualeffektes und die sinnvolle Anwendung eines 2-Perioden Cross-Over-Versuchs diskutiert werden. Diesbezüglich sei auf die entsprechende Literatur verwiesen, z.B. die Bücher von LEHMACHER (1987) und SENN (1993). Letzterem ist auch das Beispiel 1.3.5 in Abschnitt 1.3 entnommen.

Es soll lediglich aufgezeigt werden, wie man in der einfachen 2-Perioden Cross-Over-Versuchsanlage mit nichtparametrischen Verfahren Behandlungs-, Residual- und Periodeneffekte untersuchen kann. Wegen der Vermischung des Residualeffektes und des Behandlungseffektes gelten bezüglich der Interpretation eines Behandlungseffektes die gleichen Einschränkungen wie in parametrischen Modellen.

KOCH (1972) legt seiner nichtparametrischen Analyse eines Cross-Over-Plans ein lineares Modell zugrunde. Er verwendet die Ränge von Summen und Differenzen der Beobachtungen. Dies bedeutet einerseits, daß dieses Verfahren nicht invariant unter monotonen Transformationen ist und andererseits, daß das Verfahren für rein ordinale Daten, wie z.B. *grading scales*, nicht anwendbar ist.

Nun ist ein 2-Perioden Cross-Over-Versuch im Grunde eine Versuchsanlage mit longitudinalen Daten für 2 Zeitpunkte und zwei Gruppen von Individuen. Damit muß für die Hypothesen $H_0^F(A)$, $H_0^F(T)$ und $H_0^F(AT)$, die im Abschnitt 8.1.1 untersucht wurden, nur identifiziert werden, welche Effekte dadurch in der 2-Perioden Cross-Over-Versuchsanlage untersucht werden. Dazu wird das von KOCH (1972) benutzte lineare Modell für den 2-Perioden Cross-Over-Plan (COP) nochmals angegeben:

$$\begin{aligned} X_{1k1} &= \mu + \Phi_1 + \pi_1 + S_{1k} + \epsilon_{1k1} \,, \\ X_{1k2} &= \mu + \Phi_2 + \pi_2 + \lambda_1 + S_{1k} + \epsilon_{1k2} \,, \\ X_{2k1} &= \mu + \Phi_2 + \pi_1 + S_{2k} + \epsilon_{2k1} \,, \\ X_{2k2} &= \mu + \Phi_1 + \pi_2 + \lambda_2 + S_{2k} + \epsilon_{2k2}. \end{aligned} \tag{8.9}$$

Dabei ist Φ_r der Effekt der r-ten Behandlung, $r = 1, 2$, λ_r ist der Residualeffekt der Behandlung r in der zweiten Periode und π_s ist der Effekt der s-ten Periode, $s = 1, 2$. Die Zufallsvariablen S_{ik}, $i = 1, 2$, $k = 1, \ldots, n_i$, werden als unabhängig und identisch verteilt angenommen und beschreiben den Effekt des k-ten Individuums in der Gruppe i, die Zufallsvariablen ϵ_{iks} beschreiben den Versuchsfehler und werden ebenso als unabhängig angenommen.

Man reparametrisiert dieses Modell mit den Bedingungen $\Phi = \Phi_1 = -\Phi_2$, $\lambda = \lambda_1 = -\lambda_2$, $\pi = \pi_1 = -\pi_2$ und nennt $\delta = 2\Phi - \lambda$ den *Cross-Over-Effekt*. Die Hypothesen in diesem Modell formuliert man in folgender Form:

$$\begin{array}{ll} H_0(\delta): \delta = 0 & \text{- kein Cross-Over-Effekt,} \\ H_0(\lambda): \lambda = 0 & \text{- kein Residual-Effekt,} \\ H_0(\pi): \pi = 0 & \text{- kein Perioden-Effekt.} \end{array}$$

Es ist hierbei zu beachten, daß der Cross-Over-Effekt $\delta = 2\Phi - \lambda$ eine Überlagerung des eigentlichen Behandlungseffektes Φ und des Residualeffektes λ ist. Dies ist genau die Problematik des COP, die z.B. von LEHMACHER (1987) und SENN (1993) ausführlich diskutiert wird.

Mit den oben eingeführten Reparametrisierungen schreibt man das lineare Modell (8.9) in vereinfachter Form als

$$\begin{array}{rclrcl} X_{1k1} &=& \mu_{11} + S_{1k} + \epsilon_{1k1}, & \mu_{11} &=& \mu + \Phi + \pi, \\ X_{1k2} &=& \mu_{12} + S_{1k} + \epsilon_{1k2}, & \mu_{12} &=& \mu - \Phi - \pi + \lambda, \\ X_{2k1} &=& \mu_{21} + S_{2k} + \epsilon_{2k1}, & \mu_{21} &=& \mu - \Phi + \pi, \\ X_{2k2} &=& \mu_{22} + S_{2k} + \epsilon_{2k2}, & \mu_{22} &=& \mu + \Phi - \pi - \lambda. \end{array} \tag{8.10}$$

Setzt man $\boldsymbol{\mu} = (\mu_{11}, \mu_{12}, \mu_{21}, \mu_{22})'$ und verwendet die in Abschnitt 8.1.1 definierten Kontrastmatrizen $\boldsymbol{C}_A = (1, 1, -1, -1)'$, $\boldsymbol{C}_T = (1, -1, 1, -1)'$ und $\boldsymbol{C}_{AT} = (1, -1, -1, 1)'$, dann erhält man $\boldsymbol{C}_A\boldsymbol{\mu} = 2\lambda$, $\boldsymbol{C}_T\boldsymbol{\mu} = 4\pi$ und $\boldsymbol{C}_{AT}\boldsymbol{\mu} = 4\Phi - 2\lambda$.

Im nichtparametrischen Modell

$$X_{iks} \sim F_{is}, \quad i, s = 1, 2 \tag{8.11}$$

faßt man – wie in der 2×2-Versuchsanlage mit longitudinalen Daten (Abschnitt 8.1.1) – die vier Verteilungen im Vektor $\boldsymbol{F} = (F_{11}, F_{12}, F_{21}, F_{22})'$ zusammen, bezeichnet mit $H = N^{-1}\sum_{i=1}^{2} n_i(F_{i1} + F_{i2})$, $N = 2(n_1 + n_2)$, den Mittelwert dieser Verteilungen und mit $\boldsymbol{p} = (p_{11}, p_{12}, p_{21}, p_{22})' = \int H d\boldsymbol{F}$ den Vektor der relativen Effekte. Damit definiert man dann nichtparametrische Effekte im COP.

DEFINITION 8.4 (NICHTPARAMETRISCHE EFFEKTE IM COP)
Im nichtparametrischen COP heißt:

$$\begin{array}{lll} p^{\lambda} = \frac{1}{2}\,\boldsymbol{C}_A\boldsymbol{p} &= \frac{1}{2}\,(p_{11} + p_{12} - p_{21} - p_{22})' & \text{relativer Residual-Effekt,} \\ p^{\pi} = \frac{1}{2}\,\boldsymbol{C}_T\boldsymbol{p} &= \frac{1}{2}\,(p_{11} - p_{12} + p_{21} - p_{22})' & \text{relativer Perioden-Effekt,} \\ p^{\delta} = \frac{1}{2}\,\boldsymbol{C}_{AT}\boldsymbol{p} &= \frac{1}{2}\,(p_{11} - p_{12} - p_{21} + p_{22})' & \text{relativer Cross-Over-Effekt.} \end{array}$$

Nichtparametrischen Hypothesen für den COP formuliert man als $H_0^F : \boldsymbol{CF} = 0$, wobei man für $\boldsymbol{C}$ die speziellen Kontrastmatrizen $\boldsymbol{C}_A$, $\boldsymbol{C}_T$ bzw. $\boldsymbol{C}_{AT}$ einsetzt. Es ergibt sich unmittelbar aus Proposition 3.2 (Abschnitt 3.2.2, Seite 38), daß folgende Beziehungen gelten:

Im nichtparametrischen Modell (8.11) gilt:

$$\begin{aligned} H_0^F(A) : \boldsymbol{C}_A \boldsymbol{F} = 0 &\Rightarrow H_0^p(A) : \boldsymbol{C}_A \boldsymbol{p} = 0, \\ H_0^F(T) : \boldsymbol{C}_T \boldsymbol{F} = 0 &\Rightarrow H_0^p(T) : \boldsymbol{C}_T \boldsymbol{p} = 0, \\ H_0^F(AT) : \boldsymbol{C}_{AT} \boldsymbol{F} = 0 &\Rightarrow H_0^p(AT) : \boldsymbol{C}_{AT} \boldsymbol{p} = 0. \end{aligned}$$

Im linearen Modell (8.10) gilt weiter:

$$\begin{aligned} H_0^F(A) : \boldsymbol{C}_A \boldsymbol{F} = 0 &\Rightarrow H_0(\lambda) : \boldsymbol{C}_A \boldsymbol{\mu} = 2\lambda = 0, \\ H_0^F(T) : \boldsymbol{C}_T \boldsymbol{F} = 0 &\Rightarrow H_0(\pi) : \boldsymbol{C}_T \boldsymbol{\mu} = 4\pi = 0, \\ H_0^F(AT) : \boldsymbol{C}_{AT} \boldsymbol{F} = 0 &\Rightarrow H_0(\delta) : \boldsymbol{C}_{AT} \boldsymbol{\mu} = 4\Phi - 2\lambda = 0. \end{aligned}$$

Man überträgt nun die Aussagen der Proposition 8.3 (siehe S. 96) auf die Effekte des COP, um für die Interpretation der relativen Effekte im COP die Beziehungen zu den Effekten des linearen Modells zur Verfügung zu haben.

PROPOSITION 8.5 (MONOTONIE VON U_n^A, U_n^T UND U_n^{AT} IM COP)
Im linearen Modell (8.10) gelten für die nichtparametrischen Statistiken U_n^A, U_n^T und U_n^{AT} in (8.1), (8.4) bzw. (8.7) folgende Aussagen.

1. *$U_n^A(\Phi, \pi, \lambda)$ ist monoton in λ, und der asymptotische Erwartungswert von U_n^A ist für alle Stichprobenumfänge n_1 und n_2 genau dann gleich 0, wenn $\lambda = 0$ ist.*

2. *$U_n^T(\Phi, \pi, \lambda)$ ist monoton in π. Für gleiche Stichprobenumfänge $n_1 = n_2$ ist der asymptotische Erwartungswert von U_n^T genau dann gleich 0, wenn $\pi = 0$ ist. Falls entweder $\lambda = 0$ oder $\delta = 2\Phi - \lambda = 0$ ist, dann gilt die Aussage auch für ungleiche Stichprobenumfänge.*

3. *$U_n^{AT}(\Phi, \pi, \lambda)$ ist monoton in $\delta = 2\Phi - \lambda$. Für gleiche Stichprobenumfänge $n_1 = n_2$ ist der asymptotische Erwartungswert von U_n^{AT} genau dann gleich 0, wenn $\delta = 0$ ist. Falls entweder $\lambda = 0$ oder $\pi = 0$ ist, dann gilt die Aussage auch für ungleiche Stichprobenumfänge.*

Somit kann man in einem nichtparametrischen Modell die Hypothese

'kein Residual-Effekt'	durch die Statistik U_n^A	in (8.1),
'kein Perioden-Effekt'	durch die Statistik U_n^T	in (8.4),
'kein Cross-Over-Effekt'	durch die Statistik U_n^{AT}	in (8.7)

testen. Das nichtparametrische Modell des COP kann den Nachteil der Vermischung des Behandlungseffektes mit dem Residualeffekt nicht beheben, da dies in der Versuchsanlage begründet ist.

Einen direkten, relativen Behandlungseffekt kann man - genau wie in einem linearen Modell - nur aus den Beobachtungen der ersten Periode schätzen. Man definiert dazu $p^\Phi = \int F_{21} dF_{11} - \frac{1}{2}$ und nennt p^Φ den *direkten relativen Behandlungseffekt* (der ersten Periode).

Man schätzt p^Φ aus

$$\widehat{p}^\Phi = \int \widehat{F}_{21} d\widehat{F}_{11} - \frac{1}{2} = \frac{1}{n}\left(\overline{R}_{1\cdot 1}^{(1)} - \overline{R}_{2\cdot 1}^{(1)}\right), \tag{8.12}$$

wobei $\overline{R}_{i\cdot 1}^{(1)} = n_i^{-1} \sum_{k=1}^{n_i} R_{ik1}^{(1)}$ der Mittelwert der Ränge $R_{ik1}^{(1)}$ von X_{ik1} unter allen $n = n_1 + n_2$ Beobachtungen $X_{111}, \ldots, X_{1n_1 1}, X_{211}, \ldots, X_{2n_2 1}$ der ersten Periode ist ($i = 1, 2$, $k = 1, \ldots, n_i$).

Wählt man als Kontrastmatrix $\boldsymbol{C}_\Phi = (-1, 1, 0, 0)'$, dann kann man die nichtparametrische Hypothese 'kein direkter relativer Behandlungseffekt' in der Form $H_0^F : \boldsymbol{C}_\Phi \boldsymbol{F} = F_{21} - F_{11} = 0$ schreiben. Diese Hypothese kann mit dem bekannten WILCOXON-MANN-WHITNEY-Test (unter Berücksichtigung von Bindungen) getestet werden.

Mit der Bezeichnung

$$\widehat{\sigma}_0^2 = \frac{1}{n_1 + n_2 - 1} \sum_{i=1}^{2} \sum_{k=1}^{n_i} \left(R_{ik1}^{(1)} - \frac{n_1 + n_2 + 1}{2} \right)^2 \tag{8.13}$$

hat die Statistik

$$U_n^\Phi = \frac{\overline{R}_{1\cdot 1}^{(1)} - \overline{R}_{2\cdot 1}^{(1)}}{\widehat{\sigma}_0} \sqrt{\frac{n_1 n_2}{n_1 + n_2}} \tag{8.14}$$

unter $H_0^F(\Phi) : \boldsymbol{C}_\Phi \boldsymbol{F} = 0$ asymptotisch eine $N(0,1)$-Verteilung. Man beachte, daß unter H_0^F die bekannte Varianz der WILCOXON-MANN-WHITNEY-Statistik

$$\sigma_0^2 = \frac{(n_1 + n_2)(n_1 + n_2 + 1)}{12}$$

nur dann korrekt ist, wenn keine Bindungen vorliegen. Der in (8.13) genannte Schätzer $\widehat{\sigma}_0^2$ für die Varianz berücksichtigt die bekannte Bindungskorrektur automatisch. Für den Fall, daß keine Bindungen vorliegen, ist $\widehat{\sigma}_0^2 = \sigma_0^2$.

Die Approximation mit der Normalverteilung ist bei stetigen Verteilungen für $n_i \geq 7$ gut brauchbar. Bei diskreten Verteilungen hängt die Güte der Approximation natürlich von der Anzahl und der Höhe der Sprungstellen ab. Im Zweifelsfall sollte man den exakten WILCOXON-MANN-WHITNEY-Test durchführen. Dabei kann die Verteilungsfunktion der Statistik $R_{1\cdot 1}^{(1)} = \sum_{k=1}^{n_1} R_{1k1}^{(1)}$ bei gegebenen Stichprobenumfängen n_1 und n_2 und bei gegebenen Bindungen durch einen Shift-Algorithmus (siehe z.B. ZIMMERMANN 1985) ausgerechnet werden. Da der Algorithmus nur mit ganzen Zahlen funktioniert, wird bei Bindungen intern die Verteilung für die Statistik $2 \cdot R_{1\cdot 1}^{(1)}$ berechnet. Der p-Wert für diese Statistik ist im SAS-Makro TPCOD in der Zeile 'Wilcoxon-Mann-Whitney (exact)' angegeben.

Der Vorteil des nichtparametrischen Modells gegenüber dem linearen Modell liegt darin, daß die Statistiken U_n^{AT}, U_n^T und U_n^A

1. robust gegen Ausreißer sind,
2. invariant unter monotonen Transformationen der Daten sind,
3. auch für rein ordinale Daten, wie *grading scales* oder Bonituren, anwendbar sind,
4. nicht die Annahme additiver Behandlungs-, Residual- und Perioden-Effekte benötigen,
5. nicht die Annahme additiver und normalverteilter Individualeffekte und Fehlerterme benötigen.

Simulationen haben gezeigt, daß die im Abschnitt 8.1.1 genannten Approximationen mit der t-Verteilung für $n_i \geq 7$ sehr gut brauchbar sind. Damit haben die nichtparametrischen Verfahren gegenüber den parametrischen (GRIZZLE 1965, 1974) und semiparametrischen Verfahren (KOCH 1972) breitere Anwendungsmöglichkeiten.

Die Daten der Asthma-Studie, die in der Einleitung in Abschnitt 1.3.5 beschrieben ist, sollen als Beispiel für die Anwendung der in diesem Abschnitt beschriebenen Verfahren dienen. Die Ergebnisse sind in Tabelle 8.3 wiedergegeben.

Zur Interpretation dieser Ergebnisse ist zunächst zu beachten, daß die Daten Punkt-Scores (*grading scales*) sind, also eine rein ordinale Struktur haben. Es macht keinen Sinn, Summen oder Differenzen solcher Daten zu bilden. Somit kann das semi-parametrische Verfahren, das KOCH (1972) als nichtparametrische Analyse für den COP vorgeschlagen hat, nicht angewandt werden. Die Statistiken U_n^A, U_n^T und U_n^{AT} hingegen benötigen nur die Ränge der Originaldaten.

Man entnimmt der Tabelle 8.3, daß der geschätzte Cross-Over-Effekt $\hat{p}^\delta = 0.306$ mit einem p-Wert von 0.00003 signifikant von 0 verschieden ist, was in einem linearen Modell den Schluß $2\Phi > \lambda$ ergibt (siehe Proposition 8.5). Der geschätzte Residual-Effekt $\hat{p}^\lambda = -0.095$ ist mit einem p-Wert von 0.09844 nicht signifikant von 0 verschieden. Daraus darf bekanntlich jedoch nicht geschlossen werden, daß $p^\lambda = 0$ ist. Demnach muß man einen möglichen Residual-Effekt berücksichtigen. In einem linearen Modell wäre $\lambda < 0$ in Betracht zu ziehen, da $p^\lambda < 0$ ist. Damit kann man aber aus $2\Phi > \lambda$ nicht mehr schließen, daß $\Phi > 0$ ist. Hier bleibt also nur übrig, den relativen direkten Behandlungseffekt aus den Werten der ersten Periode mit dem WILCOXON-MANN-WHITNEY-Test auszuwerten.

Man entnimmt der Tabelle 8.3 den Wert $\hat{p}^{\Phi} = 0.219$. Dies bedeutet in einem linearen Modell, daß $\Phi > 0$ ist. Aufgrund des kleinen Stichprobenumfangs und der zahlreichen Bindungen sollte hier der exakte WILCOXON-MANN-WHITNEY-Test verwendet werden, für den man der Tabelle 8.3 den exakten p-Wert von 0.0412 entnimmt. Die Daten sind also dahingehend zu interpretieren, daß die subjektive Bewertung des untersuchenden Arztes für die Wirksamkeit der Substanz F besser ist als für die Wirksamkeit der Substanz S ($\alpha = 5\%$).

Tabelle 8.3 *Auswertung der Asthma-Studie (Beispiel 1.3.5). Die Ergebnisse sind mit dem SAS-Makro TPCOD berechnet worden. Die Handhabung des Makros ist in Abschnitt 8.2 erläutert, den Ausdruck aller Ergebnisse findet man in Abschnitt 14.5.*

Rangmittel

Gruppe	Periode 1	Periode 2
F/S	31.83	12.58
S/F	21.75	31.83

Relative Marginaleffekte

Gruppe	Periode 1	Periode 2
F/S	0.653	0.252
S/F	0.443	0.653

Relative Effekte

Residual-Effect	p^{λ}	-0.095
Perioden-Effect	p^{π}	0.095
Cross-Over-Effect	p^{δ}	0.306

Statistiken			p-Werte (zweiseitig) $N(0,1)$	$t_{\hat{\nu}}$	FG $\hat{\nu}$
Residual-Effekt	p^{λ}	-1.727	0.08420	0.09844	21.7
Perioden-Effekt	p^{π}	1.697	0.08976	0.10542	19.8
Cross-Over-Effekt	p^{δ}	5.429	$5.66 \cdot 10^{-8}$	0.00003	19.8

Direkter relativer Effekt p^{Φ} 0.219

Statistik			p-Werte (zweiseitig)
Asymptotisch	U_n^{Φ}	2.28	0.0229
Exakt	$R_{1\cdot 1}^{(1)}$	181.50	0.0412

8.2 Handhabung des Makros TPCOD.SAS

Das Makro wird im SAS-Programm-Editor mit dem Befehl

%INCLUDE '*Pfad*\TPCOD.SAS';

eingebunden. Der Datensatz muß als SAS-Datei zur Verfügung stehen und wird z.B. durch folgenden DATA-Step eingelesen:

```
DATA   SAS-Name;
INPUT  Individuum  Gruppe $  Periode  Zielvariable;
CARDS;
```

$$
\begin{array}{rccl}
1 & \text{AB} & 1 & X_{111} \\
1 & \text{AB} & 2 & X_{112} \\
\vdots & \vdots & \vdots & \vdots \\
n_1 & \text{AB} & 2 & X_{1n_12} \\
n_1+1 & \text{BA} & 1 & X_{211} \\
\vdots & \vdots & \vdots & \vdots \\
n_1+n_2 & \text{BA} & 1 & X_{2n_21} \\
n_1+n_2 & \text{BA} & 2 & X_{2n_22}
\end{array}
$$

```
;
RUN;
```

Ausgegeben werden die Schätzer für die relativen Marginaleffekte sowie für die nichtparametrischen Effekte $\hat{p}^{\lambda}$ (Residual-Effekt), $\hat{p}^{\pi}$ (Perioden-Effekt), $\hat{p}^{\delta}$ (Cross-Over-Effekt) in Definition 8.4 und für den direkten relativen Behandlungseffekt $\hat{p}^{\Phi}$ in (8.12). Diese Schätzer sollten für die graphische Darstellung der Versuchsergebnisse verwendet werden.

Ferner werden die Statistiken U_n^A (für p^{λ}) in (8.1), U_n^T (für p^{π}) in (8.4) und U_n^{AT} (für p^{δ}) in (8.7) mit den zugehörigen p-Werten für die Approximation mit der Normalverteilung (große Stichproben) und mit der t-Verteilung (kleine Stichproben) angegeben. Für den direkten Behandlungseffekt wird für große Stichproben die Statistik des WILCOXON-MANN-WHITNEY-Tests U_n^{Φ} in (8.14) mit den entsprechenden ein- und zweiseitigen p-Werten angegeben. Für kleine Stichproben und für den Fall, daß zahlreiche Bindungen vorhanden sind, wird die Statistik $R_{1\cdot 1}^{(1)} = \sum_{k=1}^{n_1} R_{1k1}^{(1)}$ mit den ein- und zweiseitigen exakten p-Werten aus der Permutationsverteilung von $R_{1\cdot 1}^{(1)}$ berechnet.

Das Makro wird im SAS-Programm-Editor aufgerufen durch

```
%TPCOD( DATA    = SAS-Datensatz,
        VAR     = SAS-Name der Zielvariablen,
        GROUP   = SAS-Name der Behandlungsfolge,
        PERIOD  = SAS-Name der Variablen für die Periode,
        SUBJECT = SAS-Name der Individuen);
```

Die Handhabung des Makros wird anhand der Asthma-Studie erklärt. Die Originaldaten findet man in Abschnitt 13.5 und die Analyse in der Tabelle 8.3.

Einlesen des Datensatzes:

```
DATA    asthma;
INPUT   pat   gr $
        periode   score;
CARDS;
   3  FS  1  4
   3  FS  2  4
   4  FS  1  3
   4  FS  2  1
   :  :   :  :
  24  SF  1  3
  24  SF  2  4
;
RUN;
```

Aufruf des Makros:

```
% TPCOD( DATA    = asthma,
         VAR     = score,
         GROUP   = gr,
         PERIOD  = periode,
         SUBJECT = pat);
```

8.3 $a \geq 2$ Gruppen, $t \geq 2$ Zeitpunkte

In den meisten Fällen werden bei Studien mit longitudinalen Daten die Individuen zu mehr als zwei Zeitpunkten beobachtet. Für diesen allgemeinen Fall sollen hier nichtparametrische Verfahren beschrieben werden, bei denen gleichzeitig auch mehr als zwei Versuchsgruppen vorhanden sein können. Man beobachtet also für das Individuum k in der Gruppe i den Zufallsvektor $\boldsymbol{X}_{ik} = (X_{ik1}, \ldots, X_{ikt})'$, $k = 1, \ldots, n_i$, $i = 1, \ldots, a$. Diese Zufallsvektoren werden als unabhängig angenommen, und die Komponenten X_{iks} sollen die Randverteilungen F_{is} haben. Behandlungsunterschiede werden wieder durch die relativen Effekte $p_{is} = \int H dF_{is}$ beschrieben. Hierbei ist $H = N^{-1} \sum_{i=1}^{a} \sum_{s=1}^{t} n_i F_{is}$ der gewichtete Mittelwert aller Randverteilungen in der Versuchsanlage und $N = t \cdot \sum_{i=1}^{a} n_i = t \cdot n$ die Gesamtanzahl aller (abhängigen und unabhängigen) Beobachtungen an den $n = \sum_{i=1}^{a} n_i$ Individuen.

Die Daten und Randverteilungen in dieser Versuchsanlage sind zur besseren Veranschaulichung in Schema 8.3 dargestellt.

Schema 8.3 (F1-LD-F1: **Daten und Randverteilungen**)

		DATEN				RAND-VERTEILUNGEN		
Faktor A (Gruppen)	*Individuen*	*Vektoren*	*Zeitpunkte* $s=1$	$\cdots$	$s=t$	*Zeitpunkte* $s=1$	$\cdots$	$s=t$
$i=1$	$k=1$	$\boldsymbol{X}_{11}$	X_{111}	$\cdots$	X_{11t}	F_{11}	$\cdots$	F_{1t}
	$\vdots$	$\vdots$	$\vdots$	$\vdots$	$\vdots$	$\vdots$	$\vdots$	$\vdots$
	$k=n_1$	$\boldsymbol{X}_{1n_1}$	X_{1n_11}	$\cdots$	X_{1n_1t}	F_{11}	$\cdots$	F_{1t}
$\vdots$	$\vdots$	$\vdots$		$\vdots$			$\vdots$	
$i=a$	$k=1$	$\boldsymbol{X}_{a1}$	X_{a11}	$\cdots$	X_{a1t}	F_{a1}	$\cdots$	F_{at}
	$\vdots$	$\vdots$	$\vdots$	$\vdots$	$\vdots$	$\vdots$	$\vdots$	$\vdots$
	$k=n_a$	$\boldsymbol{X}_{an_a}$	X_{an_a1}	$\cdots$	X_{an_at}	F_{a1}	$\cdots$	F_{at}

Die in Abschnitt 8.1 für eine Versuchsanlage mit zwei Zeitpunkten und zwei Gruppen beschriebenen Hypothesen und Verfahren werden nun auf den allgemeinen Fall $a \geq 2$, $t \geq 2$ erweitert. Dies geschieht in derselben Weise wie bei der Varianzanalyse.

8.3.1 Technische Formulierung der Hypothesen

Für eine Versuchsanlage mit zwei (verbundenen) Stichproben und einer (homogenen) Gruppe von Individuen wurde die nichtparametrische Hypothese $H_0^F : F_1 = F_2$

über den Vektor $\boldsymbol{F} = (F_1, F_2)'$ der Randverteilungen F_1 und F_2 mittels der Kontrastmatrix $\boldsymbol{C} = (1, -1)$ in der Form

$$H_0^F : \boldsymbol{CF} = (1, -1)\begin{pmatrix} F_1 \\ F_2 \end{pmatrix} = F_1 - F_2 = 0$$

geschrieben. Für die Versuchsanlage mit $a \geq 2$ Gruppen wurde die nichtparametrische Hypothese $H_0^F : F_1 = \cdots = F_a$ über den Vektor $\boldsymbol{F} = (F_1, \ldots, F_a)'$ der Randverteilungen mittels der Kontrastmatrix

$$\boldsymbol{C} = \boldsymbol{I}_a - \tfrac{1}{a}\boldsymbol{J}_a = \begin{pmatrix} 1 & \cdots & 0 \\ \vdots & \ddots & \vdots \\ 0 & \cdots & 1 \end{pmatrix}_{a \times a} - \frac{1}{a}\begin{pmatrix} 1 & \cdots & 1 \\ \vdots & \ddots & \vdots \\ 1 & \cdots & 1 \end{pmatrix}_{a \times a},$$

der sogenannten 'zentrierenden Matrix' (3.11) in der Form

$$H_0^F : \boldsymbol{CF} = \begin{pmatrix} F_1 - \overline{F}_\cdot \\ \vdots \\ F_a - \overline{F}_\cdot \end{pmatrix} = \begin{pmatrix} 0 \\ \vdots \\ 0 \end{pmatrix} = \boldsymbol{0}$$

geschrieben, wobei $\overline{F}_\cdot = a^{-1} \sum_{i=1}^a F_i$ den Mittelwert der Verteilungen F_i bezeichnet.

In einem zweifaktoriellen Modell mit den Faktoren A (Gruppen, $i = 1, \ldots, a$ Stufen) und T (Zeit, $s = 1, \ldots, t$ Stufen) formuliert man die Hypothese für den Haupteffekt A dadurch, daß man die Mittelwerte $\overline{F}_{i\cdot}$ der Verteilungen F_{is} über die Stufen $s = 1, \ldots, t$ des Faktors T betrachtet. Technisch erzeugt man den Mittelwert $\overline{F}_{i\cdot}$ dadurch, daß man den Teilvektor $\boldsymbol{F}_i = (F_{i1}, \ldots, F_{it})'$, $i = 1, \ldots, a$, von $\boldsymbol{F} = (F_{11}, \ldots, F_{1t}, \ldots, F_{a1}, \ldots, F_{at})'$ mit dem Vektor $\frac{1}{t}\boldsymbol{1}_t' = (\frac{1}{t}, \ldots, \frac{1}{t})$ multipliziert, d.h. $\overline{F}_{i\cdot} = \frac{1}{t}\boldsymbol{1}_t'\boldsymbol{F}_i$. Die Gleichheit dieser Mittelwerte $\overline{F}_{1\cdot} = \cdots = \overline{F}_{a\cdot}$ formuliert man wieder mithilfe der zentrierenden Matrix $\boldsymbol{P}_a = \boldsymbol{I}_a - \frac{1}{a}\boldsymbol{J}_a$. Die gesamte Kontrastmatrix $\boldsymbol{C}$ für den Vektor $\boldsymbol{F}$ erzeugt man dann durch Bildung des sogenannten *Kronecker-Produktes* $\boldsymbol{P}_a \otimes \frac{1}{t}\boldsymbol{1}_t'$.

Das Kronecker-Produkt zweier Matrizen

$$\boldsymbol{A}_{m \times n} = \begin{pmatrix} a_{11} & \cdots & a_{1n} \\ \vdots & \ddots & \vdots \\ a_{m1} & \cdots & a_{mn} \end{pmatrix} \quad \text{und} \quad \boldsymbol{B}_{r \times s} = \begin{pmatrix} b_{11} & \cdots & b_{1s} \\ \vdots & \ddots & \vdots \\ b_{r1} & \cdots & b_{rs} \end{pmatrix}$$

ist definiert als

$$\boldsymbol{A} \otimes \boldsymbol{B} = \begin{pmatrix} a_{11}\boldsymbol{B} & \cdots & a_{1n}\boldsymbol{B} \\ \vdots & \ddots & \vdots \\ a_{m1}\boldsymbol{B} & \cdots & a_{mn}\boldsymbol{B} \end{pmatrix}_{m \cdot r \times n \cdot s}$$

Das heißt, jedes Element der Matrix $\boldsymbol{A}$ wird mit der Matrix $\boldsymbol{B}$ multipliziert.

Demgemäß wird bei $\boldsymbol{P}_a \otimes \frac{1}{t}\boldsymbol{1}_t'$ jedes Element der Matrix $\boldsymbol{P}_a$ mit dem Vektor $\frac{1}{t}\boldsymbol{1}_t'$ multipliziert. Die Matrix $\boldsymbol{P}_a \otimes \frac{1}{t}\boldsymbol{1}_t'$ ist eine $a \times at$ Matrix , da die Matrix $\boldsymbol{P}_a$ eine $a \times a$ Matrix und der Vektor $\frac{1}{t}\boldsymbol{1}_t'$ ein $1 \times t$ Vektor ist. Man erhält somit für die nichtparametrische Hypothese 'kein Gruppeneffekt', $H_0^F(A) : \overline{F}_{1\cdot} = \cdots = \overline{F}_{a\cdot}$, die Kontrastmatrix $\boldsymbol{C}_A = \boldsymbol{P}_a \otimes \frac{1}{t}\boldsymbol{1}_t'$ und schreibt die Hypothese $H_0^F(A)$ äquivalent als

$$H_0^F(A) : \boldsymbol{C}_A\boldsymbol{F} \;=\; \left(\boldsymbol{P}_a \otimes \frac{1}{t}\boldsymbol{1}_t'\right)\boldsymbol{F} \;=\; \begin{pmatrix} \overline{F}_{1\cdot} - \overline{F}_{\cdot\cdot} \\ \vdots \\ \overline{F}_{a\cdot} - \overline{F}_{\cdot\cdot} \end{pmatrix} \;=\; \begin{pmatrix} 0 \\ \vdots \\ 0 \end{pmatrix} \;=\; \boldsymbol{0},$$

wobei $\boldsymbol{F}$ der Vektor aller Randverteilungen und $\overline{F}_{\cdot\cdot} = (at)^{-1}\sum_{i=1}^{a}\sum_{s=1}^{t} F_{is}$ deren Mittelwert ist. Diese Vorgehensweise ist völlig analog zur Varianzanalyse, bei der man für den Vektor der Erwartungswerte $\boldsymbol{\mu} = (\mu_{11}, \ldots, \mu_{at})'$ die Hypothese für den Haupteffekt A in der Form

$$H_0^\mu(A) : \boldsymbol{C}_A\boldsymbol{\mu} \;=\; \left(\boldsymbol{P}_a \otimes \frac{1}{t}\boldsymbol{1}_t'\right)\boldsymbol{\mu} \;=\; \begin{pmatrix} \overline{\mu}_{1\cdot} - \overline{\mu}_{\cdot\cdot} \\ \vdots \\ \overline{\mu}_{a\cdot} - \overline{\mu}_{\cdot\cdot} \end{pmatrix} \;=\; \begin{pmatrix} 0 \\ \vdots \\ 0 \end{pmatrix} \;=\; \boldsymbol{0}$$

schreibt. Nichtparametrische Verfahren zur Untersuchung des Gruppeneffektes werden in Abschnitt 8.3.3 beschrieben.

Die Hypothese für den Zeiteffekt erhält man technisch dadurch, daß man bei der Bestimmung der Kontrastmatrix die Rollen der Faktoren A und T vertauscht. Man erhält so die Kontrastmatrix $\boldsymbol{C}_T = \frac{1}{a}\boldsymbol{1}_a' \otimes \boldsymbol{P}_t$, wobei $\boldsymbol{P}_t = \boldsymbol{I}_t - \frac{1}{t}\boldsymbol{J}_t$ ist. Damit formuliert man die nichtparametrische Hypothese für den Zeiteffekt als

$$H_0^F(T) : \boldsymbol{C}_T\boldsymbol{F} \;=\; \left(\frac{1}{a}\boldsymbol{1}_a' \otimes \boldsymbol{P}_t\right)\boldsymbol{F} \;=\; \begin{pmatrix} \overline{F}_{\cdot 1} - \overline{F}_{\cdot\cdot} \\ \vdots \\ \overline{F}_{\cdot t} - \overline{F}_{\cdot\cdot} \end{pmatrix} \;=\; \begin{pmatrix} 0 \\ \vdots \\ 0 \end{pmatrix} \;=\; \boldsymbol{0}.$$

Nichtparametrische Verfahren zur Untersuchung des Zeiteffektes werden in Abschnitt 8.3.4 beschrieben.

Schließlich erhält man als Kontrastmatrix für die Hypothese der Wechselwirkung zwischen der Zeit und der Gruppe $\boldsymbol{C}_{AT} = \boldsymbol{P}_a \otimes \boldsymbol{P}_t$ und formuliert diese Hypothese wie folgt:

$$\begin{aligned} H_0^F(AT) : \boldsymbol{C}_{AT}\boldsymbol{F} \;&=\; (\boldsymbol{P}_a \otimes \boldsymbol{P}_t)\,\boldsymbol{F} \\ &=\; \begin{pmatrix} F_{11} - \overline{F}_{1\cdot} - \overline{F}_{\cdot 1} + \overline{F}_{\cdot\cdot} \\ \vdots \\ F_{at} - \overline{F}_{a\cdot} - \overline{F}_{\cdot t} + \overline{F}_{\cdot\cdot} \end{pmatrix} \;=\; \begin{pmatrix} 0 \\ \vdots \\ 0 \end{pmatrix} \;=\; \boldsymbol{0}. \end{aligned}$$

Nichtparametrische Verfahren zur Untersuchung der Wechselwirkung werden in Abschnitt 8.3.5 beschrieben. Die Anwendung dieser Verfahren auf die Beispiele aus Abschnitt 1.3 wird in Abschnitt 8.3.7 diskutiert.

8.3.2 Interpretation der nichtparametrischen Hypothesen

Für den Anwender ist nun die Interpretation der oben beschriebenen nichtparametrischen Hypothesen wichtig. Allgemein gilt, daß aus der Gültigkeit der nichtparametrischen Hypothese $H_0^F : \boldsymbol{CF} = \boldsymbol{0}$ zum einen die Gültigkeit der entsprechenden Hypothese $H_0^\mu : \boldsymbol{C\mu} = \boldsymbol{0}$ im linearen Modell folgt und zum anderen die Gültigkeit der entsprechenden Hypothese $H_0^p : \boldsymbol{Cp} = \boldsymbol{0}$ für die relativen Effekte folgt. Das bedeutet zum Beispiel, daß aus $F_{is} - \overline{F}_{i\cdot} - \overline{F}_{\cdot s} + \overline{F}_{\cdot\cdot} = 0$, für alle $i = 1, \ldots, a$, $s = 1, \ldots, t$, folgt, daß auch $\mu_{is} - \overline{\mu}_{i\cdot} - \overline{\mu}_{\cdot s} + \overline{\mu}_{\cdot\cdot} = 0$ und $p_{is} - \overline{p}_{i\cdot} - \overline{p}_{\cdot s} + \overline{p}_{\cdot\cdot} = 0$ sind.

Damit wird also aus den gut interpretierbaren Hypothesen für die Erwartungswerte μ_{is} und für die relativen Effekte p_{is} durch $H_0^F : \boldsymbol{CF} = \boldsymbol{0}$ eine bestimmte Teilmenge von Verteilungen herausgegriffen, für die gleichzeitig H_0^μ und H_0^p gelten. Diese Teilmenge hat die anschauliche Eigenschaft, daß sich die Gültigkeit der Hypothesen unter beliebigen monotonen Transformationen der Beobachtungen nicht ändert.

Man kann mit diesem Sachverhalt die Situation der nichtparametrischen Wechselwirkung charakterisieren. Die in Proposition 8.2 (Seite 93) für die 2×2-Versuchsanlage formulierte Aussage gilt allgemein für $a \geq 2$ und $t \geq 2$.

PROPOSITION 8.6 (NICHTPARAMETRISCHE WECHSELWIRKUNG)
Die Hypothese $H_0^F(AT) : (\boldsymbol{P}_a \otimes \boldsymbol{P}_t)\boldsymbol{F} = \boldsymbol{0}$ ist äquivalent dazu, daß für alle monotonen Transformationen $m(\cdot)$

$$E\left[m(X_{iks})\right] = \mu_m + \alpha_{m,i} + \beta_{m,s}, \quad i = 1, \ldots, a, \; s = 1, \ldots, t,$$

gilt, wobei $\sum_{i=1}^a \alpha_{m,i} = \sum_{s=1}^t \beta_{m,s} = 0$ ist.

BEWEIS: siehe AKRITAS, ARNOLD und BRUNNER (1997).

Das bedeutet, daß es für *jede* monotone Transformation $m(\cdot)$ der Beobachtung X_{iks} eine additive Zerlegung des Erwartungswertes in einen Gesamteffekt, einen Zeileneffekt und einen Spalteneffekt gibt, wobei die Effekte im Einzelfall von der Transformation abhängen dürfen. Das Wesentliche an dieser Aussage ist, daß eine additive Zerlegung für *jede* monotone Transformation existiert. Dies ist die eigentliche Bedeutung der Hypothese, daß keine nichtparametrische Wechselwirkung vorhanden ist.

Da die Gültigkeit der nichtparametrischen Hypothesen durch beliebige monotone Transformationen nicht verändert wird, kann die Äquivalenz von bestimmten Hypothesen nur in speziellen Fällen gelten. Ein solcher Fall liegt vor, wenn die Haupteffekte im linearen Modell wohldefiniert sind, d.h. daß keine linearen Wechselwirkungen vorhanden sind. Dann kann man nämlich keinen der beiden Haupteffekte dadurch verändern, daß man beim jeweils anderen Haupteffekt eine oder mehrere Stufen wegläßt. Für die 2×2-Versuchsanlage wurde dieser Sachverhalt in Proposition 8.1 (Seite 93) formuliert. Die Aussage gilt aber auch für $a \geq 2$ und $t \geq 2$.

PROPOSITION 8.7 (HYPOTHESEN-ÄQUIVALENZ)
Falls in einem linearen Modell $(\boldsymbol{P}_a \otimes \boldsymbol{P}_t)\boldsymbol{\mu} = \mathbf{0}$ *ist (keine Wechselwirkung), dann sind folgende Hypothesen äquivalent:*

$$H_0^\mu(A) : (\boldsymbol{P}_a \otimes \tfrac{1}{t}\mathbf{1}_t')\boldsymbol{\mu} = \mathbf{0} \iff H_0^F(A) : (\boldsymbol{P}_a \otimes \tfrac{1}{t}\mathbf{1}_t')\boldsymbol{F} = \mathbf{0} \quad \textit{und}$$
$$H_0^\mu(T) : (\tfrac{1}{a}\mathbf{1}_a' \otimes \boldsymbol{P}_t)\boldsymbol{\mu} = \mathbf{0} \iff H_0^F(T) : (\tfrac{1}{a}\mathbf{1}_a' \otimes \boldsymbol{P}_t)\boldsymbol{F} = \mathbf{0}.$$

BEWEIS: siehe BRUNNER und PURI (1996).

Die für die Praxis wesentliche Eigenschaft der in den folgenden Abschnitten beschriebenen Verfahren ist, daß sie für Alternativen der Form $H_1^p : \boldsymbol{Cp} \neq \mathbf{0}$ konsistent sind. Dies bedeutet, daß die anschaulich gut interpretierbaren Alternativen in den relativen Effekten p_{is} von den Verfahren aufgedeckt werden. Es soll nochmals hervorgehoben werden, daß die mit diesen Verfahren erhaltenen Ergebnisse invariant unter beliebigen monotonen Transformationen der Daten sind. Damit sind diese Verfahren insbesondere für rein ordinale Daten, wie z.B. *grading scales* oder Bonituren, anwendbar. Der Preis für diese Eigenschaft ist allerdings, daß für ein lineares Modell die nichtparametrischen Hypothesen nicht mehr zu allen entsprechenden linearen Hypothesen äquivalent sind, sondern diese nur implizieren.

8.3.3 Gruppeneffekte

(Mittlerer) Gruppeneffekt. Der Gruppeneffekt entspricht in der Split-Plot-Versuchsanlage dem Haupteffekt des Whole-Plot-Faktors A. Bei einer Versuchsanlage mit longitudinalen Daten ist dies der gesamte Behandlungseffekt für eine Versuchsgruppe über alle Zeitpunkte bzw. der gesamte Schichteffekt einer bestimmten Gruppe von Individuen. Hierbei ist natürlich zu berücksichtigen, daß es sich bei den longitudinal erhobenen Daten nicht um unabhängige Wiederholungen handelt.

Da zur Formulierung der Hypothese $H_0^F(A)$ die Mittelwerte $\overline{F}_{i\cdot}$ verwendet werden, betrachtet man entsprechend die gemittelten Marginaleffekte $g_i = t^{-1}\sum_{s=1}^t p_{is}$ und schätzt diese durch

$$\widehat{g}_i = \frac{1}{t}\sum_{s=1}^{t}\widehat{p}_{is} = \frac{1}{t}\sum_{s=1}^{t}\frac{1}{N}\left(\overline{R}_{i\cdot s} - \frac{1}{2}\right) = \frac{1}{N}\left(\overline{R}_{i\cdot\cdot} - \frac{1}{2}\right).$$

Hierbei bezeichnet $\overline{R}_{i \cdot s} = n_i^{-1} \sum_{k=1}^{n_i} R_{iks}$ den Mittelwert der Ränge über die Individuen in der Gruppe i zum Zeitpunkt s, wobei R_{iks} der Rang von X_{iks} unter allen $N = t \cdot \sum_{i=1}^{a} n_i$ Beobachtungen in der Versuchsanlage ist. Die gemittelten Marginaleffekte g_i faßt man zum Vektor $\boldsymbol{g} = (g_1, \ldots, g_a)'$ und die Schätzer $\widehat{g}_i$ zum Vektor $\widehat{\boldsymbol{g}} = (\widehat{g}_1, \ldots, \widehat{g}_a)'$ zusammen und bezeichnet mit $n = \sum_{i=1}^{a} n_i$ die Gesamtanzahl aller Individuen in der Versuchsanlage.

Entsprechend der Hypothese $H_0^F(A) : (\boldsymbol{P}_a \otimes \frac{1}{t}\boldsymbol{1}_t')\boldsymbol{F} = \boldsymbol{0}$, betrachtet man den Kontrastvektor

$$\sqrt{n}\left(\boldsymbol{P}_a \otimes \frac{1}{t}\boldsymbol{1}_t'\right)\widehat{\boldsymbol{p}} = \sqrt{n}\,\boldsymbol{P}_a\left(\boldsymbol{I}_a \otimes \frac{1}{t}\boldsymbol{1}_t'\right)\widehat{\boldsymbol{p}} = \sqrt{n}\,\boldsymbol{P}_a\,\widehat{\boldsymbol{g}}.$$

Aufgrund von Satz 4.7 (Seite 48) hat der Vektor $\sqrt{n}\,\boldsymbol{P}_a\,\widehat{\boldsymbol{g}}$ unter der Hypothese $H_0^F(A) : (\boldsymbol{P}_a \otimes \frac{1}{t}\boldsymbol{1}_t')\boldsymbol{F} = \boldsymbol{0}$ asymptotisch eine multivariate Normalverteilung mit Erwartungswert $\boldsymbol{0}$ und Kovarianzmatrix $\boldsymbol{P}_a\boldsymbol{\Sigma}_n\boldsymbol{P}_a$, wobei $\boldsymbol{\Sigma}_n$ durch

$$\widehat{\boldsymbol{\Sigma}}_n = \bigoplus_{i=1}^{a} \frac{n}{N^2 n_i}\widehat{\sigma}_i^2,$$
$$\widehat{\sigma}_i^2 = \frac{1}{n_i - 1}\sum_{k=1}^{n_i}(\overline{R}_{ik\cdot} - \overline{R}_{i\cdot\cdot})^2 \qquad (8.15)$$

konsistent geschätzt wird. $\overline{R}_{ik\cdot} = t^{-1}\sum_{s=1}^{t} R_{iks}$ und $\overline{R}_{i\cdot\cdot} = n_i^{-1}\sum_{k=1}^{n_i}\overline{R}_{ik\cdot}$ sind hierbei die Mittelwerte der Ränge R_{iks} über die t Zeitpunkte für das Individuum k in der Gruppe i bzw. die Mittelwerte der Ränge über alle Zeitpunkte und Individuen in der Gruppe i. Die Ränge und Rangmittelwerte für den Gruppeneffekt sind zur besseren Veranschaulichung in Schema 8.4 dargestellt.

Schema 8.4 (Ränge R_{iks} und Mittelwerte $\overline{R}_{ik\cdot}$ und $\overline{R}_{i\cdot\cdot}$)

		Zeitpunkte				
Faktor A	*Individuen*	$s = 1$	$\cdots$	$s = t$	$\overline{R}_{ik\cdot}$	$\overline{R}_{i\cdot\cdot}$
$i = 1$	$k = 1$	R_{111}	$\cdots$	R_{11t}	$\overline{R}_{11\cdot}$	$\overline{R}_{1\cdot\cdot}$
	$\vdots$	$\vdots$	$\vdots$	$\vdots$	$\vdots$	
	$k = n_1$	R_{1n_11}	$\cdots$	R_{1n_1t}	$\overline{R}_{1n_1\cdot}$	
$\vdots$	$\vdots$		$\vdots$		$\vdots$	
$i = a$	$k = 1$	R_{a11}	$\cdots$	R_{a1t}	$\overline{R}_{a1\cdot}$	$\overline{R}_{a\cdot\cdot}$
	$\vdots$	$\vdots$	$\vdots$	$\vdots$	$\vdots$	
	$k = n_a$	R_{an_a1}	$\cdots$	R_{an_at}	$\overline{R}_{an_a\cdot}$	

Mit diesen Rängen und Rangmittelwerten erhält man nach einigen algebraischen Umformungen aus der allgemeinen Formel in (5.4) auf Seite 55 die Statistik vom WALD-Typ

$$Q_n(A) \;=\; \sum_{i=1}^{a} \frac{n_i}{\widehat{\sigma}_i^2} \left(\overline{R}_{i\cdot\cdot} - \frac{1}{\sum_{\ell=1}^{a}(n_\ell/\widehat{\sigma}_\ell^2)} \sum_{\ell=1}^{a} \frac{n_\ell}{\widehat{\sigma}_\ell^2} \overline{R}_{\ell\cdot\cdot} \right)^2 , \qquad (8.16)$$

die unter der Hypothese $H_0^F(A)$ asymptotisch eine zentrale χ^2_{a-1}-Verteilung hat.

Anmerkung: *Es ist zu beachten, daß die Kovarianzmatrix Σ_n bzw. der Schätzer $\widehat{\Sigma}_n$ hier Diagonalmatrizen sind, da durch die Mittelung über alle Zeitpunkte die Abhängigkeiten über die Zeitpunkte nicht mehr vorhanden sind.*

Da für die Statistik vom WALD-Typ, wie bereits in Abschnitt 5.1 erwähnt, ziemlich große Stichprobenumfänge benötigt werden, um die χ^2_{a-1}-Verteilung als Approximation verwenden zu können, wird für kleine und mittlere Stichprobenumfänge die Verwendung der Statistik F_n vom ANOVA-Typ in (5.9) empfohlen. Hierbei kann sogar gegenüber der in (5.8) und (5.9) angegebenen Approximation mit der F-Verteilung eine bessere Approximation verwendet werden, da im Falle des Gruppeneffektes - wie oben erwähnt - die Kovarianzmatrix eine Diagonalmatrix ist. Diese Verbesserung der einfachen BOX-Approximation ist von BRUNNER, DETTE und MUNK (1997) untersucht worden. Man bildet mit den Rängen R_{iks} entsprechend der allgemeinen Formel in (5.9) auf Seite 59 die Statistik vom ANOVA-Typ

$$\begin{aligned} F_n(A) &= \frac{n}{\operatorname{tr}(\boldsymbol{P}_a \widehat{\boldsymbol{\Sigma}}_n)} \widehat{\boldsymbol{g}}' \boldsymbol{P}_a \widehat{\boldsymbol{g}} \\ &= \frac{a}{(a-1)\sum_{i=1}^{a} \widehat{\sigma}_i^2/n_i} \sum_{i=1}^{a} (\overline{R}_{i\cdot\cdot} - \widetilde{R}_{\cdot\cdot\cdot})^2, \end{aligned} \qquad (8.17)$$

und approximiert unter der Hypothese $H_0^F(A)$ die Verteilung von $F_n(A)$ durch die zentrale $F(\widehat{f}_A, \widehat{f}_0)$-Verteilung mit

$$\widehat{f}_A \;=\; \frac{(a-1)^2}{1 + a(a-2)\left[\sum_{i=1}^{a}(\widehat{\sigma}_i^2/n_i)^2 \Big/ \left(\sum_{i=1}^{a} \widehat{\sigma}_i^2/n_i\right)^2\right]} \qquad (8.18)$$

und

$$\widehat{f}_0 \;=\; \frac{\left(\sum_{i=1}^{a} \widehat{\sigma}_i^2/n_i\right)^2}{\sum_{i=1}^{a}(\widehat{\sigma}_i^2/n_i)^2/(n_i-1)} . \qquad (8.19)$$

In (8.17) bezeichnet $\widetilde{R}_{\cdot\cdot\cdot} = a^{-1}\sum_{i=1}^{a} \overline{R}_{i\cdot\cdot}$ den ungewichteten Mittelwert der Rangmittel $\overline{R}_{i\cdot\cdot}$, $i = 1, \ldots, a$, und $\operatorname{tr}(\cdot)$ die Spur einer quadratischen Matrix. Der Varianzschätzer $\widehat{\sigma}_i^2$ ist in (8.15) angegeben.

Für die Anwendung der Statistiken $Q_n(A)$ und $F_n(A)$ und bezüglich der Interpretation der damit erhaltenen Ergebnisse sei auf die in Abschnitt 8.3.7 durchgerechneten Beispiele verwiesen.

Gemusterter Gruppeneffekt. Wenn als Alternative für den Gruppeneffekt ein bestimmtes Muster vermutet wird (z.B. ein fallender oder steigender Trend), dann kann man - ähnlich wie in Abschnitt 7.2.3 - eine Linearform als Statistik verwenden, die auf das vermutete Muster besonders empfindlich ist. Es sei jedoch auch an dieser Stelle darauf hingewiesen, daß eine solche Linearform, bei der die Gewichte dem vermuteten Muster entsprechen, auf andere Alternativen völlig unempfindlich sein kann. Man verwendet also für die $i = 1, \ldots, a$ Gruppen entsprechend dem vermuteten Muster die Gewichte $\boldsymbol{w} = (w_1, \ldots, w_a)'$, die vor Erhebung der Daten gewählt werden müssen.

Aufgrund von Satz 4.7 (Seite 48) hat der Vektor $\sqrt{n}\, \boldsymbol{w} \boldsymbol{P}_a \widehat{\boldsymbol{g}}$ unter der Hypothese $H_0^F(A) : (\boldsymbol{P}_a \otimes \frac{1}{t}\boldsymbol{1}_t')\boldsymbol{F} = \boldsymbol{0}$ asymptotisch eine multivariate Normalverteilung mit Erwartungswert 0 und Varianz $\sigma_n^2 = \boldsymbol{w}'\boldsymbol{P}_a\boldsymbol{\Sigma}_n\boldsymbol{P}_a\boldsymbol{w}$, wobei

$$\boldsymbol{\Sigma}_n = \bigoplus_{i=1}^{a} \frac{n}{N^2 n_i}\sigma_i^2$$

ist und $\sigma_i^2 = Var(H(X_{i11}))$ ist. Mit $\boldsymbol{c}_a = (c_1, \ldots, c_a)' = \boldsymbol{P}_a\boldsymbol{w}$ bezeichnet man den zentrierten Vektor der Gewichte $w_1, \ldots, w_a$ und es ist $c_i = w_i - \overline{w}_\cdot$, wobei $\overline{w}_\cdot$ der Mittelwert der Gewichte ist. Analog wie in (8.15) schätzt man die Varianz σ_n^2 der asymptotischen Normalverteilung durch

$$\widehat{\sigma}_n^2 = \frac{n}{N^2}\sum_{i=1}^{a} c_i^2\widehat{\sigma}_i^2/n_i, \tag{8.20}$$

wobei $\widehat{\sigma}_i^2$ in (8.15) angegeben ist.

Unter $H_0^F(A)$ hat dann die Statistik

$$L_n^A(\boldsymbol{w})/\widehat{\sigma}_n = \frac{\sqrt{n}}{N}\sum_{i=1}^{a} c_i\overline{R}_{i\cdot\cdot}/\widehat{\sigma}_n = \frac{\sum_{i=1}^{a} c_i\overline{R}_{i\cdot\cdot}}{\sqrt{\sum_{i=1}^{a} c_i^2\widehat{\sigma}_i^2/n_i}} \tag{8.21}$$

asymptotisch eine $N(0,1)$-Verteilung.

Für kleine Stichproben approximiert man die Verteilung von $L_n^A(\boldsymbol{w})/\widehat{\sigma}_n$ durch eine zentrale $t_{\widehat{\nu}_A}$-Verteilung mit

$$\widehat{\nu}_A = \frac{\left(\sum_{i=1}^{a} c_i^2\widehat{\sigma}_i^2/n_i\right)^2}{\sum_{i=1}^{a}(c_i^2\widehat{\sigma}_i^2/n_i)^2/(n_i-1)} \tag{8.22}$$

Freiheitsgraden.

8.3.4 Zeiteffekte

Die Frage nach einem Zeiteffekt kann unter drei verschiedenen Gesichtspunkten betrachtet werden:

1. Die einfachste Frage ist, ob ein 'gemittelter' Zeiteffekt vorliegt. Hierbei soll 'gemittelt' bedeuten, daß zu jedem Zeitpunkt s der Mittelwert über alle a Gruppen gebildet wird. In einer nichtparametrischen Versuchsanlage bedeutet die Hypothese 'kein mittlerer Zeiteffekt', daß die Mittelwerte der Verteilungen über die a Gruppen zu allen t Zeitpunkten gleich sind. Formal schreibt man diese Hypothese als $H_0^F(T) : \overline{F}_{\cdot 1} = \cdots = \overline{F}_{\cdot t}$. Dies kann man mit der Kontrastmatrix $\boldsymbol{C}_T = \frac{1}{a}\boldsymbol{1}_a' \otimes \boldsymbol{P}_t = \frac{1}{a}(\boldsymbol{P}_t \mid \cdots \mid \boldsymbol{P}_t)$ und dem Vektor der Verteilungsfunktionen $\boldsymbol{F} = (F_{11}, \ldots, F_{at})'$ in Matrizenschreibweise als $H_0^F(T) : \boldsymbol{C}_T\boldsymbol{F} = \boldsymbol{0}$ äquivalent formulieren.

   Falls verschiedene Zeitmuster in den einzelnen Gruppen vorhanden sind, ist ein solch gemittelter Effekt natürlich schwierig zu interpretieren; falls jedoch in allen Gruppen derselbe Zeiteffekt vorhanden ist (keine Wechselwirkung, siehe Abschnitt 8.3.5), dann ist die Untersuchung eines gemeinsamen Zeiteffektes sinnvoll.

2. Die Frage nach einem Zeiteffekt kann natürlich auch separat für jede der $i = 1, \ldots, a$ Versuchsgruppen untersucht werden. Die Hypothese, daß in der Gruppe i kein Zeiteffekt vorhanden ist, formuliert man für jede Gruppe als $H_0^F(T_i) : F_{i1} = \cdots = F_{it}$ oder äquivalent $H_0^F(T_i) : \boldsymbol{P}_t\boldsymbol{F}_i = \boldsymbol{0}, i = 1, \ldots, a$. Hierbei bezeichnet $\boldsymbol{F}_i = (F_{i1}, \ldots, F_{it})'$ den Vektor der Verteilungen in der Gruppe i und $\boldsymbol{P}_t$ die zentrierende Matrix. Diese Hypothese eines *einfachen Zeiteffektes* ist analog zur Hypothese in der Versuchsanlage LD-F1 mit einer homogenen Gruppe von Individuen formuliert. Die Verfahren zur Beurteilung dieser einfachen Zeiteffekte verwenden im wesentlichen die Methoden und Formeln, die im Kapitel 7 beschrieben sind.

3. Oft hat man jedoch eine ziemlich genaue Vorstellung davon, in welcher Form sich ein möglicher Zeiteffekt darstellen sollte. Dies ist z.B. dann der Fall, wenn sich der Erfolg einer Behandlung in einem fallenden (wie z.B. in der Panik-Skala-Studie I in Abschnitt 1.3.1) oder in einem steigenden Trend der Daten wiederspiegeln würde. Auch können spezielle Muster, wie z.B. *U-förmige* oder *Regenschirm-förmige* Muster, die aufgrund einer Voruntersuchung vermutet werden, von Interesse sein (siehe z.B. die α-Amylase-Studie in Abschnitt 1.3.4). Hier bieten sich sowohl für den mittleren Zeiteffekt als auch für die einfachen Zeiteffekte die Verfahren für gemusterte Alternativen an, die bereits in Abschnitt 7.2.3 für longitudinale Daten mit einer homogenen Gruppe von Individuen verwendet wurden.

Mittlerer Zeiteffekt. Dieser Effekt entspricht in der Split-Plot-Versuchsanlage dem Haupteffekt des Sub-Plot-Faktors. Man betrachtet den Vektor der relativen Marginaleffekte

$$\boldsymbol{p} = (p_{11}, \ldots, p_{1t}, \ldots, p_{a1}, \ldots, p_{at})' = \int H d\boldsymbol{F}, \tag{8.23}$$

wobei $\boldsymbol{F} = (F_{11}, \ldots, F_{1t}, \ldots, F_{a1}, \ldots, F_{at})'$ und $H = N^{-1} \sum_{i=1}^{a} \sum_{s=1}^{t} n_i F_{is}$ den Vektor der Verteilungsfunktionen bzw. dessen Mittelwert bezeichnen. Den Vektor der relativen Behandlungseffekte $\boldsymbol{p}$ schätzt man konsistent durch

$$\widehat{\boldsymbol{p}} = (\widehat{p}_{11}, \ldots, \widehat{p}_{at})' = \tfrac{1}{N}\left(\overline{R}_{1\cdot 1} - \tfrac{1}{2}, \ldots, \overline{R}_{a\cdot t} - \tfrac{1}{2}\right)' = \tfrac{1}{N}\left(\overline{\boldsymbol{R}}_{\cdot} - \tfrac{1}{2}\boldsymbol{1}_{at}\right) \tag{8.24}$$

und bezeichnet mit

$$\begin{aligned} \boldsymbol{R}_{ik} &= (R_{ik1}, \ldots, R_{ikt})', i = 1, \ldots, a,\ k = 1, \ldots, n_i, \\ \overline{\boldsymbol{R}}_{i\cdot} &= \frac{1}{n_i} \sum_{k=1}^{n_i} \boldsymbol{R}_{ik} = \frac{1}{n_i} \sum_{k=1}^{n_i} (R_{ik1}, \ldots, R_{ikt})', \\ \widetilde{\boldsymbol{R}}_{\cdot\cdot} &= \frac{1}{a} \sum_{i=1}^{a} \overline{\boldsymbol{R}}_{i\cdot} = \frac{1}{a} \sum_{i=1}^{a} (\overline{R}_{i\cdot 1}, \ldots, \overline{R}_{i\cdot t})' \end{aligned} \tag{8.25}$$

die Vektoren der Mittelränge bzw. deren Mittelwerte innerhalb einer Gruppe i und den ungewichteten Mittelwert über alle Gruppen.

Einen Schätzer für die Kovarianzmatrix $\boldsymbol{V}_n$ erhält man aus Satz 4.7 (Seite 48):

$$\begin{aligned} \widehat{\boldsymbol{V}}_n &= \bigoplus_{i=1}^{a} \widehat{\boldsymbol{V}}_i \quad \text{mit} \\ \widehat{\boldsymbol{V}}_i &= \frac{n}{N^2 n_i (n_i - 1)} \sum_{k=1}^{n_i} (\boldsymbol{R}_{ik} - \overline{\boldsymbol{R}}_{i\cdot})(\boldsymbol{R}_{ik} - \overline{\boldsymbol{R}}_{i\cdot})', \end{aligned} \tag{8.26}$$

wobei $n = \sum_{i=1}^{a} n_i$ die Gesamtanzahl aller Individuen und $N = n \cdot t$ die Anzahl aller Beobachtungen bezeichnet. Die für den gemittelten Zeiteffekt benötigte Kovarianzmatrix ist

$$\widehat{\boldsymbol{V}}_t = \left(\tfrac{1}{a}\boldsymbol{1}_a' \otimes \boldsymbol{I}_t\right) \widehat{\boldsymbol{V}}_n \left(\tfrac{1}{a}\boldsymbol{1}_a \otimes \boldsymbol{I}_t\right) = \frac{1}{a^2} \sum_{i=1}^{a} \widehat{\boldsymbol{V}}_i\,. \tag{8.27}$$

Entsprechend der Hypothese $H_0^F(T): \boldsymbol{C}_T \boldsymbol{F} = \boldsymbol{0}$ betrachtet man nun den Kontrastvektor $\sqrt{n}\boldsymbol{C}_T\widehat{\boldsymbol{p}}$ und erhält damit aus (5.4) mit (8.24), (8.25), (8.26) und (8.27) die Statistik vom WALD-Typ

$$Q_n(T) = \frac{n}{N^2} \widetilde{\boldsymbol{R}}_{\cdot\cdot}' \boldsymbol{P}_t [\boldsymbol{P}_t \widehat{\boldsymbol{V}}_t \boldsymbol{P}_t]^- \boldsymbol{P}_t \widetilde{\boldsymbol{R}}_{\cdot\cdot}\,, \tag{8.28}$$

die unter $H_0^F(T)$ asymptotisch eine χ^2_{t-1}-Verteilung hat. Allerdings werden sehr große Stichprobenumfänge benötigt, um die Approximation mit der χ^2_{t-1}-Verteilung benutzen zu können.

Für kleine und mittlere Stichproben verwendet man die Statistik vom ANOVA-Typ, zu deren Berechnung man noch die Matrix $\boldsymbol{T} = \boldsymbol{P}_t[\boldsymbol{P}_t\boldsymbol{P}_t]^-\boldsymbol{P}_t = \boldsymbol{P}_t$ benötigt. Damit erhält man aus der allgemeinen Formel (5.9) auf Seite 59 die Statistik vom ANOVA-Typ

$$F_n(T) = \frac{n}{N^2 \operatorname{tr}(\boldsymbol{P}_t \widehat{\boldsymbol{V}}_t)} \widetilde{\boldsymbol{R}}'_{..} \boldsymbol{P}_t \widetilde{\boldsymbol{R}}_{..} = \frac{n}{N^2 \operatorname{tr}(\boldsymbol{P}_t \widehat{\boldsymbol{V}}_t)} \sum_{s=1}^{t} (\widetilde{R}_{..s} - \widetilde{R}_{...})^2, \tag{8.29}$$

wobei $\widetilde{R}_{..s} = a^{-1} \sum_{i=1}^{a} \overline{R}_{i\cdot s}$ der ungewichtete Mittelwert der Rangmittel $\overline{R}_{i\cdot s}$ in (8.24) und $\widetilde{R}_{...} = t^{-1} \sum_{s=1}^{t} \widetilde{R}_{..s}$ ist. Die Verteilung von $F_n(T)$ kann unter $H_0^F(T)$ durch eine $F(\widehat{f}_T, \infty)$-Verteilung mit $\widehat{f}_T = [\operatorname{tr}(\boldsymbol{P}_t \widehat{\boldsymbol{V}}_t)]^2 / \operatorname{tr}(\boldsymbol{P}_t \widehat{\boldsymbol{V}}_t \boldsymbol{P}_t \widehat{\boldsymbol{V}}_t)$ angenähert werden. In Abschnitt 8.3.7 werden diese Statistiken auf einige Beispiele angewendet, die in der Einleitung beschrieben sind, und die Ergebnisse diskutiert.

Einfache Zeiteffekte. Um die einfachen Zeiteffekte zu untersuchen, werden die Statistiken aus Kapitel 7 auf die einzelnen Gruppen angewendet. Man benötigt dazu die Vektoren der Rangmittelwerte $\overline{\boldsymbol{R}}_{i\cdot}$ in (8.25) und die Kovarianzmatrix $\widehat{\boldsymbol{V}}_i$ in (8.26). Zum Testen der Hypothesen $H_0^F(T_i) : F_{i1} = \cdots = F_{it}, i = 1, \ldots, a$, erhält man aus (5.4) auf Seite 55 die Statistik vom WALD-Typ

$$Q_n(T_i) = \frac{n_i}{N^2} \overline{\boldsymbol{R}}'_{i\cdot} \boldsymbol{P}_t [\boldsymbol{P}_t \widehat{\boldsymbol{V}}_i \boldsymbol{P}_t]^- \boldsymbol{P}_t \overline{\boldsymbol{R}}_{i\cdot}\,, \tag{8.30}$$

die unter $H_0^F(T_i)$ asymptotisch eine χ^2_{t-1}-Verteilung hat. Für eine brauchbare Approximation werden allerdings sehr große Stichprobenumfänge benötigt. Daher verwendet man für kleine und mittlere Stichprobenumfänge die Statistik vom ANOVA-Typ

$$\begin{aligned} F_n(T_i) &= \frac{n_i}{N^2 \operatorname{tr}(\boldsymbol{P}_t \widehat{\boldsymbol{V}}_i)} \overline{\boldsymbol{R}}'_{i\cdot} \boldsymbol{P}_t \overline{\boldsymbol{R}}_{i\cdot} \\ &= \frac{n_i}{N^2 \operatorname{tr}(\boldsymbol{P}_t \widehat{\boldsymbol{V}}_i)} \sum_{s=1}^{t} (\overline{R}_{i\cdot s} - \overline{R}_{i\cdot\cdot})^2. \end{aligned} \tag{8.31}$$

Die Verteilung von $F_n(T_i)$ approximiert man für große und kleine Stichprobenumfänge mit der zentralen $F(\widehat{f}_i, \infty)$-Verteilung, wobei

$$\widehat{f}_i = \frac{[\operatorname{tr}(\boldsymbol{P}_t \widehat{\boldsymbol{V}}_i)]^2}{\operatorname{tr}(\boldsymbol{P}_t \widehat{\boldsymbol{V}}_i \boldsymbol{P}_t \widehat{\boldsymbol{V}}_i)}$$

ist. In (8.31) ist $\overline{R}_{i\cdot s} = n_i^{-1} \sum_{k=1}^{n_i} R_{iks}$ der Mittelwert der Ränge R_{iks} über alle n_i Individuen zum Zeitpunkt s in der Gruppe i und $\overline{R}_{i\cdot\cdot} = t^{-1} \sum_{s=1}^{t} \overline{R}_{i\cdot s}$ ist der Mittelwert der $\overline{R}_{i\cdot s}$ über alle t Zeitpunkte in der Gruppe i.

Gemusterte Zeiteffekte. Statistiken zur Überprüfung von 'gemusterten' Zeiteffekten leitet man einfach aus Abschnitt 7.2.3 her. Für die Gruppe i betrachtet man die Linearform $K_i(\boldsymbol{w}) = \sqrt{n_i}\,\boldsymbol{w}'\boldsymbol{P}_t\widehat{\boldsymbol{p}}_i$, wobei $\boldsymbol{w} = (w_1, \ldots, w_t)'$ dem vermuteten Muster entspricht und $\widehat{\boldsymbol{p}}_i = \frac{1}{N}(\overline{\boldsymbol{R}}_{i\cdot} - \frac{1}{2}\boldsymbol{1}_t)$ ist. Man erhält dann als Statistik

$$\begin{aligned} L_i(\boldsymbol{w}) &= K_i(\boldsymbol{w})/\widehat{\sigma}_i = \frac{\sqrt{n_i}}{\widehat{\sigma}_i}\boldsymbol{w}'\boldsymbol{P}_t\widehat{\boldsymbol{p}}_i \\ &= \frac{\sqrt{n_i}}{N\widehat{\sigma}_i}\sum_{s=1}^{t}(w_s - \overline{w}_\cdot)\overline{R}_{i\cdot s}, \end{aligned} \tag{8.32}$$

wobei

$$\widehat{\sigma}_i^2 = \frac{n_i}{n}\boldsymbol{w}'\boldsymbol{P}_t\widehat{\boldsymbol{V}}_i\boldsymbol{P}_t\boldsymbol{w}, \quad \overline{R}_{i\cdot s} = \frac{1}{n_i}\sum_{k=1}^{n_i} R_{iks}, \quad \overline{w}_\cdot = \frac{1}{t}\sum_{s=1}^{t} w_s \tag{8.33}$$

und $\widehat{\boldsymbol{V}}_i$ in (8.26) angegeben ist. Asymptotisch hat die Statistik $L_i(\boldsymbol{w})$ unter $H_0^F(T_i)$ eine $N(0,1)$-Verteilung. Für kleine Stichproben verwendet man in guter Näherung die t_{n_i-1}-Verteilung.

Falls keine fehlenden Werte vorhanden sind, vereinfacht sich der Varianzschätzer $\widehat{\sigma}_i^2$ in (8.33) zu

$$\widehat{\sigma}_i^2 = \frac{1}{N^2(n_i - 1)}\sum_{k=1}^{n_i}(U_{ik} - \overline{U}_{i\cdot})^2,$$

wobei $U_{ik} = \sum_{s=1}^{t}(w_s - \overline{w}_\cdot)R_{iks}$ die gewichtete Summe der Ränge ist und $\overline{w}_\cdot = t^{-1}\sum_{s=1}^{t} w_s$ den Mittelwert der Gewichte bezeichnet.

8.3.5 Wechselwirkungen

Meistens ist die wesentliche Fragestellung des Versuchs zu überprüfen, ob die zeitlichen Verläufe der Beobachtungen in den einzelnen Gruppen verschieden sind. Dies ist insbesondere dann von Interesse, wenn die Wirkung einer Behandlung gegenüber einer anderen Behandlung mit fortschreitender Zeit zunimmt, oder wenn die gewünschte Wirkung z.B. unter Verum früher eintritt als unter Placebo. So ist es bei der γ-GT-Studie (siehe Abschnitt 1.3.7) zum Beispiel weniger von Interesse zu wissen, ob die γ-GT unter Verum *insgesamt* eine andere Verteilung hat als unter Placebo, sondern es interessiert im wesentlichen, ob die γ-GT unter Verum früher abfällt als unter Placebo.

In allen Fällen, in denen die erste Beobachtung gemacht wird, bevor die Behandlung angewandt wird (*baseline value*), kann der Behandlungseffekt durch die Wechselwirkung zwischen dem Gruppeneffekt A und dem Zeiteffekt T beschrieben werden.

Globale Wechselwirkung. Zur Formulierung der Hypothese, daß keine Wechselwirkung vorliegt, verwendet man die Kontrastmatrix $\boldsymbol{C}_{AT} = \boldsymbol{P}_a \otimes \boldsymbol{P}_t$, d.h. das Kronecker-Produkt der zentrierenden Matrizen für den Gruppeneffekt und den Zeiteffekt. Mit dem Vektor $\boldsymbol{F} = (F_{11}, \ldots, F_{at})'$ der Verteilungsfunktionen formuliert man die nichtparametrische Hypothese für die Wechselwirkung als

$$H_0^F(AT) : \boldsymbol{C}_{AT}\boldsymbol{F} = \begin{pmatrix} F_{11} - \overline{F}_{1\cdot} - \overline{F}_{\cdot 1} + \overline{F}_{\cdot\cdot} \\ \vdots \\ F_{at} - \overline{F}_{a\cdot} - \overline{F}_{\cdot t} + \overline{F}_{\cdot\cdot} \end{pmatrix} = \boldsymbol{0}, \qquad (8.34)$$

die in ihrer Struktur genau der parametrischen Hypothese für die Wechselwirkung im linearen Modell entspricht. Statistiken zum Testen von $H_0^F(AT)$ leitet man wieder aus der allgemeinen Form der Statistik vom WALD-Typ in (5.4) auf Seite 55 bzw. aus der allgemeinen Form der Statistik vom ANOVA-Typ in (5.9) auf Seite 59 her. Die Notation im folgenden entspricht der für den gemittelten und einfachen Zeiteffekt verwendeten Notation. Man erhält als Statistik vom WALD-Typ

$$Q_n(AT) = \frac{n}{N^2}\overline{\boldsymbol{R}}_{\cdot}'\boldsymbol{C}_{AT}'[\boldsymbol{C}_{AT}\widehat{\boldsymbol{V}}_n\boldsymbol{C}_{AT}']^-\boldsymbol{C}_{AT}\overline{\boldsymbol{R}}_{\cdot}\,. \qquad (8.35)$$

Die Statistik $Q_n(AT)$ hat für große Stichprobenumfänge unter $H_0^F(AT)$ eine χ_f^2-Verteilung mit $f = (a-1)(t-1)$ Freiheitgraden. Ebenso wie für den Zeiteffekt benötigt man für eine einigermaßen brauchbare Approximation sehr große Stichprobenumfänge.

Als Statistik vom ANOVA-Typ erhält man mit $\boldsymbol{T}_{AT} = \boldsymbol{C}_{AT} = \boldsymbol{P}_a \otimes \boldsymbol{P}_t$

$$F_n(AT) = \frac{n}{N^2 \operatorname{tr}(\boldsymbol{T}_{AT}\widehat{\boldsymbol{V}}_n)} \sum_{i=1}^{a}\sum_{s=1}^{t}(\overline{R}_{i\cdot s} - \overline{R}_{i\cdot\cdot} - \widetilde{R}_{\cdot\cdot s} + \widetilde{R}_{\cdot\cdot\cdot})^2, \qquad (8.36)$$

wobei $\widetilde{R}_{\cdot\cdot s} = a^{-1}\sum_{i=1}^{a}\overline{R}_{i\cdot s}$ und $\widetilde{R}_{\cdot\cdot\cdot} = t^{-1}\sum_{s=1}^{t}\widetilde{R}_{\cdot\cdot s}$ die ungewichteten Mittelwerte über die $a \cdot t$ Mittelwerte $\overline{R}_{i\cdot s}$, $i = 1, \ldots, a$, $s = 1, \ldots, t$, bezeichnen.

Unter $H_0^F(AT)$ approximiert man die Verteilung der Statistik $F_n(AT)$ für große und kleine Stichprobenumfänge mit einer $F(\widehat{f}_{AT}, \infty)$-Verteilung, wobei der erste Freiheitsgrad durch

$$\widehat{f}_{AT} = \frac{[\operatorname{tr}(\boldsymbol{T}_{AT}\widehat{\boldsymbol{V}}_n)]^2}{\operatorname{tr}(\boldsymbol{T}_{AT}\widehat{\boldsymbol{V}}_n\boldsymbol{T}_{AT}\widehat{\boldsymbol{V}}_n)}$$

geschätzt wird.

Falls die Kovarianzmatrix $\boldsymbol{V}_n$ nicht singulär ist, decken beide Statistiken Alternativen der Form $\boldsymbol{C}_{AT}\boldsymbol{p} \neq \boldsymbol{0}$ auf. Das heißt, daß nicht parallele Verläufe der Zeitprofile für die relativen Marginaleffekte $\boldsymbol{p}_i = (p_{i1}, \ldots, p_{it})'$, $i = 1, \ldots, a$, eine nichtparametrische Wechselwirkung zwischen den Gruppen und der Zeit beschreiben.

Gemusterte Wechselwirkung für $a = 2$ Gruppen. Wenn die Verlaufskurven von nur zwei Gruppen verglichen werden, ist es sinnvoll, die Frage nach einer *gemusterten Wechselwirkung* zu überprüfen. Solche Fälle sind z.B. der Vergleich einer Standard-Behandlung mit einer neuen Behandlung (Schulter-Schmerz-Studie, Abschnitt 1.3.6), der Vergleich von einem Verum mit einem Placebo (γ-GT-Studie, Abschnitt 1.3.7) oder die Untersuchung des Verlaufs von zwei verschiedenen Typen von Erkrankungen unter einer Behandlung (Panik-Skala-Studie II, Abschnitt 1.3.2). In solchen Fällen kann es sinnvoll sein zu überprüfen, ob der Unterschied zwischen den beiden Verlaufskurven einem vermuteten Muster $\boldsymbol{w} = (w_1, \ldots, w_t)'$ folgt.

Für die Schulter-Schmerz-Studie würde dies bedeuten, daß der Effekt der Behandlung Y gegenüber der Behandlung N zu Anfang am stärksten sein sollte und dann mit der Zeit abnehmen würde, da auch unter N die Schmerzen im Sinne einer Spontanheilung im Laufe der Zeit abnehmen. Dem würde für die 6 Zeitpunkte zum Beispiel das Muster $\boldsymbol{w} = (6, 5, 4, 3, 2, 1)'$ entsprechen.

Bei der γ-GT-Studie würde man hoffen, daß das Verum rasch zu einem Abfall der γ-GT innerhalb des Beobachtungszeitraums von 10 Tagen führt. Dabei würde man einem Unterschied vor der Operation am wenigsten Gewicht beimessen, da hier noch keine Behandlung erfolgt ist, während man einem Unterschied nach der Gabe der Substanzen eine umso größere Bedeutung beimessen würde, je schneller die Wirkung eintritt, d.h. je kürzer der Abstand zur Operation ist. Dieser Vorstellung würde das Muster $\boldsymbol{w} = (1, 4, 3, 2)'$ entsprechen.

Bei der Panik-Skala-Studie II untersucht man den zeitlichen Verlauf der Panik-Scores für zwei Gruppen von psychischen Erkrankungen, nämlich Panik-Attacken bei Patienten mit Agoraphobie und solche bei Patienten ohne Agoraphobie, jeweils unter derselben Behandlung. Das Muster $\boldsymbol{w} = (1, 2, 3, 4, 5)'$ würde der Vermutung entsprechen, daß die Behandlung für eine Gruppe nicht oder nur wenig nützt, während für die andere Gruppe die Behandlung mit zunehmender Zeit einen steigenden Erfolg zeigt. Hingegen würde das Muster $\boldsymbol{w} = (1, 4, 3, 2, 1)'$ der Vermutung entsprechen, daß die Behandlung für beide Gruppen nach 8 Wochen zwar gleich effektiv ist, daß sich jedoch für eine Gruppe der Erfolg erheblich schneller zeigt.

Zur Untersuchung solcher Muster verwendet man die in Abschnitt 5.5 verwendete Linearform $L_n(\boldsymbol{w})$, die zur Untersuchung der Hypothese $H_0^F(AT) : \boldsymbol{C}_{AT}\boldsymbol{F} = 0$ gegen die gemusterte Alternative $\boldsymbol{w}'\boldsymbol{C}_{AT}\boldsymbol{p}$ besonders empfindlich ist. Hier bezeichnet $\boldsymbol{p} = (p_{11}, \ldots, p_{1t}, p_{21}, \ldots, p_{2t})'$ den Vektor der relativen Effekte, $\boldsymbol{w} = (w_1, \ldots, w_t)'$ das vermutete Muster und $\boldsymbol{C}_{AT} = (1, -1) \otimes \boldsymbol{P}_t = (\boldsymbol{P}_t \mid -\boldsymbol{P}_t)$ die Kontrastmarix für die Hypothese. Da nur zwei Gruppen zu t Zeitpunkten verglichen werden, vereinfacht sich in diesem Fall die Hypothese zu

$$H_0^F(AT) : F_{1s} - F_{2s} = \overline{F}_{1\cdot} - \overline{F}_{2\cdot}\,, \quad s = 1, \ldots, t,$$

wobei $\overline{F}_{i\cdot} = t^{-1} \sum_{s=1}^{t} F_{is}$, $i = 1, 2$, ist.

Entsprechend vereinfacht sich die Statistik $L_n(\boldsymbol{w})$ zu

$$L_n(\boldsymbol{w}) = \frac{\sqrt{n}}{\widehat{\sigma}_n} \sum_{s=1}^{t} (w_s - \overline{w}.) \cdot \frac{1}{N} \left(\overline{R}_{1\cdot s} - \overline{R}_{2\cdot s} \right), \qquad (8.37)$$

wobei $\overline{w}. = t^{-1} \sum_{s=1}^{t} w_s$ und $\overline{R}_{i\cdot s} = n_i^{-1} \sum_{s=1}^{n_i} R_{iks}$, $i = 1, 2$, $s = 1, \ldots, t$, die Rangmittelwerte zu den t Zeitpunkten für die beiden Gruppen bezeichnet. Den Varianzschätzer $\widehat{\sigma}_n^2$ berechnet man entsprechend (5.10) auf Seite 62 aus

$$\widehat{\sigma}_n^2 = \boldsymbol{w}' \boldsymbol{P}_t (\widehat{\boldsymbol{V}}_1 + \widehat{\boldsymbol{V}}_2) \boldsymbol{P}_t \boldsymbol{w} = \sum_{i=1}^{2} \frac{n}{n_i} \widehat{\sigma}_i^2,$$

wobei

$$\widehat{\sigma}_i^2 = \frac{n_i}{n} \boldsymbol{w}' \boldsymbol{P}_t \widehat{\boldsymbol{V}}_i \boldsymbol{P}_t \boldsymbol{w} \qquad (8.38)$$

und $\widehat{\boldsymbol{V}}_i$ die geschätzte Kovarianzmatrix für die Gruppe i ist, die man aus (8.26) entnimmt.

Die Statistik $L_n(\boldsymbol{w})$ hat unter $H_0^F(AT)$ asymptotisch eine $N(0,1)$-Verteilung. Für kleine Stichproben kann man in guter Näherung die $t_{\widehat{\nu}_{AT}}$-Verteilung verwenden, wobei man die Freiheitsgrade $\widehat{\nu}_{AT}$ aus

$$\widehat{\nu}_{AT} = \frac{\left(\sum_{i=1}^{2} \widehat{\sigma}_i^2 / n_i \right)^2}{\sum_{i=1}^{2} \left(\widehat{\sigma}_i^2 / n_i \right)^2 / (n_i - 1)}$$

berechnet. Diese Approximation mit der $t_{\widehat{\nu}_{AT}}$-Verteilung entspricht der Approximation mit der t-Verteilung im Falle des t-Tests bei ungleichen Varianzen (BEHRENS-FISHER-Problem). Man beachte hierzu, daß die beiden Varianzen σ_i^2, $i = 1, 2$, die durch $\widehat{\sigma}_i^2$ in (8.38) konsistent geschätzt werden, i.a. ungleich sind, da sich auch eine angenommene Varianzhomogenität des Modells nicht unbedingt auf die Rangstatistiken überträgt (AKRITAS 1990).

Für den Fall, daß keine Werte fehlen, vereinfachen sich die Varianzschätzer $\widehat{\sigma}_i^2$, $i = 1, 2$, in (8.38) zu

$$\widehat{\sigma}_i^2 = \frac{1}{N^2 (n_i - 1)} \sum_{k=1}^{n_i} (U_{ik} - \overline{U}_{i\cdot})^2,$$

wobei $U_{ik} = \sum_{s=1}^{t} (w_s - \overline{w}.) R_{iks}$ die gewichtete Summe der Ränge und $\overline{w}. = t^{-1} \sum_{s=1}^{t} w_s$ den Mittelwert der Gewichte bezeichnet.

8.3.6 Fehlende Werte und singuläre Kovarianzmatrizen

Bezüglich fehlender Werte gilt das gleiche wie in Abschnitt 7.2.4. Die dort für die Versuchsanlage mit einer homogenen Gruppe von Individuen diskutierten Resultate werden lediglich um einen Index, nämlich den Index für die Gruppe erweitert. Inhaltlich ist ebenfalls das Problem der 'zufällig fehlenden' Werte zu diskutieren.

Falls singuläre oder 'nahezu' singuläre Kovarianzmatrizen auftreten, ist auch bei Versuchsanlagen für mehrere Gruppen selbst bei großen Stichprobenumfängen die Statistik vom ANOVA-Typ der Statistik vom WALD-TYP vorzuziehen. Die Gründe hierfür sind dieselben, wie sie in Abschnitt 7.2.5 erörtert worden sind.

8.3.7 Beispiele

Die Anwendung der in den vorangegangenen Abschnitten vorgestellten Verfahren soll anhand von drei Studien demonstriert werden: der γ-GT-Studie, der Panik-Skala-Studie II und des Fichtenwald-Dachprojektes.

Bei der γ-GT-Studie handelt es sich um Beobachtungen mit stetigen Randverteilungen, die allerdings sehr schief verteilt sind, wie man bei der Inspektion der Originaldaten in Abschnitt 13.7 sofort sieht. Bei einer Auswertung mit den Rangverfahren, die in den vorigen Abschnitten beschrieben worden sind, erübrigt sich jedoch die Diskussion (siehe Abschnitt 4.5.1), ob die ursprünglichen Meßwerte oder die Logarithmen der Meßwerte ausgewertet werden sollen.

Bei der Panik-Skala-Studie II wurden Scores, also ordinale Daten beobachtet, wobei hier besonderes Augenmerk auf eine Reihe von fehlenden Werten oder sogar Studienabbrüchen zu legen ist. Beim Dachprojekt liegen für die Beurteilung der Kronenvitalität ordinale Daten vor, während für die SO_4-Konzentration Daten aus stetigen Verteilungen beobachtet wurden. Der Vorteil der Auswertung durch die vorgestellten Rangverfahren liegt bei der Panik-Skala-Studie und bei der Analyse der Kronenvitalität des Dachprojektes darin, daß die Ergebnisse unter monotonen Transformationen invariant sind, d.h. daß sie zum Beispiel nicht von der willkürlichen Zuweisung von Zahlen zu den Items der Graduierungsskala abhängen.

Die γ-GT-Studie

Zunächst soll die Auswertung der γ-GT-Studie diskutiert werden. Die Ergebnisse des SAS-Makros $F1\_LD\_F1$ sind in Tabelle 8.4 zusammengestellt.

Für den Gruppeneffekt entnimmt man dieser Tabelle $F_n(A) = 0.227$ und den p-Wert 0.6363. Das heißt, daß kein Gesamteffekt des Verum über alle vier Zeitpunkte nachweisbar ist. Man beachte, daß die Statistiken vom ANOVA-Typ $F_n(A)$ und vom WALD-Typ $Q_n(A)$ für den Gruppeneffekt hier identisch sind, da $a = 2$ ist, d.h. $r(C) = 1$ (siehe Abschnitt 5.3, Seite 60). Demnach kann aufgrund der Daten nicht behauptet werden, daß unter Placebo die γ-GT einer anderen Verteilung folgt als unter Verum.

Die wesentliche Fragestellung dieser Studie ist der mögliche andere Verlauf der γ-GT-Werte von Verum gegenüber Placebo über die Zeit. Auch hier läßt sich kein Effekt, d.h. in diesem Falle keine Wechselwirkung nachweisen ($F_n(AT) = 0.930, p = 0.3848$).

Tabelle 8.4 *Auswertung der γ-GT-Studie (Beispiel 1.3.7). Die Ergebnisse sind mit dem SAS-Makro $F1\_LD\_F1$ berechnet worden. Die Handhabung des Makros ist in Abschnitt 8.4 erläutert, den Ausdruck aller Ergebnisse findet man in Abschnitt 14.7.*

	Rangmittel					Relative Marginaleffekte			
	Zeitpunkte					Zeitpunkte			
Gruppe	1	2	3	4	Gruppe	1	2	3	4
P	77.52	116.17	113.29	108.85	P	0.385	0.578	0.564	0.542
V	83.42	100.62	105.06	100.13	V	0.415	0.501	0.523	0.498

WALD-Typ-Statistiken		p-Werte	FG
$Q_n(A)$	0.227	0.6340	1
$Q_n(T)$	14.375	0.0024	3
$Q_n AT$	2.801	0.4234	3

ANOVA-Typ-Statistiken		p-Werte	f_1	f_2
$F_n(A)$	0.227	0.6363	1.000	45.70
$F_n(T)$	8.471	0.0004	1.767	∞
$F_n AT$	0.930	0.3848	1.767	∞

Gemusterte Alternative (2×4-Wechselwirkung):

Zeitpunkte	1	2	3	4
Muster	1	4	3	2

Statistik		p-Werte (einseitig)		
		$N(0,1)$	$t_{\nu_{AT}}$	ν_{AT}
$L_n(w)$	1.3610	0.0868	0.0900	47.5

Zur Klärung der Frage, ob sich vielleicht in den ersten Tagen ein größerer Effekt von Placebo gegenüber dem Verum zeigt, sollte man eine Statistik für gemusterte Alternativen verwenden. Diese ist auf ein spezielles vermutetes Muster empfindlicher als der Globaltest für die Wechselwirkung, falls eine solche Alternative wirklich vorliegt. Der für die γ-GT-Studie wesentliche Unterschied wird durch das Muster $w = (1, 4, 3, 2)'$ beschrieben (vgl. die Diskussion auf Seite 121). Der Tabelle 8.4 entnimmt man für die Statistik $L_n(w)$ den Wert 1.361 und einem p-Wert von 0.09 bei einer Approximation mit der t-Verteilung. Damit liefern die Daten keinen Anhalt für die Vermutung, daß bei Placebo und Verum unterschiedliche Verläufe über die Zeit vorhanden sind.

Man findet einen deutlichen Zeiteffekt ($F_n(T) = 8.471$, $p = 0.0004$). Da sich keine Wechselwirkung nachweisen läßt, kann man davon ausgehen, daß der Zeiteffekt für beide Versuchspruppen vorhanden ist. Dieser Zeiteffekt ist für die Fragestellung der Studie jedoch nicht von Interesse.

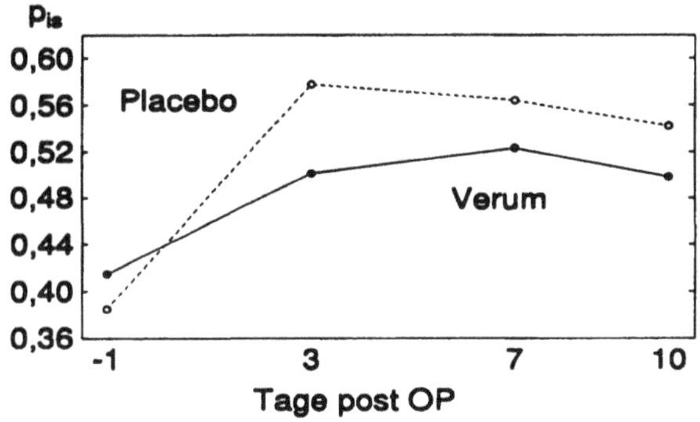

Abbildung 8.1 *Zeitverläufe der relativen Marginaleffekte bei der γ-GT-Studie für die Verum- und Placebo-Gruppe.*

Die Panik-Skaka-Studie II

Die Auswertung der Panik-Skala-Studie II gestaltet sich deshalb etwas schwieriger, weil hier insgesamt 16 Meßwerte fehlen. Darunter sind 7 Therapie-Abbrüche bei insgesamt 37 Patienten vorhanden. Bei Verlaufsbeobachtungen in der Psychiatrie ist es in diesem Fall üblich, den letzten beobachteten Wert fortzuschreiben (*last observation carried forward, LOCF*), d.h. man ersetzt die fehlenden Werte durch den letzten vorhandenen Meßwert.

Diese Vorgehensweise macht Sinn, weil dadurch die Patienten, die wegen eines 'schlechten' Ergebnisses nicht mehr zur Untersuchung kommen, auch weiterhin als schlecht eingestuft werden, während die Patienten, die wegen eines 'guten' Ergebnisses nicht mehr kommen, weiterhin als 'gut' eingestuft werden. Diese Vermutungen mögen zwar sinnvoll sein, dürfen jedoch nicht darüber hinwegtäuschen, daß mit dieser Methode eine nicht vorhandene Information durch eine Vermutung ersetzt wird. Es kommt hinzu, daß hierbei die Zahl der Beobachtungen größer wird, ohne daß eine entsprechend größere Information vorhanden ist.

Daher sollte man in jedem Fall zusätzlich eine Analyse durchführen, die fehlende Werte berücksichtigt. Hierbei ist allerdings die Annahme nötig, daß diese Werte 'rein zufällig' fehlen, was in der Praxis wohl kaum der Fall ist.

Bei der dritten Möglichkeit, nur die Patienten für die Analyse zu verwenden, deren Verlaufsdaten vollständig sind, fügt man zwar keine vermutete Information hinzu, oder erhöht nicht in unzulässiger Weise die Anzahl der Beobachtungen, muß aber damit rechnen, daß ein stark selektiertes Kollektiv von Individuen vorliegt.

Die Therapie-Abbrüche können sowohl durch 'besonders gute' als auch 'besonders schlechte' Therapie-Ergebnissen zustande kommen oder auch rein zufälliger Natur sein.

Eine vergleichende Bewertung aller drei Analysen ist sinnvoll, um zu einer abschließenden Interpretation der Studie zu kommen. In Tabelle 8.5 sind die Ergebnisse für die drei Auswertungsstrategien zusammengefaßt.

Tabelle 8.5 *Auswertungen der Panik-Skala-Studie II (Beispiel 1.3.2) mit den drei Auswertungsstrategien 'last observation carried forward' (LOCF), 'fehlende Werte' und ' vollständige Verläufe'. Die beiden Gruppen der Patienten mit Agoraphobie bzw. ohne Agoraphobie sind durch 'mit' bzw. 'ohne' gekennzeichnet. Die Ergebnisse sind mit dem SAS-Makro* F1_LD_F1 *berechnet worden. Die Handhabung des Makros ist in Abschnitt 8.4 erläutert, den Ausdruck aller Ergebnisse findet man in Abschnitt 14.2.*

Anzahl der	LOCF	fehlende Werte	vollständige Verläufe
Beobachtungen	185	169	140
fehlenden Werte	0	16	0
Patienten (ges.)	37	37	28
Patienten mit Agoraphobie	24	24	19
Patienten ohne Agoraphobie	13	13	9

Relative Marginaleffekte

Zeitpunkte	LOCF		fehlende Werte		vollst. Verläufe	
	'mit'	'ohne'	'mit'	'ohne'	'mit'	'ohne'
1	0.803	0.567	0.805	0.577	0.814	0.600
2	0.678	0.401	0.684	0.405	0.675	0.413
3	0.504	0.338	0.478	0.341	0.485	0.354
4	0.272	0.472	0.446	0.246	0.453	0.276
5	0.397	0.268	0.355	0.262	0.357	0.280

ANOVA-Typ Statistiken und p-Werte

	LOCF		fehlende Werte		vollständige Verläufe	
Faktor	Statistik	p-Wert	Statistik	p-Wert	Statistik	p-Wert
A	9.288	0.0054	8.427	0.0070	5.504	0.030
T	32.606	$< 10^{-8}$	32.089	$< 10^{-8}$	35.588	$< 10^{-8}$
AT	1.3306	0.2650	1.752	0.1606	1.992	0.120

Gemusterte Alternative (2×5 Wechselwirkung)

Zeitpunkte	1	2	3	4	5
Muster	1	4	3	2	1

LOCF		fehlende Werte		vollständige Verläufe	
$L_n(w)$	p-Wert	$L_n(w)$	p-Wert	$L_n(w)$	p-Wert
1.082	0.140	0.994	0.160	1.222	0.111

Man erhält für alle drei Analyse-Strategien auf dem 5%-Niveau übereinstimmende Aussagen: Der Gruppen-Effekt (Faktor A) ist signifikant, es ist keine Wechselwirkung vorhanden und der Zeit-Effekt ist für beide Gruppen hoch signifikant. Die Vermutung, daß für die Wechselwirkung eine gemusterte Alternative der Form $\boldsymbol{w} = (1, 4, 3, 2, 1)'$ vorliegt, kann mit keiner der drei Strategien belegt werden. Diese Analyse-Ergebnisse lassen sich dahingehend interpretieren, daß unter Imipramin die Werte der $P\&A$-Skala über den beobachteten Zeitraum von 8 Wochen deutlich abfallen. Diese Abnahme der Werte ist für beide Versuchsgruppen vorhanden, wobei sich mit dieser Studie nicht belegen läßt, daß eine Gruppe im Vergleich zur anderen schneller abfällt. Die Patienten mit Agoraphobie haben über den gesamten Zeitraum höhere Score-Werte als die Patienten ohne Agoraphobie.

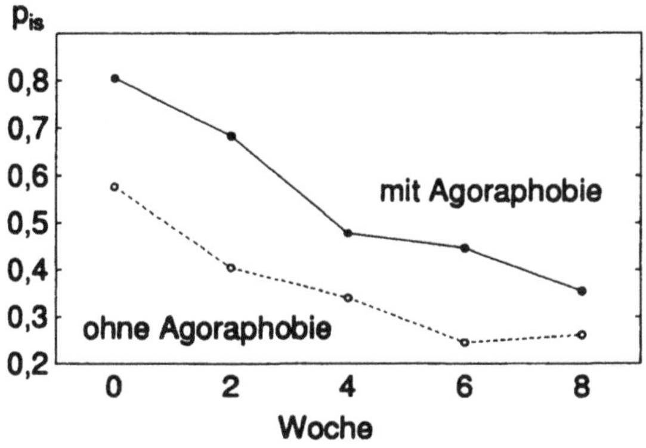

Abbildung 8.2 *Zeitverläufe der relativen Marginaleffekte bei der Panik-Skala-Studie II für die beiden Patienten-Gruppen 'ohne' bzw. 'mit' Agoraphobie unter einer 8-wöchigen Behandlung mit Imipramin. Dabei sind die Ergebnisse der Auswertungsstrategie 'fehlende Werte' dargestellt.*

Modelle für nicht zufällig fehlende Werte (*informative missing values, informative dropout*) werden zur Zeit für parametrische Verfahren untersucht und es werden Verfahren entwickelt, die unter restriktiven Modellannahmen eine Auswertung von Versuchen mit *non-random dropout* gestatten. Im Bereich der nichtparametrischen Verfahren existieren zur Zeit noch keine Überlegungen in dieser Richtung.

Das Fichtenwald-Dachprojekt

Die Bedeutung der Gruppe×Zeit-Wechselwirkung als 'Behandlungseffekt' bei ordinalen Daten soll anhand des Fichtenwald-Dachprojektes erklärt werden. Hierbei tritt die Schwierigkeit auf, daß die Bäume den drei Versuchsflächen nicht zufällig zugewiesen werden konnten und somit ein möglicher Bias bezüglich der Kronenvitalität zu diskutieren ist. Die relativen Marginaleffekte zu den vier Zeitpunkten 1993, 1994, 1995 und 1996 für die $n_1 = 22$ Bäume der Fläche ohne Dach, $n_2 = 23$ Bäume der

Fläche mit Kontrolldach und $n_3 = 27$ Bäume der Fläche mit dem Entsauerungsdach sowie die Analyse mittels der ANOVA-Typ Statistik sind in Tabelle 8.6 angegeben.

Man muß bei der Interpretation des Gruppeneffektes A vorsichtig sein, da zu Beginn des Projektes im Jahre 1993 die Vitalitätsscores auf den drei Versuchsflächen nicht gleichmäßig verteilt waren. Dies kann mit dem KRUSKAL-WALLIS-Test für die Score-Werte des Jahres 1993 überprüft werden, da für einen festen Zeitpunkt die Scores in den drei Gruppen unabhängig sind. Es ergibt sich $Q_n^H = 5.44$ und ein p-Wert von 0.066, was als Hinweis auf einen möglichen Unterschied zwischen den Gruppen interpretiert werden kann. Daher sollte man das Augenmerk auf die signifikante Wechselwirkung zwischen den Versuchsflächen und der Zeit richten (p-Wert = 0.0068), die einen nicht-parallelen Verlauf der relativen Marginaleffekte für die drei Versuchsflächen anzeigt.

Tabelle 8.6 *Auswertung der Kronenvitalität (Beispiel 1.3.11). Die Ergebnisse sind mit dem SAS-Makro $F1\_LD\_F1$ berechnet worden. Die Handhabung des Makros ist in Abschnitt 8.4 erläutert, den Ausdruck aller Ergebnisse findet man in Abschnitt 14.12.*

Relative Marginal-Effekte

Fläche	Zeitpunkte 93	94	95	96
$D0$	0.47	0.36	0.38	0.42
$D2$	0.63	0.49	0.48	0.46
$D1$	0.69	0.58	0.52	0.46

ANOVA-Typ Statistiken		p-Werte	f_1	f_2
$F_n(A)$	2.35	0.1041	1.97	64.40
$F_n(T)$	21.39	$< 10^{-4}$	2.73	∞
$F_n(AT)$	3.11	0.0068	5.35	∞

Gemusterte Alternativen (einfache Effekte)

Zeitpunkte	93	94	95	96
Muster	4	3	2	1

Fläche	Statistiken		p-Werte (einseitig) $N(0,1)$	$t_{\nu_{AT}}$	ν_{AT}
D0	$L_i(\boldsymbol{w})$	0.91	0.1823	0.1874	21
D2	$L_i(\boldsymbol{w})$	4.35	0.0000	0.0001	22
D1	$L_i(\boldsymbol{w})$	5.94	0.0000	0.0000	26

Die Frage ist, wie bei den relativen Behandlungseffekten ein nicht-paralleler Verlauf zu interpretieren ist, wenn bereits zu Beginn der Studie Unterschiede in den relativen Effekten bestehen. Es könnte zum Beispiel sein, daß das Entsauerungsdach im wesentlichen für stark geschädigte Bäume einen großen Effekt hat, während es für weniger stark geschädigte Bäume nahezu wirkungslos ist und die Verläufe der relativen Effekte nicht parallel sind, weil auf den Flächen $D2$ und $D1$ mehr stark geschädigte Bäume stehen als auf der Fläche ohne Dach. Zur Klärung dieser Frage wird im Abschnitt 10 eine Zusatzanalyse durchgeführt, bei der im Jahre 1993 die Bäume auf jeder Fläche in solche mit 'guter Kronenvitalität' = Scores 1 bis 3 und solche mit 'schlechter Kronenvitalität' = Scores 4 bis 10 geschichtet werden. Der zusätzliche Schichtungsfaktor B mit den beiden Stufen 'gute' bzw. 'schlechte' Kronenvitalität ist gekreuzt mit dem Gruppenfaktor A und der Zeit T. Wenn parallele Zeitverläufe der relativen Marginaleffekte bedeuten sollen, daß kein relativer Effekt vorhanden ist, dann darf keine $B \times T$-Wechselwirkung vorliegen, da innerhalb einer Stufe des Faktors A natürlich dieselbe Behandlung vorliegt. Ferner darf keine dreifache Wechselwirkung $A \times B \times T$ vorliegen, da innerhalb jeder Versuchsfläche keine $B \times T$-Wechselwirkung vorliegen darf, wenn die Verläufe parallel sind. Diese Frage wird im Abschnitt 10 geklärt werden. Eine solche Untersuchung ist jedoch nicht als Analyse sondern nur als Interpretationshilfe zu verstehen, da die Schichtung nicht aufgrund eines Außenkriteriums sondern anhand der Zielvariablen (für das Jahr 1993) durchgeführt worden ist.

Die Ergebnisse der Trendanalysen (gemusterte Zeiteffekte) für die einzelnen Versuchsflächen sind am Ende der Tabelle 8.6 zusammengestellt. Es wurde hierbei jeweils als Vermutung ein fallender Trend der Vitalitäts-Scores zugrunde gelegt, d.h. es wurde für alle drei Flächen das Muster $\boldsymbol{w} = (4, 3, 2, 1)'$ zur Bildung der Statistik $L_i(\boldsymbol{w})$ in (8.32) gewählt. Hier ergibt sich für die Flächen $D2$ mit $p = 0.0001$ und $D1$ mit $p < 10^{-4}$ ein fallender Trend, während sich für die Fläche ohne Dach $D0$ mit $p = 0.1874$ kein fallender Trend nachweisen läßt.

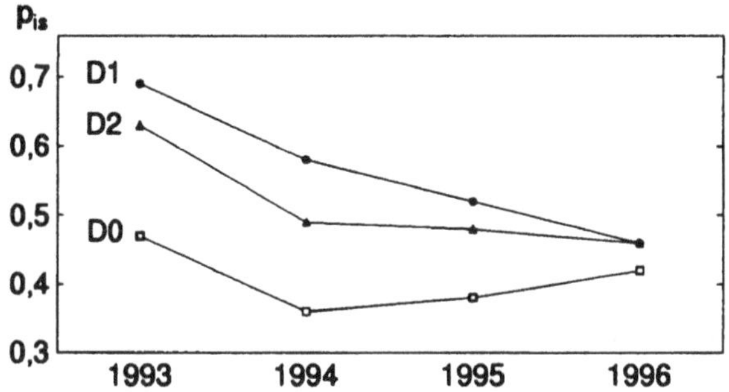

Abbildung 8.3 *Zeitverläufe der relativen Marginaleffekte für die Scores der Kronenvitalität bei den drei Versuchsflächen* $D0$ *(Fläche ohne Dach),* $D2$ *(Kontrolldach) und* $D1$ *(Entsauerungsdach) in den Jahren 1993 - 1996.*

Da die Wechselwirkung zwischen Versuchsfläche und Zeit ($F_n(AT) = 16.65$, $p = 0.0068$) in Tabelle 8.6 signifikant ist, wäre es von Interesse, für die einzelnen Flächen die Verläufe der Scores paarweise zu vergleichen. Im wesentlichen ist hier das Augenmerk auf eine Wechselwirkung zwischen der Versuchsfläche und der Zeit zu richten. Eine solche Wechselwirkung kann nur dann als sinnvoller Behandlungseffekt interpretiert werden, wenn der Unterschied mit der Zeit zunimmt. Es ist zu beachten, daß hierbei gerichtete Unterschiede gemeint sind, also z.B. die Differenzen $\delta_s = p_{1s} - p_{2s}$, $s = 1, \ldots, t$. Werden die Differenzen in umgekehrter Reihenfolge gebildet, also $\delta'_s = p_{2s} - p_{1s}$, $s = 1, \ldots, t$, dann muß die Richtung des Musters umgekehrt werden. Solche Muster kann man mit dem im Abschnitt 8.3.5 (Seite 121) beschriebenen Trendtest für die Wechselwirkung überprüfen. Um einen steigenden Unterschied für die Differenzen $p_{0s} - p_{2s}$, $p_{0s} - p_{1s}$ bzw. $p_{2s} - p_{1s}$, $s = 1, \ldots, 4$ aufzudecken, wählt man hierzu das Muster $w = (1, 2, 3, 4)'$.

Die Analysen für die zweifaktoriellen Paarvergleiche, $D0 - D2$, $D0 - D1$ und $D2 - D1$ sind in Tabelle 8.7 angegeben.

Tabelle 8.7 *Paarvergleiche zwischen den drei Versuchsflächen des Fichtenwald-Dachprojektes. Angegeben sind die Werte der ANOVA-Typ Statistiken mit den zugehörigen p-Werten und die Statistiken für gemusterte Alternativen bei einer 2×t-Wechselwirkung. Hier wurde das Muster $w = (1, 2, 3, 4)'$ gewählt, was einem mit der Zeit wachsenden Effekt entspricht. Die Ergebnisse sind mit dem SAS-Makro F1_LD_F1 berechnet worden. Die Handhabung des Makros ist in Abschnitt 8.4 erläutert, den Ausdruck aller Ergebnisse findet man in Abschnitt 14.12.*

Vergleiche	Statistiken (ANOVA-Typ)		p-Werte	Statistiken (Muster: 1,2,3,4)		p-Werte (t-Approx.)
$D0 - D2$	$F_n(AT)$	2.30	0.0799	$L_n(w)$	2.38	0.0110
$D0 - D1$	$F_n(AT)$	5.81	0.0010	$L_n(w)$	3.53	0.0005
$D2 - D1$	$F_n(AT)$	1.15	0.3247	$L_n(w)$	1.19	0.1190

Man entnimmt der Tabelle 8.7, daß für den Vergleich der Flächen D0 und D1 der Wechselwirkungstest (für eine globale Alternative) mit $F_n(AT) = 5.81$ und einem p-Wert von 0.001 ein signifikantes Ergebnis zeigt. Beim Vergleich der Flächen D2 und D1 ergibt sich mit $F_n(AT) = 1.15$ und einem p-Wert von 0.3247 kein Hinweis auf eine Wechselwirkung, während man für den Vergleich der Flächen D0 und D2 mit $F_n(AT) = 2.3$ einen als 'grenzwertig' anzusehenden p-Wert von 0.0799 erhält.

Wie bereits erwähnt, ist die Statistik $F_n(AT)$ empfindlich auf jede Art von Wechselwirkung, was im vorliegenden Fall weniger von Interesse und vor allem schwierig zu interpretieren ist. Ein sinnvoller Effekt ist eine Differenz der relativen Marginaleffekte zwischen den jeweiligen Flächen, die mit der Zeit größer wird. Es ist also eine Statistik zu wählen, die auf einen zunehmenden Unterschied - d.h. auf eine zunehmende Differenz zwischen den relativen Effekten der Flächen und der Zeit besonders empfindlich und auf möglicherweise andere (hier nicht interessierende) Wechselwirkungsmuster weniger oder gar nicht empfindlich ist. Eine solche Statistik ist die in (8.37) auf Seite 122 angegebene Linearform $L_n(w)$ für eine $2 \times t$-Versuchsanlage.

Man wählt in diesem Fall Gewichte w_s, die mit der Zeit zunehmen, also $w = (1, 2, 3, 4)'$, da nur eine zunehmende Differenz sinnvoll zu interpretieren ist. Man entnimmt der Tabelle 8.7, daß mit $L_n(w) = 1.19$ $(p = 0.1191)$ kein Unterschied hinsichtlich der Entwicklung der Kronenvitalität zwischen dem Kontrolldach D2 und dem Entsauerungsdach D1 festzustellen ist. Beachtet man gleichzeitig, daß der einfache Zeiteffekt für beide Dächer einen fallenden Trend – also eine zunehmend bessere Kronenvitalität – zeigte (Tabelle 8.6), so läßt sich das dahingehend interpretieren, daß sowohl die Entsauerung des Regens (D1) als auch das einfache Filtern des Regenwassers (D2) einen gleich guten zunehmenden Effekt auf die Kronenvitalität der Bäume auf diesen Flächen haben.

Bei den Vergleichen der beiden Dachflächen mit der Fläche ohne Dach lassen sich mit $L_n(\boldsymbol{w}) = 2.38$ ($p = 0.0110$) für D0 / D2 bzw. $L_n(\boldsymbol{w}) = 3.53$ ($p = 0.0005$) für D0 / D1 mit der Zeit zunehmende Unterschiede in der Entwicklung der Kronenvitalität nachweisen. Diese Ergebnisse sind nicht nur als explorative Analyse zu verstehen. Für die Paarvergleiche wird bei den Statistiken mit der sequentiellen HOLM-Prozedur das multiple Niveau $\alpha = 5\%$ eingehalten, denn es ist $p_{(1)} = 0.0005 < \alpha/3 = 0.0167$, $p_{(2)} = 0.011 < \alpha/2 = 0.025$ und $p_{(3)} = 0.1191 > \alpha = 0.05$.

Das Ergebnis, daß die Fläche mit Kontrolldach D2, bei der nur das Sediment aus dem Regenwasser gefiltert wurde, verglichen mit der Fläche ohne Dach ein unterschiedliches Ergebnis liefert aber gegenüber dem Entsauerungsdach kein unterschiedliches Ergebnis zeigt, bedarf natürlich einer entsprechenden Erklärung, die seitens der Waldökologie erbracht werden muß. Die zuvor erwähnte Schwierigkeit bei der Interpretation paralleler und nicht-paralleler Verläufe der relativen Marginaleffekte, muß in Kapitel 10 bei den mehrfaktoriellen Versuchsanlagen geklärt werden.

Insgesamt demonstriert dieses Beispiel den sinnvollen Einsatz von Linearformen für gemusterte Alternativen. Die quadratische Form $F_n(AT)$ ist auf globale Alternativen empfindlich. Wenn aber nur bestimmte (sinnvoll zu interpretierende) Muster aufgedeckt werden sollen, kann man eine Linearform mit den Gewichten $\boldsymbol{w} = (w_1, \ldots, w_t)'$ wählen, die dem vermuteten Muster entsprechen. Die Linearform $L_n(\boldsymbol{w})$ ist dann auf ein solches Muster empfindlicher, d.h. deckt es mit größerer Wahrscheinlichkeit auf als die quadratische Form $F_n(AT)$. Man vergleiche hierzu bei der Analyse von D0 und D2 den p-Wert von 0.0799 für die quadratische Form $F_n(AT)$ mit dem p-Wert von 0.011 für die Linearform $L_n(\boldsymbol{w})$, wenn das Muster $\boldsymbol{w} = (1, 2, 3, 4)'$ untersucht wird.

8.4 Handhabung des Makros F1_LD_F1.SAS

Das Makro wird im SAS-Programm-Editor mit dem Befehl

%INCLUDE '*Pfad*\F1_LD_F1.SAS';

eingebunden. Der Datensatz muß als SAS-Datei zur Verfügung stehen und wird z.B. durch folgenden DATA-Step eingelesen:

```
DATA   SAS-Name;
INPUT  Individuum  Gruppe  Zeit  Zielvariable;
CARDS;
    1  1  1  X_111
    1  1  2  X_112
    :  :  :  :
    n  a  t  X_{a n_a t}
;
RUN;
```

Ausgegeben werden die Rangmittelwerte und die Schätzer der relativen Effekte $\widehat{p}_{i\cdot}$, $\widehat{p}_{\cdot s}$ und $\widehat{p}_{is}$ für die Gruppen, die Zeitpunkte und die einzelnen Zeitpunkte in den Gruppen. Diese können für die graphische Präsentation der Ergebnisse verwendet werden.

Folgende Statistiken werden berechnet:

1. Für den globalen Gruppeneffekt, den mittleren Zeiteffekt und die Wechselwirkung werden die Statistiken vom Wald-Typ Q_n in (8.16), (8.28) und (8.35) und vom ANOVA-Typ F_n in (8.17), (8.29) und (8.36) mit den zugehörigen p-Werten ausgegeben.

2. Für die einfachen Zeiteffekte werden die Statistiken $Q_n(T_i)$ und $F_n(T_i)$ in (8.30) und (8.31) mit den zugehörigen p-Werten ausgegeben.

3. Automatisch werden alle $(2 \times t)$-Paarvergleiche für die Analyse der Verläufe von je 2 Behandlungsgruppen ausgegeben, falls $a > 2$ ist. Die ausgegebenen p-Werte für die Mehrfachvergleiche müssen dann separat mit einem entsprechenden Verfahren adjustiert werden (α-adjusting).

4. Statistiken für gemusterte Alternativen können für folgende Situationen berechnet werden:
   (a) Für die einfachen Zeiteffekte: $L_i(\boldsymbol{w})$ in (8.32);
   (b) Für den (gesamten) Gruppeneffekt: $L_n^A(\boldsymbol{w})$ in (8.21).
   (c) Für die Wechselwirkung, falls $a = 2$ ist: $L_n(\boldsymbol{w})$ in (8.37).

   Für die $2 \times t$ Paarvergleiche muß immer dasselbe Muster verwendet werden.

Die Gewichte müssen in separaten Datensätzen zur Verfügung gestellt werden. Hierbei muß beachtet werden, daß die Stufen des Behandlungsfaktors bzw. des Zeitfaktors mit den Stufen des jeweiligen Faktors im Datensatz, der die Meßwerte enthält, übereinstimmen, damit eine sinnvolle Zuordnung der Gewichte erfolgen kann.

- Für die einfachen Zeitffekte wird benötigt:
  - SAS-Name des Datensatzes für die Gewichte.
  - SAS-Name der Zielvariablen.
  - SAS-Name des Behandlungsfaktors (Whole-Plot-Faktor).
  - SAS-Name des Zeitfaktors.

  Beim Aufruf des Makros werden diese Größen den Variablen mit der Extension _PST (für patterned simple time) zugewiesen.
- Für den gemusterten Gruppeneffekt wird benötigt:
  - SAS-Name des Datensatzes für die Gewichte.
  - SAS-Name der Zielvariablen.
  - SAS-Name des Behandlungsfaktors (Whole-Plot-Faktor).

  Beim Aufruf des Makros werden diese Größen den Variablen mit der Extension _PGT (patterned group test) zugewiesen.
- Für die gemusterte $2 \times t$-Wechselwirkung wird benötigt:
  - SAS-Name des Datensatzes für die Gewichte.
  - SAS-Name der Zielvariablen.
  - SAS-Name des Zeitfaktors.

  Beim Aufruf des Makros werden diese Größen den Variablen mit der Extension _PIT (patterned interaction test) zugewiesen.

Das Makro wird im Programm-Editor aufgerufen durch

```
%F1_LD_F1( DATA      = SAS-Datensatz,
           VAR       = SAS-Name der Zielvariablen,
           FACTOR    = SAS-Name des Whole-Plot-Faktors (Behandlung),
           TIME      = SAS-Name des Zeitfaktors,
           SUBJECT   = SAS-Name der Individuen,
           DATA_PST  = SAS-Datensatz für die Gewichte (einfache Effekte),
           VAR_PST   = SAS-Name der Gewichtsvariablen,
           FAC_PST   = SAS-Name des Whole-Plot-Faktors (Behandlung),
           TIME_PST  = SAS-Name des Zeitfaktors für die Gewichte,
           DATA_PIT  = SAS-Datensatz für die Gewichte (Wechselwirkung),
           VAR_PIT   = SAS-Name der Gewichtsvariablen,
           TIME_PIT  = SAS-Name des Zeitfaktors für die Gewichte,
           DATA_PGT  = SAS-Datensatz für die Gewichte (Behandlung),
           VAR_PGT   = SAS-Name der Gewichtsvariablen,
           TIME_PGT  = SAS-Name des Zeitfaktors für die Gewichte);
```

Falls keine Statistiken für gemusterte Alternativen berechnet werden sollen, werden die entsprechenden Einträge in der Parameterliste beim Aufruf des Makros einfach weggelassen.

Folgende Spezialfälle werden von dem Makro berücksichtigt:

1. Abhängige Meßwiederholungen (siehe Abschnitt 9).
2. Fehlende Werte (siehe Abschnitt 7.2.4). Hierbei ist vorausgesetzt, daß kein *informative missing* vorliegt.
3. Singuläre Kovarianzmatrizen (siehe Abschnitt 7.2.5).

Die Handhabung des Makros wird anhand des Fichtenwald-Dachprojektes erklärt. Die Originaldaten findet man in Abschnitt 13.12 und die Analyse in den Tabellen 8.6 und 8.7.

Einlesen des Datensatzes und der Gewichte für einen vermuteten fallenden Trend $w = (4, 3, 2, 1)'$ für jede einzelne Fläche (einfache Effekte) sowie für einen vermuteten steigenden Wechselwirkungstrend $w = (1, 2, 3, 4)'$ bei den Paarvergleichen zwischen den Flächen:

Einlesen des Datensatzes

```
DATA    dach;
INPUT   baum  flaeche $
        jahr  score;
CARDS;
569  D0  93   2
569  D0  94   2
569  D0  95   2
569  D0  96   2
 :    :   :   :
737  D1  93   6
737  D1  94   5
737  D1  95   5
737  D1  96   4
;
RUN;
```

Einlesen des Trends (einfache Effekte)

```
DATA    trend_s;
INPUT   flaeche $
        jahr   gew_s;
CARDS;
D0  93  4
D0  94  3
D0  95  2
D0  96  1
D2  93  4
:   :   :
D1  95  2
D1  96  1
;
RUN;
```

Einlesen des Trends (Wechselwirkung)

```
DATA    trend_i;
INPUT   jahr
        gew_i;
CARDS;
93      1
94      2
95      3
96      4
;
RUN;
```

Aufruf des Makros:

```
%F1_LD_F1(
   DATA = dach, VAR = score, FACTOR = flaeche, TIME = jahr, SUBJECT = baum,
   DATA_PST = trend_s, VAR_PST = gew_s, FAC_PST = flaeche, TIME_PST = jahr,
   DATA_PIT = trend_i, VAR_PIT = gew_i, TIME_PIT = jahr);
```

8.5 Verfahren für summarische Effekte

In manchen Fällen ist es sinnvoll, die gesamte Verlaufskurve für ein Individuum durch einen einzigen Wert zu beschreiben, der in geeigneter Weise die gewünschte Information aus der Verlaufskurve extrahiert. Solche Werte werden in der Literatur als *summary statistics* bezeichnet. Die Behandlungseffekte, die man hiermit beschreiben kann, sind daher als summarische Effekte anzusehen. Da der Vektor der Beobachtungen $\boldsymbol{X}_{ik} = (X_{i1k}, \ldots, X_{itk})'$ durch eine geeignete Transformation $Y_{ik} = \varphi(\boldsymbol{X}_{ik})$ in eine univariate Beobachtung abgebildet wird, liegt nun eine Versuchsanlage mit unabhängigen Beobachtungen $Y_{ik}, i = 1, \ldots, a, k = 1, \ldots, n_i$, vor (*one-way layout, OWL*).

Die Verteilungsfunktion von Y_{ik} wird mit $G_i(y)$ bezeichnet und der Mittelwert der $G_i(y)$ mit $H(y) = n^{-1} \sum_{i=1}^{a} n_i G_i(y)$, wobei $n = \sum_{i=1}^{a} n_i$ die Gesamtanzahl aller Individuen (und auch aller transformierten Beobachtungen Y_{ik}) ist. Damit kann man die relativen summarischen Effekte $p_i = \int H dG_i$ definieren, die in Abschnitt 3.1.1 ausführlich diskutiert wurden. Schätzer für diese Effekte sind in Abschnitt 4.4.2 beschrieben und die asymptotische Verteilung unter $H_0^G : \boldsymbol{CG} = \boldsymbol{0}$ ist in Satz 4.8 angegeben. Hierbei bezeichnet $\boldsymbol{G} = (G_1, \ldots, G_a)'$ den Vektor der Verteilungen der transformierten Beobachtungen Y_{ik} und $\boldsymbol{C}$ ist eine geeignete Kontrastmatrix zur Beschreibung der Hypothese.

Für eine Versuchsanlage mit $i = 1, \ldots, a$ Gruppen von Individuen kann nur ein summarischer Effekt für die Gruppen über die gesamte Zeit untersucht werden, da die separate Information zu den einzelnen Zeitpunkten durch die Transformation verlorengegangen ist. Somit kann in dieser Versuchsanlage nur die Hypothese $H_0^G : G_1 = \cdots = G_a$ oder, in Matrizenschreibweise, $H_0^G : \boldsymbol{P}_a \boldsymbol{G} = \boldsymbol{0}$ untersucht werden. Ein konsistenter Schätzer für σ_i^2 ist in (4.5) auf Seite 49 angegeben. Verwendet man zusätzlich die Information, daß unter H_0^G alle Varianzen $\sigma_i^2 \equiv \sigma_0^2$ sind, dann kann man einen gemeinsamen Schätzer $\widehat{\sigma}_0^2$ angeben, nämlich

$$\widehat{\sigma}_0^2 = \frac{1}{n^2(n-1)} \sum_{i=1}^{a} \sum_{k=1}^{n_i} \left(R_{ik} - \frac{n+1}{2} \right)^2, \qquad (8.39)$$

der sich im Falle stetiger Verteilungen G_i (wenn also keine Bindungen vorhanden sind), auf den bekannten Varianzschätzer

$$\widehat{\sigma}_s^2 = \frac{1}{n^2(n-1)} \sum_{k=1}^{n} \left(k - \frac{n+1}{2} \right)^2 = \frac{n+1}{12n}$$

für den KRUSKAL-WALLIS-Test reduziert. In diesem Fall kann man die Hypothese $H_0^G : \boldsymbol{P}_a \boldsymbol{G} = \boldsymbol{0}$ mit dem KRUSKAL-WALLIS-Test untersuchen. Falls Bindungen vorliegen, verwendet man den in (8.39) angegebenen Schätzer, der die bekannte 'Bindungskorrektur' für die Varianz der KRUSKAL-WALLIS-Statistik automatisch beinhaltet. Man erhält dann die Statistik

$$Q_n = \frac{1}{n^2\widehat{\sigma}_0^2}\sum_{i=1}^{a} n_i\left(\overline{R}_{i\cdot} - \frac{n+1}{2}\right)^2, \qquad (8.40)$$

die unter H_0^G für große Stichprobenumfänge angenähert χ^2_{a-1}-verteilt ist. Für $a \geq 3$ und $n_i \geq 6$ ist die Approximation bei stetigen Verteilungen recht gut brauchbar. Im Fall von Bindungen hängt die Güte der Approximation von der Anzahl und vom Ausmaß der Bindungen ab.

Anwendung auf die Plasma-Renin-Studie

Bei der Plasma-Renin-Studie ist es für den Pharmakologen von Interesse zu untersuchen, welche Gesamtaktivität des Plasma-Renins (PRA) über einen Zeitraum von 12 Stunden unter den vier Substanzen Propanolol, Dobutamin, Fenoterol und Placebo vorhanden ist. Insofern ist die 'Fläche unter der Kurve' (*area under the curve, AUC*) ein sinnvoller summarischer Effekt, der für jeden einzelnen Probanden aus den vorhandenen Beobachtungen zu den Zeitpunkten *0h, 2h, 6h, 8h* und *12h* bestimmt wird. Die (nach der Trapez-Formel) berechneten Flächen für die 49 Probanden sind in Tabelle 8.8 aufgelistet.

Tabelle 8.8 *Fläche unter den PRA-Kurven für die 49 Probanden der Plasma-Renin-Studie (Beispiel 1.3.9).*

	AUC	
Propanolol	13.00, 10.00, 12.86, 11.38, 9.94, 13.24, 7.32, 1.10, 12.56, 14.36	$n_1 = 10$
Dobutamin	18.80, 41.70, 41.24, 49.98, 63.90, 29.86, 25.92, 36.92, 54.90, 37.04, 28.94, 33.80, 18.08	$n_2 = 13$
Fenoterol	34.16, 67.82, 60.68, 39.04, 37.72, 46.78, 50.80, 128.60, 31.18, 35.04, 56.40, 22.62, 26.09	$n_3 = 13$
Placebo	20.94, 25.56, 19.64, 9.26, 16.42, 16.22, 16.90, 26.46, 15.26, 10.90, 18.16, 21.50, 26.58	$n_4 = 13$

Mit den Rängen über alle 49 berechneten Flächen wird der Kruskal-Wallis-Test in (8.40) durchgeführt. Die mit der SAS-Prozedur NPAR1WAY berechneten Rangmittelwerte $\overline{R}_{i\cdot}$, $i = 1, \ldots, 4$, die Statistik Q_n in (8.40) und der aus der χ^2_3-Verteilung ermittelte p-Wert sind in Tabelle 8.9 aufgelistet. Das SAS-Makro OWL berechnet zusätzlich die geschätzten relativen Effekte für die AUC und ferner die 6 Paarvergleiche mit Niveauanpassung (Holm-Prozedur) für die vier Versuchsgruppen. Die Ergebnisse sind ebenfalls in Tabelle 8.9 wiedergegeben. Für die Paarvergleiche werden die p-Werte für die Statistik des Wilcoxon-Mann-Whitney-Tests bestimmt. Dabei ist der p-Wert aus der Approximation mit der Normalverteilung unter '$N(0,1)$' und der exakte p-Wert (mittels Shift-Algorithmus bestimmt) unter 'Exakt' angegeben. Die Entscheidungen halten das multiple Niveau α ein (sequentiell verwerfende HOLM-Prozedur) und werden mit 'signifikant' = * bzw. 'nicht signifikant' = n.s. abgekürzt.

Tabelle 8.9 *Analyse der AUC für die Plasma-Renin-Studie (Beispiel 1.3.9). Die Ergebnisse sind mit der SAS-Prozedur NPAR1WAY und dem SAS-Makro OWL berechnet worden. Die Handhabung des Makros ist in Abschnitt 8.6 erläutert, den Ausdruck aller Ergebnisse findet man in Abschnitt 14.9.1.*

Substanz	n_i	Rang-Mittel	Relative Behandlungseffekte
Propanonol	10	7.10	0.13
Dobutamin	13	33.46	0.67
Fenoterol	13	38.15	0.77
Placebo	13	17.15	0.34

KRUSKAL-WALLIS-Statistik		p-Wert	FG
Q_n	35.19	$< 1 \cdot 10^{-7}$	3

Paarvergleiche ($\alpha = 0.05$)

Vergleiche			p-Werte $N(0,1)$	p-Werte Exakt	Entscheidung (HOLM-Prozedur) $N(0,1)$	Entscheidung (HOLM-Prozedur) Exakt
Propanolol	-	Dobutamin	0.0000	0.0000	*	*
Propanolol	-	Fenoterol	0.0000	0.0000	*	*
Propanolol	-	Placebo	0.0001	0.0012	*	*
Dobutamin	-	Fenoterol	0.1694	0.1887	n.s.	n.s.
Dobutamin	-	Placebo	0.0000	0.0001	*	*
Fenoterol	-	Placebo	0.0000	0.0001	*	*

Bis auf den Vergleich zwischen Dobutamin und Fenoterol unterscheiden sich die Flächen unter den PRA-Kurven auf dem 5%-Niveau signifikant.

Der summarische Effekt 'AUC' extrahiert eine bestimmte Information aus den Daten, die für den Pharmakologen wichtig ist. Es sei aber darauf hingewiesen, daß in den Daten dieses Versuchs weitaus mehr Information enthalten ist, die mit den Verfahren des Abschnittes 8.3 analysiert werden kann. Anhand der Plasma-Renin-Studie sollen diese beiden Analysestrategien verglichen werden.

Betrachtet man die Originaldaten anstelle des abgeleiteten summarischen Effektes, dann entspricht dieser Versuch einer Mehr-Gruppen-Versuchsanlage mit longitudinalen Daten, die analog zur γ-GT-Studie in Tabelle 8.4 mit dem SAS-Makro $F1\_LD\_F1$ ausgewertet wird. Die Ergebnisse der Gesamt-Analyse sind in Tabelle 8.10 aufgelistet, während die Ergebnisse der sechs möglichen Paarvergleiche für die vier Versuchsgruppen in Tabelle 8.11 wiedergegeben sind.

Den aus den ANOVA-Typ Statistiken ermittelten p-Werten entnimmt man, daß die PRA insgesamt für die vier Versuchsgruppen unterschiedlich ist ($F_n(A) = 23.75$,

$p < 10^{-4}$). Ferner sind auch die Verläufe der PRA für die vier Gruppen signifikant verschieden ($F_n(AT) = 16.04$, $p < 10^{-4}$). Diesen Sachverhalt kann man durch den summarischen Effekt der AUC aus den Daten nicht ermitteln. Hier wird der Vorteil der detaillierten Analyse durch die in Abschnitt 8.3 beschriebenen Methoden ersichtlich.

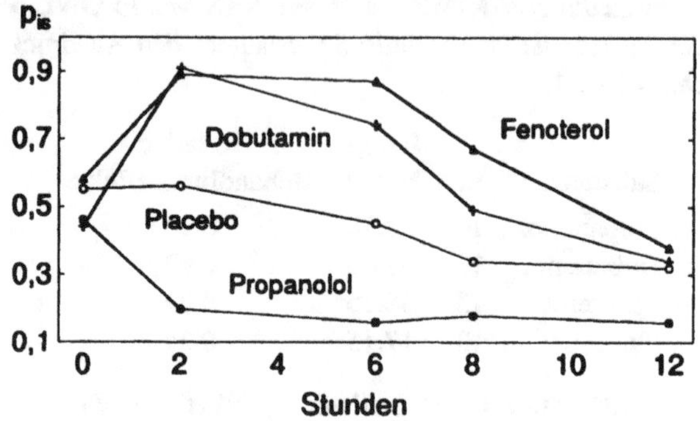

Abbildung 8.4 *Zeitverläufe der relativen Marginaleffekte für die vier Versuchsgruppen der Plasma-Renin-Studie (• = Propanolol, + = Dobutamin, △ = Fenoterol, ○ = Placebo).*

Tabelle 8.10 *Auswertung der Plasma-Renin-Studie als Mehr-Gruppen-Versuchsanlage mit longitudinalen Daten. Die Ergebnisse sind mit dem SAS-Makro F1_LD_F1 berechnet worden. Die Handhabung des Makros ist in Abschnitt 8.4 erläutert, den Ausdruck aller Ergebnisse findet man in Abschnitt 14.9.*

	Relative Marginaleffekte				
	Zeitpunkte				
Substanz	1	2	3	4	5
Propanolol	0.46	0.20	0.16	0.18	0.16
Dobutamin	0.44	0.91	0.74	0.49	0.34
Fenoterol	0.58	0.89	0.87	0.67	0.38
Placebo	0.55	0.56	0.45	0.34	0.32

WALD-Typ-Statistiken		*p*-Werte	FG
$Q_n(A)$	128.63	0.0000	3
$Q_n(T)$	235.49	0.0000	4
Q_nAT	163.93	0.0000	12

ANOVA-Typ-Statistiken		*p*-Werte	f_1	f_2
$F_n(A)$	23.75	0.0000	2.61	38.77
$F_n(T)$	53.67	0.0000	3.11	∞
F_nAT	16.04	0.0000	7.78	∞

Die genauere Information, welche der vier Gruppen sich voneinander unterscheiden, erhält man aus den sechs möglichen Paarvergleichen, die in Tabelle 8.11 aufgelistet sind. Man entnimmt dieser Tabelle, daß sich die PRA unter Dobutamin und

Fenoterol weder insgesamt ($p = 0.0966$) noch in den Verläufen signifikant unterscheiden ($p = 0.0933$). Für die übrigen fünf Vergleiche erhält man sowohl insgesamt eine signifikant unterschiedliche PRA als auch signifikant verschiedene Verläufe. Diese Ergebnisse belegen den 'optischen' Eindruck, den man bei Betrachtung der Verläufe der relativen Marginaleffekte in Abbildung 8.4 erhält. Die differenzierten Aussagen, daß sowohl die PRA insgesamt als auch deren Verläufe in diesen Fällen signifikant unterschiedlich sind, kann man bei Verwendung des summarischen Effektes der AUC nicht erhalten.

Tabelle 8.11 *Paarvergleiche für die vier Versuchsgruppen der Plasma-Renin-Studie als Mehr-Gruppen-Versuchsanlage. Die Ergebnisse sind mit dem SAS-Makro $F1\_LD\_F1$ berechnet worden. Die Handhabung des Makros ist in Abschnitt 8.4 erläutert, den Ausdruck aller Ergebnisse findet man in Abschnitt 14.9.*

Paarvergleiche (ANOVA-Typ-Statistiken)

	Propanolol / Dobutamin		Propanolol / Fenoterol		Propanolol / Placebo	
	F_n	p-Werte	F_n	p-Werte	F_n	p-Werte
A	45.15	0.0000	115.07	0.0000	44.11	0.0002
T	26.23	0.0000	18.47	0.0000	21.19	0.0000
AT	40.45	0.0000	26.09	0.0000	5.30	0.0006

	Dobutamin / Fenoterol		Dobutamin / Placebo		Fenoterol / Placebo	
	F_n	p-Werte	F_n	p-Werte	F_n	p-Werte
A	2.76	0.0966	4.32	0.0377	15.35	0.0001
T	67.59	0.0000	43.05	0.0000	28.74	0.0000
AT	2.23	0.0933	15.55	0.0000	10.62	0.0000

8.6 Handhabung des Makros OWL.SAS

Das Makro wird im SAS-Programm-Editor mit dem Befehl

%INCLUDE '*Pfad*\OWL.SAS';

eingebunden. Der Datensatz muß als SAS-Datei zur Verfügung stehen und wird z.B. durch folgenden DATA-Step eingelesen:

```
DATA   SAS-Name;
INPUT  Individuum  Gruppe  Variable;
CARDS;
```

$$\begin{array}{ccc} 1 & 1 & X_{11} \\ 2 & 1 & X_{12} \\ \vdots & \vdots & \vdots \\ n_1 & 1 & X_{1n_1} \\ \vdots & \vdots & \vdots \\ N & a & X_{an_a} \end{array}$$

```
;
RUN;
```

Unter 'Variable' ist der aus den Originaldaten abgeleitete summarische Effekt für das betreffende Individuum zu verstehen. Ausgegeben werden die Rangmittelwerte und die Schätzer $\widehat{p}_i$ für die relativen Effekte p_i der Behandlungsgruppen. Diese können für die graphische Präsentation der summarischen Effekte verwendet werden.

Ferner werden die Grenzen der zweiseitigen $(1-\alpha)$-Konfidenzintervalle für die relativen Effekte p_i ausgegeben. Dabei kann α frei gewählt werden. Die Voreinstellung ist $\alpha = 0.05$. Für die Überprüfung der Hypothese $H_0^F : F_1 = \cdots F_a$ wird die Statistik Q_n des KRUSKAL-WALLIS-Tests in (8.40) mit dem zugehörigen p-Wert aus der χ^2_{a-1}-Approximation und dem exakten p-Wert aus der Permutationsverteilung angegeben, die durch Simulation erzeugt wird. Dabei kann die Anzahl der Simulationen vorgegeben werden. Die Voreinstellung ist 5000 Simulationen. Weiterhin wird in der Zeile 'F-Test Rank' eine Approximation des p-Wertes für die Statistik $Q_n/(a-1)$ mittels der F-Verteilung angegeben.

Standardmäßig werden alle Paarvergleiche für die Behandlungsgruppen durchgeführt und die entsprechenden Statistiken werden ausgegeben. Für die zugehörigen p-Werte werden die Approximationen mit der Normalverteilung und der t-Verteilung sowie der exakte p-Wert aus der Permutationsverteilung (Shift-Algorithmus) angegeben. Die Niveauanpassung wird für das sequentielle HOLM-Verfahren (Überschrift: Decision (Holm-Proc.)) durchgeführt. Das einzuhaltende multiple Niveau α kann vorgegeben werden. Die Entscheidungen zum multiplen Niveau α (0 = nicht signifikant, 1 = signifikant) werden für die beiden Approximationen der p-Werte mit der Normalverteilung und der t-Verteilung sowie für den exakten p-Wert aus der Permutationsverteilung angegeben.

Zur Durchführung eines Test für gemusterte Alternativen muß das vermutete Muster in einem eigenen Datensatz zur Verfügung gestellt werden. Hierbei muß beachtet werden, daß die Stufen des Behandlungsfaktors mit den Stufen des Behandlungsfaktors im Datensatz, der die Meßwerte enthält, übereinstimmen, damit eine sinnvolle Zuordnung der Gewichte erfolgen kann. Es wird die Statistik von HETTMANSPERGER und NORTON (1987) berechnet, wobei diese auf den unstetigen Fall verallgemeinert ist (AKRITAS und BRUNNER 1996). Die angegebenen p-Werte sind aus der Approximation mit der Normalverteilung und der t-Verteilung berechnet.

Das Makro wird im SAS-Programm-Editor aufgerufen durch

```
% OWL( DATA       =  SAS-Datensatz,
       VAR        =  SAS-Name der (summarischen) Variablen,
       GROUP      =  SAS-Name des Behandlungsfaktors,
       ALPHA_C    =  α (mit 0 < α < 1),
                     (für das Konfidenzintervall; Voreinstellung: 0.05)
       ALPHA_P    =  α (mit 0 < α < 1),
                     (für die Paarvergleiche; Voreinstellung: 0.05)
       EXACT      =  YES / NO,
                     (für die Simulation der Permutationsverteilung)
       N_SIM      =  n, (mit n ≥ 1, ganzzahlig),
                     (Anzahl der Simulationen für die
                      Permutationsverteilung; Voreinstellung ist 1000)
       DATA_PT    =  SAS-Datensatz für die Gewichte des Musters,
       VAR_PT     =  SAS-Name der Gewichte,
       GROUP_PT   =  SAS-Name der Behandlung);
```

Die Handhabung des Makros wird anhand der AUC für die Plasma-Renin-Studie erklärt. Die Originaldaten findet man in Abschnitt 13.9 und die Analyse in der Tabelle 8.9.

Einlesen des Datensatzes:

```
DATA   aucpr;
INPUT  proband  beh $  auc;
CARDS;
 1  pro   13.00
 2  pro   10.00
 :   :      :
 N  plac  26.58
;
RUN;
```

Aufruf des Makros:

```
% OWL( DATA = aucpr,
       VAR = auc,
       GROUP = beh,
       ALPHA_C = 0.05,
       ALPHA_P = 0.05,
       EXACT = YES,
       N_SIM = 10000);
```

9 Abhängige Meßwiederholungen

9.1 Modelle

Wird ein Individuum mehrfach zum gleichen Zeitpunkt beobachtet, so liegen abhängige Wiederholungen vor. Ein Beispiel hierfür ist der Water-Maze-Test im Abschnitt 1.3.3, bei dem pro Muttertier und Zeitpunkt je zwei Jungtiere beobachtet werden. Das mit der Substanz behandelte Individuum ist das Muttertier, während die beiden Jungtiere nur eine genauere 'durchschnittliche' Beobachtung gewährleisten sollen. Dies ist eine Versuchsanlage für mehrere Versuchsgruppen (*Placebo, Dosis 1, Dosis 2* und *Dosis 3*) zu zwei Zeitpunkten (*Tag 1* und *Tag 7*), bei der Punktwerte, also ordinale Daten, in einem Lerntest vergeben werden. Bei diesem Beispiel machen Lokationsmodelle und Verschiebungseffekte keinen Sinn, so daß sich eine nichtparametrische Auswertung der relativen Behandlungseffekte anbietet.

Im Fall einer Versuchsgruppe beobachtet man also für jedes Individuum k zum Zeitpunkt s den Vektor $\boldsymbol{X}_{ks} = (X_{ks1}, \ldots, X_{ksm_{ks}})'$, wobei m_{ks} die Anzahl der abhängigen Wiederholungen zum Zeitpunkt s beim Individuum k bezeichnet. Das Modell läßt also eine ungleiche Anzahl von abhängigen Wiederholungen zu. Im oben erwähnten Beispiel ist $m_{ks} \equiv m = 2$. Diese Beobachtungen faßt man zum Vektor $\boldsymbol{X}_k = (\boldsymbol{X}'_{k1}, \ldots, \boldsymbol{X}'_{kt})'$, $k = 1, \ldots, n$, zusammen, wobei sinnvollerweise angenommen wird, daß die Randverteilungen von $\boldsymbol{X}_{ks}$ identisch sind, d.h. es ist $X_{ksr} \sim F_s(x)$, $s = 1, \ldots, t$, für alle $k = 1, \ldots, n$ und $r = 1, \ldots, m_{ks}$. Die Beobachtungen für das Individuum k sind in Schema 9.1 dargestellt.

Schema 9.1 (Abhängige Versuchswiederholungen)

Beobachtungen für das Individuum k			
	Zeitpunkte		
	1	...	*t*
Vektor	*Abhängige Wiederholungen*	...	*Abhängige Wiederholungen*
$\boldsymbol{X}_k$	$\left.\begin{matrix} X_{k11} \\ \vdots \\ X_{k1m_{k1}} \end{matrix}\right\} \boldsymbol{X}_{k1}$	...	$\left.\begin{matrix} X_{kt1} \\ \vdots \\ X_{ktm_{kt}} \end{matrix}\right\} \boldsymbol{X}_{kt}$

Bezeichnet man mit $N = \sum_{k=1}^{n} \sum_{s=1}^{t} m_{ks}$ die Gesamtanzahl aller (abhängigen und unabhängigen) Beobachtungen und mit

$$H(x) = \frac{1}{N} \sum_{k=1}^{n} \sum_{s=1}^{t} m_{ks} F_s(x)$$

den Mittelwert aller Verteilungsfunktionen im Versuch, dann ist $p_s = \int H dF_s$ der relative Marginaleffekt zum Zeitpunkt s. Der relative Effekt p_s gibt die Wahrscheinlichkeit an, daß eine beliebige Beobachtung im Versuch kleiner ist als eine zum Zeitpunkt s gemachte Beobachtung. Hierbei ist zu beachten, daß die Anzahlen der abhängigen Wiederholungen m_{ks} alle gleich oder annähernd gleich sein sollten, damit p_s sinnvoll zu interpretieren ist.

Zur Schätzung von p_s betrachtet man die ungewichteten Mittelwerte $\widetilde{F}_s(x) = n^{-1} \sum_{k=1}^{n} \widehat{F}_{ks}(x)$ der empirischen Verteilungsfunktionen von $X_{ks1}, \ldots, X_{ksm_{ks}}$ für die Individuen $k = 1, \ldots, n$, wobei

$$\widehat{F}_{ks}(x) = \frac{1}{m_{ks}} \sum_{r=1}^{m_{ks}} c(x - X_{ksr}), \quad s = 1, \ldots, t,$$

ist. Mit $\widehat{H}(x) = N^{-1} \sum_{k=1}^{n} \sum_{s=1}^{t} \sum_{r=1}^{m_{ks}} c(x - X_{ksr})$ erhält man für den relativen Marginaleffekt p_s den konsistenten Schätzer

$$\widetilde{p}_s = \int \widehat{H} d\widetilde{F}_s = \frac{1}{N}\left(\widetilde{R}_{\cdot s \cdot} - \frac{1}{2}\right). \tag{9.1}$$

Hierbei bezeichnet $\widetilde{R}_{\cdot s \cdot} = n^{-1} \sum_{k=1}^{n} m_{ks}^{-1} \sum_{r=1}^{m_{ks}} R_{ksr}$ den ungewichteten Mittelwert der Ränge R_{ksr} von X_{ksr} unter allen N (abhängigen und unabhängigen) Beobachtungen. Den Vektor der Rang-Mittelwerte $\overline{R}_{ks\cdot} = m_{ks}^{-1} \sum_{r=1}^{m_{ks}} R_{ksr}$, $s = 1, \ldots, t$, für das Individuum k zum Zeitpunkt s bezeichnet man mit $\overline{\boldsymbol{R}}_{k\cdot} = (\overline{R}_{k1\cdot}, \ldots, \overline{R}_{kt\cdot})'$. Damit werden dann die ungewichteten Mittelwerte $\widetilde{R}_{\cdot s \cdot} = n^{-1} \sum_{k=1}^{n} \overline{R}_{ks\cdot}$ über die $k = 1, \ldots, t$ Individuen gebildet und zum Vektor $\widetilde{\mathbf{R}}_{\cdot\cdot} = (\widetilde{R}_{\cdot 1 \cdot}, \ldots, \widetilde{R}_{\cdot t \cdot})'$ zusammengefaßt.

Bei den Versuchsanlagen für eine Gruppe von Individuen in Kapitel 7 ersetzt man in allen Formeln die Vektoren $\boldsymbol{R}_k$ durch $\overline{\boldsymbol{R}}_{k\cdot}$ und den Vektor der Mittelwerte $\overline{\boldsymbol{R}}_\cdot$ durch $\widetilde{\mathbf{R}}_{\cdot\cdot}$. Damit erhält man anstelle von $\widehat{\boldsymbol{V}}_n$ in (7.9) auf Seite 79 für die Kovarianzmatrix den Schätzer

$$\widehat{\boldsymbol{V}}_n = \frac{1}{N^2(n-1)} \sum_{k=1}^{n} (\overline{\boldsymbol{R}}_{k\cdot} - \widetilde{\mathbf{R}}_{\cdot\cdot})(\overline{\boldsymbol{R}}_{k\cdot} - \widetilde{\mathbf{R}}_{\cdot\cdot})'$$

und für $Q_n(\boldsymbol{P}_t)$ in (7.10) auf Seite 79 die Statistik

$$Q_n(\boldsymbol{P}_t) = \frac{1}{nt^2} \left(\widetilde{\mathbf{R}}_{\cdot\cdot} - \tfrac{N+1}{2}\mathbf{1}_t\right)' [\boldsymbol{P}_t \widehat{\boldsymbol{V}}_n \boldsymbol{P}_t]^- \left(\widetilde{\mathbf{R}}_{\cdot\cdot} - \tfrac{N+1}{2}\mathbf{1}_t\right).$$

Schließlich ersetzt man $F_n(\boldsymbol{P}_t)$ in (7.11) auf Seite 79 durch

$$F_n(\boldsymbol{P}_t) = \frac{n}{\operatorname{tr}(\boldsymbol{P}_t \widehat{\boldsymbol{V}}_n)} \widetilde{\mathbf{p}}' \boldsymbol{P}_t \widetilde{\mathbf{p}} = \frac{n}{N^2 \operatorname{tr}(\boldsymbol{P}_t \widehat{\boldsymbol{V}}_n)} \sum_{s=1}^{t} (\widetilde{R}_{\cdot s \cdot} - \widetilde{R}_{\cdot\cdot\cdot})^2,$$

wobei $\widetilde{\mathbf{p}} = (\widetilde{p}_1, \ldots, \widetilde{p}_t)'$ und $\widetilde{R}_{\cdots} = t^{-1} \sum_{s=1}^{t} \widetilde{R}_{\cdot s}$. ist.

Für die Versuchsanlagen mit mehreren Gruppen $i = 1, \ldots, a$, wie sie in Kapitel 8 beschrieben sind, ändern sich die Bezeichnungen in analoger Weise. Die Beobachtung X_{iks} für das Individuum k in der Gruppe i zum Zeitpunkt s wird durch den Vektor der abhängigen Wiederholungen $(X_{iks1}, \ldots, X_{iksm_{iks}})'$ ersetzt. Die Ränge werden über alle $N = \sum_{i=1}^{a} \sum_{k=1}^{n_i} \sum_{s=1}^{t} m_{iks}$ abhängigen und unabhängigen Beobachtungen X_{iksr}, $i = 1, \ldots, a$, $k = 1, \ldots, n_i$, $s = 1, \ldots, t$ und $r = 1, \ldots, m_{iks}$, gebildet. In den Formeln (8.15) auf Seite 113 bis (8.37) auf Seite 122 werden die Ränge R_{iks} dann durch die Rangmittelwerte $\overline{R}_{iks\cdot} = m_{iks}^{-1} \sum_{r=1}^{m_{iks}} R_{iksr}$ ersetzt. Die daraus abgeleiteten Mittelwerte und Vektoren erhalten einen Punkt mehr, und der Querstrich zur Kennzeichnung der Mittelung wird durch die Schlange zur Kennzeichnung der ungewichteten Mittelung ersetzt. Damit erhält man

$$
\begin{aligned}
\overline{\boldsymbol{R}}_{ik\cdot} &= (\overline{R}_{ik1\cdot}, \ldots, \overline{R}_{ikt\cdot})', i = 1, \ldots, a, \ k = 1, \ldots, n_i, \\
\widetilde{\mathbf{R}}_{i\cdot\cdot} &= \frac{1}{n_i} \sum_{k=1}^{n_i} \overline{\boldsymbol{R}}_{ik\cdot}, \quad \widetilde{\mathbf{R}}_{\cdots} = \frac{1}{a} \sum_{i=1}^{a} \widetilde{\mathbf{R}}_{i\cdot\cdot} = \frac{1}{a} \sum_{i=1}^{a} (\widetilde{R}_{i\cdot1\cdot}, \ldots, \widetilde{R}_{i\cdot t\cdot})', \\
\widehat{\boldsymbol{V}}_n &= \bigoplus_{i=1}^{a} \widehat{\boldsymbol{V}}_i \quad \text{und} \\
\widehat{\boldsymbol{V}}_i &= \frac{n}{N^2 n_i (n_i - 1)} \sum_{k=1}^{n_i} (\overline{\boldsymbol{R}}_{ik\cdot} - \widetilde{\mathbf{R}}_{i\cdot\cdot})(\overline{\boldsymbol{R}}_{ik\cdot} - \widetilde{\mathbf{R}}_{i\cdot\cdot})'. \qquad (9.2)
\end{aligned}
$$

Technisch bedeutet das einfach, daß die Rangmittelwerte $\overline{R}_{iks\cdot}$ in allen Formeln in Kapitel 8 die Ränge R_{iks} ersetzen. Damit alle Verteilungsaussagen - sowohl asymptotisch als auch die Approximation für kleine Stichproben - korrekt bleiben, muß als einzige Bedingung erfüllt sein, daß die Anzahlen m_{iks} der abhängigen Wiederholungen pro Individuum, Zeitpunkt und Behandlung gleichmäßig beschränkt sind und nicht mit der Anzahl der Individuen anwachsen dürfen. Dies bedeutet für die Praxis, daß man den Aufwand nicht in zu viele Wiederholungen am gleichen Individuum zum selben Zeitpunkt stecken sollte, sondern besser mehr Individuen beobachtet. Dies ist eine einfache und einsichtige Voraussetzung.

9.2 Beispiele

Der Water-Maze-Test

Die oben beschriebene Vorgehensweise soll anhand des Water-Maze-Tests für die 144 Jungtiere von 72 Wistar-Ratten erläutert werden. Bei diesem Schwimm-Test wurden die Muttertiere während der Tragzeit mit einer Substanz in vier verschiedenen Dosen behandelt ($n_1 = n_2 = 17$ Tiere für die Placebo-Gruppe und Dosisstufe 1, $n_3 = n_4 = 19$ Tiere für die Dosisstufen 2 und 3). Je Muttertier $k = 1, \ldots, n_i$ wurden in jeder der $i = 1, \ldots, 4$ Gruppen je zwei Jungtiere zufällig für den Schwimm-Test ausgewählt und zu $t = 2$ Zeitpunkten (Tage 1 und 7) beobachtet. Die Anzahl der abhängigen Meßwiederholungen $r = 1, \ldots, m_{iks}$ ist daher konstant $m_{iks} = 2$. Man bildet die Ränge über alle $N = \sum_{i=1}^{4} \sum_{k=1}^{n_i} \sum_{s=1}^{2} m_{iks} = 288$ Beobachtungen und berechnet die 144 Mittelwerte $\overline{R}_{iks\cdot}$ der Ränge R_{iksr}. In den Formeln in Abschnitt 8.3 ersetzt man dann R_{iks} durch $\overline{R}_{iks\cdot}$ und erhält daraus die Schätzer für die relativen Behandlungseffekte p_{is}, die in Abbildung 9.1 dargestellt sind.

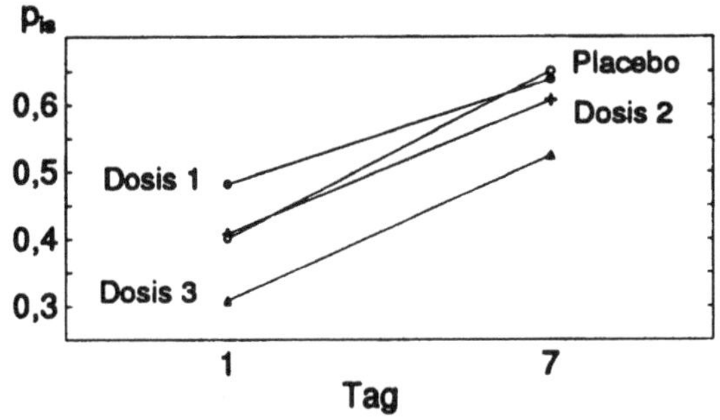

Abbildung 9.1 *Relative Behandlungseffekte für die vier Versuchsgruppen des Water-Maze-Tests (○ = Placebo, • = Dosis 1, + = Dosis 2, △ = Dosis 3).*

Bei diesem Versuch interessieren zwei Fragestellungen: Einerseits möchte man wissen, ob die Jungtiere der Mütter, die mit der Substanz behandelt worden sind, eine geringere Lernfähigkeit besitzen; andererseits ist zu untersuchen, ob das Behalten einer erlernten Fähigkeit für alle Versuchsgruppen gleich ist. Die Frage nach gleicher Lernfähigkeit wird durch die Untersuchung des Gruppeneffektes A beantwortet. Die Untersuchung der zweiten Frage, ob und inwieweit Erlerntes behalten wird, erfolgt durch die Analyse der Wechselwirkung AT zwischen den Gruppen und der Zeit. Der gemittelte Zeiteffekt T ist in diesem Beispiel weniger von Interesse.

Man entnimmt der Tabelle 9.1 die Statistik $F_n(AT) = 0.588$ für die Wechselwirkung AT mit einem p-Wert von 0.619. Die Daten ergeben also keinen Hinweis auf unterschiedliche Fähigkeiten, Erlerntes zu behalten. Anders verhält es sich beim Gruppeneffekt. Hier erhält man für die Statistik $F_n(A)$ den Wert 2.426 und einen p-Wert von 0.0744, den man als 'grenzwertig' bezeichnen kann. Man muß sich bei der Interpretation dieses p-Wertes vor Augen halten, daß man nicht die Wirksamkeit einer Substanz nachweisen will, sondern eine mögliche unerwünschte Wirkung einer Substanz aufdecken möchte. Vom Prinzip her wäre hier ein entsprechendes Äquivalenzverfahren nötig, um zeigen zu können, daß die Substanz hinsichtlich der Beeinflussung der Lernfähigkeit zu Placebo äquivalent ist. Nun stehen derzeit - insbesondere im nichtparametrischen Bereich - für solch komplizierte Modelle noch keine Verfahren zur Verfügung, so daß man darauf angewiesen ist, Signifikanztests mit erhöhtem Fehler erster Art (z.B. 10% oder 20%) durchzuführen. Man lehnt also zum Niveau $\alpha = 10\%$ die Hypothese ab, daß die Lernfähigkeit in allen Versuchsgruppen gleich ist.

Eine solche Globalaussage läßt sich weitaus besser interpretieren, wenn man dabei eine Dosisabhängigkeit nachweisen kann, also beispielsweise eine Abnahme der Lernfähigkeit mit steigender Dosis. Hierzu ist im Abschnitt 8.3.3 eine Statistik für gemusterte Alternativen diskutiert worden. Im vorliegenden Fall würde man die Gewichte $\boldsymbol{w} = (4,3,2,1)'$ als Muster für eine abnehmende Lernfähigkeit bei steigender Dosis (P, D1, D2, D3) wählen. Damit berechnet man die Statistik $L_n^A(\boldsymbol{w})$ in (8.21) und erhält $L_n^A(\boldsymbol{w}) = 2.27$ und einen p-Wert von 0.0143 beim Vergleich mit der t_f-Verteilung mit $f = 43.2$ Freiheitsgraden. Dies bedeutet, daß die Lernfähigkeit mit steigender Dosis abnimmt.

Tabelle 9.1 *Auswertung des Water-Maze-Tests (Beispiel 1.3.3). Die Ergebnisse sind mit dem SAS-Makro F1_LD_F1 berechnet worden. Die Handhabung des Makros ist in Abschnitt 8.4 erläutert, den Ausdruck aller Ergebnisse findet man in Abschnitt 14.3.*

	Rangmittel				Relative Effekte		
	Tag				Tag		
Dosis	1	7	$\widetilde{R}_{i\cdot\cdot}$	Dosis	1	7	$\widetilde{p}_{i\cdot}$
P	115.87	187.69	151.78	P	0.401	0.650	0.525
D1	139.41	184.28	161.85	D1	0.482	0.638	0.560
D2	118.05	175.20	146.63	D2	0.408	0.607	0.507
D3	89.16	151.53	120.34	D3	0.308	0.524	0.416
$\widetilde{R}_{\cdot\cdot s}$	115.62	174.67		$\widetilde{p}_{\cdot s}$	0.400	0.605	

WALD-Typ-Statistiken		p-Werte	FG
$Q_n(A)$	6.976	0.0727	3
$Q_n(T)$	59.738	0.0000	1
Q_nAT	1.506	0.6809	3

ANOVA-Typ-Statistiken		p-Werte	f_1	f_2
$F_n(A)$	2.401	0.0766	2.945	6.20
$F_n(T)$	59.738	0.0000	1.000	∞
F_nAT	0.541	0.6503	2.935	∞

Gemusterte Alternative (Dosis-Effekt):

Dosis	P	D1	D2	D3
Muster	4	3	2	1

	Statistik	p-Werte (einseitig)		
		$N(0,1)$	$t_{\nu_{AT}}$	ν_{AT}
$L_n(\boldsymbol{w})$	2.27	0.0117	0.0143	43.2

Auch dieses Beispiel zeigt wieder die größere Empfindlichkeit der Statistik für gemusterte Alternativen $L_n^A(\boldsymbol{w})$ gegenüber den quadratischen Formen $Q_n(A)$ und $F_n(A)$, falls eine Alternative vorliegt, die dem vermuteten Muster entspricht oder ihm ähnlich ist. Gerade bei Studien mit verschiedenen Dosierungen kann die Anwendung von Tests für gemusterte Alternativen sehr nützlich sein, insbesondere, wenn es sich um das Aufdecken von unerwünschten Wirkungen handelt.

SO_4-Konzentration

Ein weiteres Beispiel für abhängige Meßwiederholungen bei mehrfaktoriellen Versuchsanlagen ist die Messung der SO_4-Konzentration im Boden bei dem Fichtenwald-Dachprojekt in Abschnitt 1.3.11. Hier ist ein Whole-Plot-Faktor vorhanden, nämlich der Faktor A (Fläche) mit den Stufen *D0, D2* und *D1*. Der Faktor T (Jahr) mit den Stufen *89/90* bis *95/96* ist der Sub-Plot-Faktor. Eine weitere Strukturierung dieses Sub-Plot-Faktors (Monate *Nov.* bis *Febr.*) ist nicht möglich, da für die Monate Januar und Februar zahlreiche Meßwerte fehlen. Daher werden die Messungen zu den einzelnen Monaten als abhängige Wiederholungsmessungen für den jeweiligen Winter angesehen.

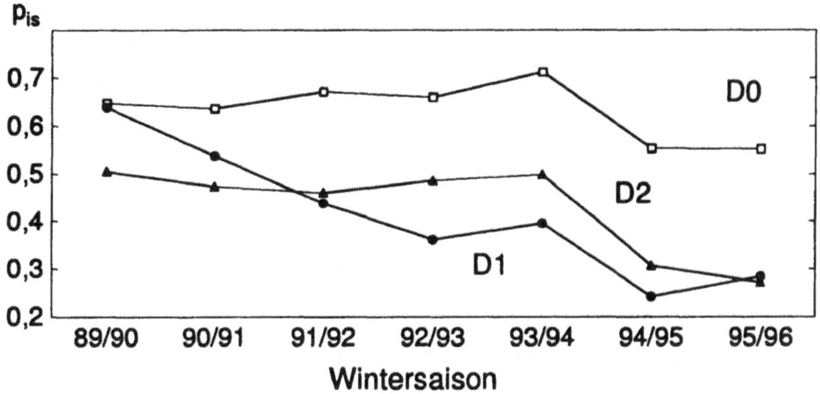

Abbildung 9.2 *Verläufe der relativen Marginaleffekte für die SO_4-Konzentration im Boden der drei Versuchsflächen* D0 *(Fläche ohne Dach),* D2 *(Kontrolldach) und* D1 *(Entsauerungsdach).*

Man bildet die Ränge über alle $N = 823$ Beobachtungen und berechnet die 210 Mittelwerte $\overline{R}_{iks\cdot}$ der Ränge R_{iksr}. In den Formeln in Abschnitt 8.3 ersetzt man dann R_{iks} durch $\overline{R}_{iks\cdot}$ und erhält daraus die Schätzer für die relativen Marginaleffekte p_{is}, deren Verläufe über die Wintermonate 1989/90 bis 1995/95 in Abbildung 9.2 dargestellt sind. Die Ergebnisse der Auswertung sind in Tabelle 9.2 zusammengestellt.

Mit $F_n(A) = 2.60$ und $p = 0.1022$ läßt sich kein signifikanter Effekt der Versuchsfläche auf die SO_4-Konzentration nachweisen, aber es ergibt sich ein deutlicher Zeiteffekt ($F_n(T) = 28.37, p < 10^{-5}$) und eine deutliche Wechselwirkung zwischen Versuchsfläche und Zeit ($F_n(AT) = 4.99, p = 0.0003$).

Eine wesentliche Fragestellung des Versuchs ist die Untersuchung des Verlaufs der SO_4-Konzentration. Wegen der signifikanten Wechselwirkung ist deren Verlauf jedoch nicht einheitlich für die drei Versuchsflächen. Daher wird die Untersuchung auf eine gemusterte Alternative für die drei Versuchsflächen getrennt durchgeführt. Man verwendet die Statistik $L_i(\boldsymbol{w})$ in (8.32), wobei als Muster die Gewichte $\boldsymbol{w} =$

$(7, 6, 5, 4, 3, 2, 1)'$ gewählt werden, um einen abfallenden Trend aufzudecken. Die Ergebnisse sind ebenfalls in Tabelle 9.2 dargestellt.

Tabelle 9.2 *Auswertung der SO_4-Konzentration im Boden der Versuchsflächen beim Fichtenwald-Dachprojekt. Die Paarvergleiche für die Wechselwirkung zwischen den Versuchsflächen und der Zeit zur Untersuchung unterschiedlich fallender Trends der SO_4-Konzentration sind im unteren Teil der Tabelle dargestellt. Die Ergebnisse sind mit dem SAS-Makro $F1\_LD\_F1$ berechnet worden. Die Handhabung des Makros ist in Abschnitt 8.4 erläutert, den Ausdruck aller Ergebnisse findet man in Abschnitt 14.11.*

Relative Marginaleffekte

	Wintersaison						
Fläche	89/90	90/91	91/92	92/93	93/94	94/95	95/96
D0	0.647	0.636	0.671	0.660	0.712	0.554	0.552
D2	0.505	0.474	0.461	0.487	0.499	0.306	0.271
D1	0.639	0.538	0.438	0.360	0.395	0.241	0.283

ANOVA-Typ-Statistiken		p-Werte	f_1	f_2
$F_n(A)$	2.60	0.1022	1.79	21.9
$F_n(T)$	28.37	0.0000	2.49	∞
$F_n(AT)$	4.99	0.0003	4.33	∞

Gemusterte Alternativen (Einfache Effekte)

Wintersaison	89/90	90/91	91/92	92/93	93/94	94/95	95/96
Muster	7	6	5	4	3	2	1

			p-Werte		
Fläche	Statistiken		$N(0,1)$	$t_{\nu_{AT}}$	ν_{AT}
D0	$L_i(w)$	2.07	0.0193	0.0343	9
D2	$L_i(w)$	3.14	0.0008	0.0060	9
D1	$L_i(w)$	5.60	$< 10^{-4}$	0.0002	9

Paarvergleiche (ANOVA-Typ-Statistiken)

Vergleich	$F_n(AT)$	p-Werte	FG
D0/D1	9.22	$< 10^{-4}$	2.80
D2/D1	4.29	0.0109	2.22
D0/D2	1.59	0.2019	2.21

Für alle drei Versuchsflächen ergibt sich ein signifikant fallender Trend, der für das Entsauerungsdach D1 am deutlichsten ist. Dies geht auch aus den Verläufen der relativen Marginaleffekte in Abbildung 9.2 hervor.

Es bleibt noch die Frage zu klären, ob dieser abfallende Trend für alle Versuchsflächen gleich stark ist. Dazu werden die drei Paarvergleiche für die Wechselwirkung zwischen D0 / D1, D2 / D1 und D0 / D2 durchgeführt. Das Niveau wird dabei mit der HOLM-Prozedur angepaßt. Die Ergebnisse sind im unteren Teil der Tabelle 9.2 dargestellt. Für das Niveau $\alpha = 0.05$ ergibt die HOLM-Prozedur mit $10^{-4} < 0.05/3$ und $0.0109 < 0.05/2$, daß die SO_4-Konzentration in der Fläche D1 stärker abfällt als in den beiden anderen Flächen, während man keinen unterschiedlichen Trend für D0 gegenüber D2 erhält ($0.2019 > 0.05$). Dieses Ergebnis ist dahingehend zu interpretieren, daß die SO_4-Konzentration im Boden insgesamt leicht abfällt. Dieser fallende Trend wird durch eine zusätzliche chemische Aufbereitung des Regenwassers noch signifikant verstärkt. Verglichen mit den Ergebnissen für die Kronenvitalität (siehe Tabelle 8.6 auf Seite 128) scheint mit einer sinkenden SO_4-Konzentration im Boden eine deutliche Verbesserung der Kronenvitalität einherzugehen. Wie die signifikante Besserung der Kronenvitalität für die Kontrollfläche D2 bei einer nur leicht sinkenden SO_4-Konzentration im Boden zu erklären ist, bedarf einer gesonderten Untersuchung.

10 Mehrfaktorielle Versuchsanlagen

Bei den mehrfaktoriellen Versuchsanlagen unterscheidet man zwei Fälle:

1. **Die Gruppen (Whole-Plot-Faktor) sind geschichtet, oder ein weiterer oder mehrere Faktoren wirken auf die gesamten Gruppen.**
2. **Der Faktor 'Zeit' ist strukturiert, d.h. die Zeitpunkte sind hierarchisch in Untergruppen aufgeteilt oder mit einer Unterstruktur gekreuzt (z.B. saisonale Komponenten).**

10.1 Modelle und Beispiele

Schema 10.1 (F2-LD-F1: **Daten und Randverteilungen)**

Daten (F2-LD-F1)						Rand-Verteilungen		
Faktor		*Indiv.*	*Zeit T*			*Zeit T*		
A	*B*		*1*	$\cdots$	*t*	*1*	$\cdots$	*t*
1	*1*	*1*	X_{1111}	$\cdots$	X_{111t}	F_{111}	$\cdots$	F_{11t}
		$\vdots$	$\vdots$	$\vdots$	$\vdots$	$\vdots$	$\vdots$	$\vdots$
		n_{11}	$X_{11n_{11}1}$	$\cdots$	$X_{11n_{11}t}$	F_{111}	$\cdots$	F_{11t}
	$\vdots$	$\vdots$	$\vdots$	$\vdots$	$\vdots$	$\vdots$	$\vdots$	$\vdots$
	b	*1*	X_{1b11}	$\cdots$	X_{1b1t}	F_{1b1}	$\cdots$	F_{1bt}
		$\vdots$	$\vdots$	$\vdots$	$\vdots$	$\vdots$	$\vdots$	$\vdots$
		n_{1b}	$X_{1bn_{1b}1}$	$\cdots$	$X_{1bn_{1b}t}$	F_{1b1}	$\cdots$	F_{1bt}
$\vdots$	$\vdots$	$\vdots$	$\vdots$	$\vdots$	$\vdots$	$\vdots$	$\vdots$	$\vdots$
a	*1*	*1*	X_{a111}	$\cdots$	X_{a11t}	F_{a11}	$\cdots$	F_{a1t}
		$\vdots$	$\vdots$	$\vdots$	$\vdots$	$\vdots$	$\vdots$	$\vdots$
		n_{a1}	$X_{a1n_{a1}1}$	$\cdots$	$X_{a1n_{a1}t}$	F_{a11}	$\cdots$	F_{a1t}
	$\vdots$	$\vdots$	$\vdots$	$\vdots$	$\vdots$	$\vdots$	$\vdots$	$\vdots$
	b	*1*	X_{ab11}	$\cdots$	X_{ab1t}	F_{ab1}	$\cdots$	F_{abt}
		$\vdots$	$\vdots$	$\vdots$	$\vdots$	$\vdots$	$\vdots$	$\vdots$
		n_{ab}	$X_{abn_{ab}1}$	$\cdots$	$X_{abn_{ab}t}$	F_{ab1}	$\cdots$	F_{abt}

Die Schulter-Schmerz-Studie in Abschnitt 1.3.6 ist ein Beispiel für den ersten Fall; hier ist zusätzlich zum Faktor A (Behandlung) mit den Stufen Y und N ein weiterer Faktor B (Geschlecht) mit den Stufen F und M vorhanden. Dieser Faktor B ist mit der Behandlung A gekreuzt, d.h. sowohl F als auch M erhalten die Behandlung Y und die Behandlung N. Entsprechend der bei den Modellen in Abschnitt 2.2.3 eingeführten Notation bezeichnet man diese Versuchsanlage mit F2-LD-F1, oder genauer, mit A$\times$B-LD-T. Die beiden Whole-Plot-Faktoren A und B sind gekreuzt, während nur ein Sub-Plot-Faktor (Zeit) vorhanden ist.

Ein weiteres Beispiel für eine F2-LD-F1 Versuchsanlage ist die Stammzell-Konzentrat-Studie in Abschnitt 1.3.10 mit dem Whole-Plot-Faktor A (Geschlecht) mit den Stufen m und w, dem Whole-Plot-Faktor B (Vorbelastung) mit den Stufen *hoch* und *niedrig* sowie dem Sub-Plot-Faktor T (Zeit) mit den Stufen *vor* und *nach*.

Bei der Auswertung des Fichtenwald-Dachprojektes war offen geblieben, wie die Parallelität der Verläufe der relativen Marginaleffekte zu interpretieren ist. Dazu war in Abschnitt 8.3.7 bereits dargelegt worden, daß eine zusätzliche Schichtung nach Bäumen mit *guter* (Scores 1 bis 3) und *schlechter* Kronenvitalität (Scores 4 bis 10) auf der Grundlage der Bewertung im Jahre 1993 erfolgen sollte. Die Auswertung muß sich dann natürlich auf die Jahre 1994, 1995 und 1996 beschränken. Diesen Faktor B (Ausgangsvitalität) mit den Stufen *gut* und *schlecht* führt man künstlich in den Versuch als Schichtung ein. Die Bäume jeder Versuchsfläche werden in diese beiden Schichten unterteilt. Damit ist dieser Faktor B mit dem Faktor A (Versuchsfläche) gekreuzt. Beim Faktor T (Zeit) sind drei Stufen übrig geblieben (*1994, 1995* und *1996*). Es liegt auch hier eine F2-LD-F1 Versuchsanlage vor, genauer eine A$\times$B-LD-T Versuchsanlage, wobei der Faktor A drei Stufen, der zusätzlich eingeführte Faktor B zwei Stufen hat und für den Faktor T (Zeit) nur drei Stufen übrig geblieben sind.

Die Daten und Randverteilungen in dieser Versuchsanlage sind in Schema 10.1 dargestellt.

Ein Beispiel für eine zweifache Aufteilung der Zeit bietet die α-Amylase-Studie in Abschnitt 1.3.4. Hier ist allerdings nur eine homogene Gruppe von Probanden vorhanden, also kein Whole-Plot-Faktor. Die Zeit wird hier strukturiert durch die Kreuzung des Faktors T (Wochentag) mit dem Faktor C (Uhrzeit). Der Faktor T hat die Stufen *Montag* und *Donnerstag*, der Faktor C die Stufen *8h, 12h, 17h* und *21h*. Da an beiden Tagen zu allen vier Zeitpunkten gemessen wurde, sind die beiden Faktoren C und T gekreuzt. Man kann dieses Modell als LD-F2 oder genauer mit LD-C$\times$T abkürzen.

Mit dieser Strukturierung der Zeit kann zum einen untersucht werden, ob ein Tageszeit bedingter Unterschied (Haupteffekt C) oder ein genereller Unterschied zwischen den Wochentagen (Haupteffekt T) vorhanden ist. Zum anderen kann man zusätzlich eine Wechselwirkung zwischen dem Wochentag und der Tageszeit untersuchen.

Die Daten und Rand-Verteilungen dieser LD-F2-Versuchsanlage sind in Schema 10.2 dargestellt.

Schema 10.2 (LD-F2: **Daten und Randverteilungen**)

	DATEN (LD-F2)						
	Zeit						
	Faktor C						
	1			…	c		
	Faktor T			…	*Faktor T*		
Individuen	1	…	t	…	1	…	t
1	X_{111}	…	X_{11t}	…	X_{1c1}	…	X_{1ct}
⋮	⋮	⋮	⋮	⋮	⋮	⋮	⋮
n	X_{n11}	…	X_{n1t}	…	X_{nc1}	…	X_{nct}

	RAND-VERTEILUNGEN						
	Zeit						
	Faktor C						
	1			…	c		
	Faktor T			…	*Faktor T*		
Individuen	1	…	t	…	1	…	t
1	F_{11}	…	F_{1t}	…	F_{c1}	…	F_{ct}
⋮	⋮	⋮	⋮	⋮	⋮	⋮	⋮
n	F_{11}	…	F_{1t}	…	F_{c1}	…	F_{ct}

10.2 Allgemeine Technik

Zur Anwendung des allgemeinen Ergebnisses von Satz 5.1 (Seite 54) auf eine spezielle Versuchsanlage, benötigt man zur Formulierung der Hypothesen die entsprechenden Kontrastmatrizen. Hierzu muß festgelegt werden, in welcher Reihenfolge die Beobachtungen angeordnet werden, d.h. in welcher Reihenfolge die Indizes verändert werden.

Zur Erklärung der Technik wird eine Versuchsanlage mit zwei gekreuzten Whole-Plot-Faktoren A und B verwendet, bei der die Zeit mit den gekreuzten Sub-Plot-Faktoren C und T strukturiert ist. Für jedes Individuum k wird also nur eine Stufenkombination der Faktoren A und B beobachtet, während für dasselbe Individuum alle Stufenkombinationen der Faktoren C und T beobachtet werden. Dabei werden die Stufen des Faktors A mit $i = 1, \ldots, a$ indiziert, die Stufen des Faktors B mit

$j = 1, \ldots, b$, die Stufen des Faktors C mit $r = 1, \ldots, c$ und die Stufen des Faktors T mit $s = 1, \ldots, t$. Die Individuen werden mit $k = 1, \ldots, n_{ij}$ numeriert.

Schema 10.3 *Faktoren und Indizes in der F2-LD-F2-Versuchsanlage. Die Indizes werden in umgekehrter Reihenfolge ihrer Aufzählung verändert, d.h. zuerst der Index s, dann der Index r, usw.*

	Faktoren				
	Whole-Plot			*Sub-Plot*	
	A	B	*Individuen*	C	T
Indizes	i	j	k	r	s
Stufen	*1* ⋮ a	*1* ⋮ b	*1* ⋮ n_{ij}	*1* ⋮ c	*1* ⋮ t

Bezeichnet man, wie bisher, mit $\boldsymbol{P}_d = \boldsymbol{I}_d - \frac{1}{d}\boldsymbol{J}_d$ die zentrierende Matrix der Dimension d und mit $\mathbf{1}'_d = (1, \ldots, 1)_{1\times d}$ den d-dimensionalen Einservektor, dann werden für die Formulierung der Hypothesen und die Berechnungen der Statistiken folgende Kontrastmatrizen verwendet:

Haupteffekte

$$\boldsymbol{C}_A = \boldsymbol{P}_a \otimes \frac{1}{b}\mathbf{1}'_b \otimes \frac{1}{c}\mathbf{1}'_c \otimes \frac{1}{t}\mathbf{1}'_t, \qquad \boldsymbol{C}_B = \frac{1}{a}\mathbf{1}'_a \otimes \boldsymbol{P}_b \otimes \frac{1}{c}\mathbf{1}'_c \otimes \frac{1}{t}\mathbf{1}'_t,$$
$$\boldsymbol{C}_C = \frac{1}{a}\mathbf{1}'_a \otimes \frac{1}{b}\mathbf{1}'_b \otimes \boldsymbol{P}_c \otimes \frac{1}{t}\mathbf{1}'_t, \qquad \boldsymbol{C}_T = \frac{1}{a}\mathbf{1}'_a \otimes \frac{1}{b}\mathbf{1}'_b \otimes \frac{1}{c}\mathbf{1}'_c \otimes \boldsymbol{P}_t.$$

Zweifache Wechselwirkungen

$$\boldsymbol{C}_{AB} = \boldsymbol{P}_a \otimes \boldsymbol{P}_b \otimes \frac{1}{c}\mathbf{1}'_c \otimes \frac{1}{t}\mathbf{1}'_t, \qquad \boldsymbol{C}_{AC} = \boldsymbol{P}_a \otimes \frac{1}{b}\mathbf{1}'_b \otimes \boldsymbol{P}_c \otimes \frac{1}{t}\mathbf{1}'_t,$$
$$\boldsymbol{C}_{AT} = \boldsymbol{P}_a \otimes \frac{1}{b}\mathbf{1}'_b \otimes \frac{1}{c}\mathbf{1}'_c \otimes \boldsymbol{P}_t, \qquad \boldsymbol{C}_{BC} = \frac{1}{a}\mathbf{1}'_a \otimes \boldsymbol{P}_b \otimes \boldsymbol{P}_c \otimes \frac{1}{t}\mathbf{1}'_t,$$
$$\boldsymbol{C}_{BT} = \frac{1}{a}\mathbf{1}'_a \otimes \boldsymbol{P}_b \otimes \frac{1}{c}\mathbf{1}'_c \otimes \boldsymbol{P}_t, \qquad \boldsymbol{C}_{CT} = \frac{1}{a}\mathbf{1}'_a \otimes \frac{1}{b}\mathbf{1}'_b \otimes \boldsymbol{P}_c \otimes \boldsymbol{P}_t.$$

Analog erhält man die Kontrastmatrizen für die drei- und vierfachen Wechselwirkungen, wenn an den entsprechenden Stellen die zentrierenden Matrizen eingesetzt werden. Allerdings wird hier bereits offensichtlich, daß Versuche mit vielen Faktoren unübersichtlich werden. Auch wird die Interpretation von Haupteffekten schwierig, wenn Wechselwirkungen vorhanden sind. Das gleiche gilt für die Interpretation einer zweifachen Wechselwirkung, wenn drei- oder vierfache Wechselwirkungen vorhanden sind. Man muß dann jeweils den Versuch in die den Faktorstufen entsprechenden Schichten aufteilen und getrennt analysieren. Dies ist z.B.

bei der Stammzellkonzentrat-Studie von vornherein so geschehen, da aufgrund der geschlechtsspezifischen Tumore die Stammzellen von männlichen und weiblichen Krebspatienten völlig andere Ergebnisse bringen.

Die Statistiken für die einzelnen Hypothesen in einer mehrfaktoriellen Versuchsanlage ergeben sich durch Einsetzen der entsprechenden Kontrastmatrizen aus dem allgemeinen Satz 5.1 auf Seite 54. Die Vorgehensweise wird anhand der Auswertung für die Schulter-Schmerz-Studie (Beispiel 1.3.6), für die α-Amylase-Studie (Beispiel 1.3.4) und für die Kronenvitalität (Beispiel 1.3.11) demonstriert. Dabei werden nur die Gesamtanalysen vorgestellt. Die einzelnen Sub-Analysen, wie z.B. Paarvergleiche oder Tests für gemusterte Alternativen, sind entsprechend den bisher vorgestellten Beispielen durchzuführen und seien als Übungsaufgabe überlassen.

10.3 Auswertung der Beispiele

Schulter-Schmerz-Studie

Bei der Schulter-Schmerz-Studie ist zu beachten, daß die Stratifizierung der Patienten nach *männlich / weiblich* dazu führt, daß die so entstandenen vier Versuchsgruppen (F, N), (F, Y), (M, N) und (M, Y) zum Teil nur noch wenige Patienten enthalten, nämlich $n_{F,N} = 11$, $n_{F,Y} = 14$, $n_{M,N} = n_{M,Y} = 8$. Die Simulationen für die Statistik vom WALD-Typ T_R^2 in Tabelle 5.1 in Abschnitt 5 zeigen, daß für $n = 8$ Individuen und $t = 6$ Zeitpunkte das gewählte Niveau von $\alpha = 0.05$ erheblich überschritten wird. Für das simulierte, tatsächliche Niveau α' ist dort ein Wert von $\alpha' = 0.541$ angegeben. Diese Simulationen beziehen sich zwar auf eine Versuchsanlage mit einer homogenen Gruppe, jedoch wird bei Versuchsanlagen mit mehreren Gruppen oder höher-faktoriellen Versuchsanlagen dieses Verhalten nicht besser sondern eher schlechter.

Damit ist die Statistik vom WALD-Typ für die Analyse dieses Beispiels nicht brauchbar, zumindest nicht für die Wechselwirkung, bei der ja gerade die kleinen Stichprobenumfänge vorhanden sind. Die Statistik vom ANOVA-Typ zeigt bei den Simulationen für die gleiche Versuchsanlage ein leicht konservatives Verhalten. Man ersieht aus der Tabelle 5.2 auf Seite 59, daß das gewählte Niveau von $\alpha = 0.05$ für $n = 8$ Individuen und $t = 6$ Zeitpunkte mit $\alpha' = 0.041$ leicht unterschritten wird. Daher werden wir uns bei der Analyse der Schulter-Schmerz-Studie, bei der alle drei Faktoren Behandlung (Faktor A), Geschlecht (Faktor B) und Zeitpunkte (Faktor C) eingeschlossen sind, auf die p-Werte der ANOVA-Typ-Statistik beschränken. Die Ergebnisse sind in Tabelle 10.1 angegeben. Die Verläufe der relativen Marginaleffekte sind in Abbildung 10.1 graphisch dargestellt.

Man beachte, daß für die Effekte, bei denen über die Zeitpunkte gemittelt wird, d.h. für die Behandlung, das Geschlecht und die Wechselwirkung zwischen Behandlung und Geschlecht, die p-Werte aus der modifizierten BOX-Approximation (8.19) auf Seite 114 im unteren Teil der Ausgabe des SAS-Makros F2-LD-F1 zu verwenden sind.

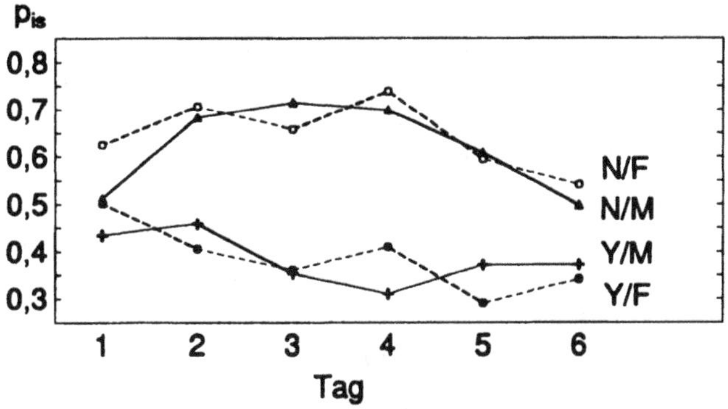

Abbildung 10.1 *Verläufe der relativen Marginaleffekte für die einzelnen Versuchsgruppen der Schulter-Schmerz-Studie (Frauen:* $\circ = N$, $\bullet = Y$; *Männer:* $\triangle = N$, $+ = Y$*).*

Tabelle 10.1 *Auswertung der Schulter-Schmerz-Studie (Beispiel 1.3.6) mit Stratifizierung der Versuchsgruppen nach 'männlich' und 'weiblich'. Die Ergebnisse sind mit dem SAS-Makro $F2\_LD\_F1$ berechnet worden. Die Handhabung des Makros ist in Abschnitt 10.4 erläutert, den Ausdruck aller Ergebnisse findet man in Abschnitt 14.6.*

Faktorstufen	Rangmittel	Relative Behandlungseffekte
Behandlung N	155.91	0.632
Behandlung Y	95.04	0.384
Frauen	127.09	0.515
Männer	123.86	0.501

Behandlung	Geschlecht	Relative Marginaleffekte Zeitpunkte					
		1	2	3	4	5	6
N	F	0.625	0.707	0.658	0.739	0.595	0.541
	M	0.513	0.683	0.715	0.699	0.608	0.497
Y	F	0.502	0.406	0.361	0.410	0.291	0.341
	M	0.435	0.459	0.353	0.310	0.372	0.372
	gesamt	0.519	0.564	0.522	0.540	0.466	0.438

ANOVA-Typ Statistiken		p-Werte	f_1	f_2.
$F_n(A)$	16.4013	0.0005	1.00	21.86
$F_n(B)$	0.0463	0.8317	1.00	21.86
$F_n(C)$	3.3822	0.0212	2.70	∞
$F_n(AB)$	0.0358	0.8516	1.00	21.86
$F_n(AC)$	3.7108	0.0140	2.70	∞
$F_n(BC)$	1.1444	0.3273	2.70	∞
$F_n(ABC)$	0.4376	0.7054	2.70	∞

Man entnimmt der Tabelle 10.1, daß weder der Faktor 'Geschlecht' ($F_n(B) = 0.0463, p = 0.8317$) noch irgendeine Wechselwirkung mit diesem Faktor signifikant ist ($F_n(ABC) = 0.4376, p = 0.7054$; $F_n(AB) = 0.0358, p = 0.8516$; $F_n(BC) = 1.1444, p = 0.3273$). Es zeigen sich jedoch signifikant unterschiedliche Verläufe der relativen Marginaleffekte ($F_n(AC) = 3.7108, p = 0.0140$) für die beiden Versuchsgruppen Y und N (vgl. Abbildung 10.1). Damit ist eine wesentliche Frage dieser Studie beantwortet. Der Gesamteffekt (über alle sechs Zeitpunkte zusammengefaßt) der Behandlung ist signifikant ($F_n(A) = 16.4013, p = 0.00054$). Der relative Marginaleffekt für das Verfahren N ist $\widehat{p}_1 = 0.63$, und für das Verfahren Y beträgt er $\widehat{p}_2 = 0.38$. Dies bedeutet, daß die Schmerz-Scores in der Gruppe Y zu kleineren Werten als in der Gruppe N tendieren.

Unter Berücksichtigung des Ergebnisses, daß für den Faktor 'Geschlecht' kein Einfluß auf den Schmerz-Score nachgewiesen werden kann, weder für den Haupteffekt dieses Faktors noch für irgendeine Wechselwirkung mit den beiden anderen Faktoren (alle p-Werte sind > 0.30), könnte man diesen Faktor auch ignorieren und die Schulter-Schmerz-Studie nur mit den beiden Faktoren 'Behandlung' und 'Zeit' als F1-LD-F1 auswerten. Diese Analyse mit den Verfahren des Abschnitts 8 sei dem Leser als Übung überlassen. Die mit dem SAS-Makro F1_LD_F1 berechneten Ergebnisse sind in Abschnitt 14.6 ausgedruckt.

α-Amylase-Studie

Bei der α-Amylase-Studie liegt eine homogene Gruppe von Individuen vor, die an zwei Tagen jeweils zu den gleichen vier Zeitpunkten untersucht worden ist. Hierbei ist der Faktor 'Zeit' strukturiert im Sinne einer gekreuzten Versuchsanlage, d.h. jede Stufe des Faktors T (Wochentag) mit den Stufen *Montag* und *Donnerstag* wird kombiniert mit jeder Stufe des Faktors C (Uhrzeit) mit den Stufen *8h, 12h, 17h* und *21h*. Damit kann man getrennt untersuchen, ob der Wochentag (Haupteffekt T) oder nur die Uhrzeit insgesamt (Haupteffekt C) einen Einfluß auf die α-Amylase hat. Darüber hinaus besteht die Möglichkeit zu überprüfen, ob ein möglicher Effekt der Uhrzeit für jeden Wochentag der gleiche ist (Wechselwirkung CT).

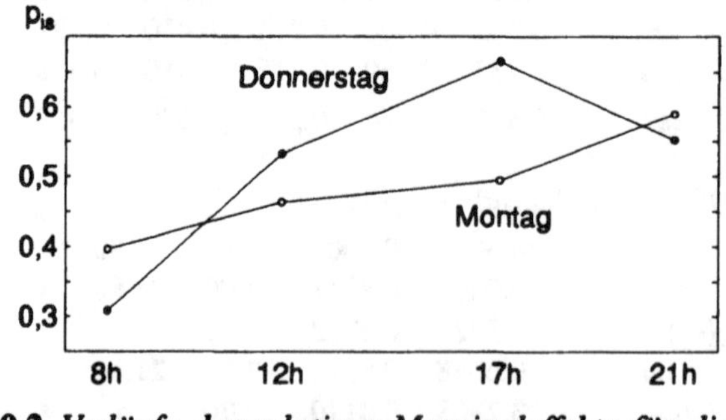

Abbildung 10.2 *Verläufe der relativen Marginaleffekte für die α-Amylase an den beiden Wochentagen* Montag *und* Donnerstag.

Wie im vorangegangenen Beispiel wird auch hier nur die Gesamt-Analyse diskutiert. Einzelne Sub-Analysen, wie z.B. Tests auf bestimmte Muster für die Uhrzeit an den beiden Tagen, können mit den Verfahren des Kapitels 7 durchgeführt werden und seien zur Übung überlassen. Die Ergebnisse der Gesamt-Analyse sind in Tabelle 10.2 angegeben. Die Verläufe der relativen Marginaleffekte sind in Abbildung 10.2 graphisch dargestellt.

Tabelle 10.2 *Auswertung der α-Amylase-Studie (Beispiel 1.3.4), wobei die Zeitpunkte durch die Faktoren 'Wochentag' und 'Uhrzeit' strukturiert sind. Die Ergebnisse sind mit dem SAS-Makro LD_F2 berechnet worden. Die Handhabung des Makros ist in Abschnitt 10.4 erläutert, den Ausdruck aller Ergebnisse findet man in Abschnitt 14.4.2.*

Relative Marginaleffekte					
Wochentag	Uhrzeit				
	8h	12h	17h	21h	gesamt
Mo	0.396	0.463	0.494	0.590	0.486
Do	0.308	0.532	0.665	0.552	0.514
gesamt	0.352	0.497	0.580	0.571	

ANOVA-Typ Statistiken		p-Werte	f_1	f_2
$F_n(C)$	14.27	$< 10^{-4}$	2.86	∞
$F_n(T)$	0.68	0.4110	1.00	∞
$F_n(CT)$	5.22	0.0042	2.18	∞

Die Analyse ergibt also keinen Effekt für den Wochentag ($F_n(T) = 0.68, p = 0.4110$), einen deutlichen Effekt der Tageszeit ($F_n(C) = 14.27, p < 10^{-4}$) und eine signifikante Wechselwirkung zwischen Wochentag und Uhrzeit ($F_n(CT) = 5.22, p = 0.0042$). Der p-Wert für die Wechselwirkung ist zwar deutlich signifikant, jedoch zeigt ein Blick auf die Verläufe der relativen Marginaleffekte an den beiden Wochentagen (Abbildung 10.2), daß die α-Amylase vom Morgen bis zum späten Nachmittag ansteigt; eine Wechselwirkung scheint durch verschieden starke Anstiege bis zum späten Nachmittag und einen anschließend weiteren Anstieg bzw. Abfall bis zum Abend hervorgerufen zu werden. Eine solche Wechselwirkung ist schwierig zu interpretieren und muß vor dem Hintergrund eines nicht kontrollierten Versuchs an nur 14 Probanden gesehen werden. Schließlich können nicht-kontrollierte 'Gemeinsamkeiten' von nur wenigen Probanden (z.B. gemeinsame Teilnahme an Feiern, Verschiebung des Mittag- oder Abendessens wegen Schichtdienst) solche Effekte hervorrufen. Man sollte diese Wechselwirkung zwischen Uhrzeit und Wochentag daher nicht überbewerten, sondern im Kontext dieser Versuchsanlage interpretieren.

Es ist zu beachten, daß bei der Interpretation solcher Versuchsergebnisse nicht die Fragen diskutiert werden müssen, ob die α-Amylase normal- oder log-normal verteilt ist, ob die Tageszeit-, Wochentag- und Individualeffekte additiv sind, ob die an einem Probanden beobachteten Meßwerte eine *compound symmetry* - Struktur haben oder beispielsweise einem autoregressiven Prozeß folgen. Es wird lediglich angenommen, daß die Vektoren der Meßwerte für die einzelnen Probanden unabhängig sind und die gleiche multivariate Verteilung haben, d.h. die Vektoren der Beobachtungen an den Probanden sind unabhängige Wiederholungen des Versuchs - und dies ist eine Minimalanforderung, damit der Versuch zu aussagefähigen Ergebnissen führt.

Kronenvitalität

Das Fichtenwald-Dachprojekt wurde in Abschnitt 8.3.7 als F1-LD-F1 Versuchsanlage ausgewertet. Dort ergab sich eine signifikante Wechselwirkung ($p = 0.0068$; siehe Tabelle 8.6 auf Seite 128) zwischen der Versuchsfläche und der Zeit, was bedeutet, daß die Verläufe der relativen Marginaleffekte für die einzelnen Dächer nicht parallel sind. Dies zu untersuchen, war Ziel der Studie. Die Interpretation gestaltete sich jedoch insofern etwas schwierig, als in der Fläche ohne Dach $D0$ zu Beginn der Studie im Jahre 1993 etwas mehr Bäume mit 'guten' Scores (1 bis 3) vorhanden waren als auf den beiden anderen Flächen $D1$ und $D2$. Schichtet man nun zu Beginn der Studie die Bäume auf den drei Flächen in *gute* (Scores 1 bis 3) und *schlechte* Bäume (Scores 4 bis 10) und analysiert dann nur die Verläufe in den Jahren 1994, 1995 und 1996, so müssen diese Verläufe innerhalb jeder Fläche parallel sein, da alle Bäume innerhalb einer Fläche die gleiche Behandlung erfahren. Dies bedeutet, daß keine dreifache Wechselwirkung ABT zwischen dem Faktor A (Fläche), dem künstlich eingeführten Faktor B (Ausgangsvitalität) und dem Faktor T (Zeit) vorhanden sein darf. Das gleiche gilt für die zweifachen Wechselwirkungen zwischen der Ausgangsvitalität und der Zeit (BT) sowie der Ausgangsvitalität und der Fläche (AB). Es ist nicht sinnvoll, den Haupteffekt B des Schichtungsfaktors zu überprüfen, da die Schichten der Ausgangsvitalität nach den Score-Werten des Jahres 1993 ausgesucht wurden. Das Ergebnis ist in Tabelle 10.3 wiedergegeben.

Tabelle 10.3 *Auswertung des Fichtenwald-Dachprojektes (Beispiel 1.3.11) mit Stratifizierung der Flächen nach guten und schlechten Bäumen. Die Ergebnisse sind mit dem SAS-Makro F2_LD_F1 berechnet worden. Die Handhabung des Makros ist in Abschnitt 10.4 erläutert, den Ausdruck aller Ergebnisse findet man in Abschnitt 14.12.2.*

ANOVA-Typ Statistiken		p-Werte	f_1	f_2
$F_n(A)$	0.23	0.7854	1.88	35.24
$F_n(T)$	1.33	0.2637	1.84	∞
$F_n(AB)$	0.49	0.6028	1.88	35.24
$F_n(AT)$	3.40	0.0116	3.56	∞
$F_n(BT)$	0.57	0.5538	1.84	∞
$F_n(ABT)$	0.53	0.6923	3.56	∞

Da die p-Werte für alle Wechselwirkungen mit dem Schichtungsfaktor B größer als 0.50 sind, kann man die Versuchsergebnisse bezüglich dieses Faktors als homogen ansehen und die gesamte Analyse ohne diesen Faktor so durchführen, wie es in

Tabelle 8.6 angegeben ist. Man muß noch beachten, daß möglicherweise infolge der kleinen Stichprobenumfänge die Wechselwirkungen mit dem Schichtungsfaktor B nicht signifikant sind. Dem steht allerdings entgegen, daß die AT-Wechselwirkung zwischen den Flächen und der Zeit mit $F_n(AT) = 3.40$ und $p = 0.0116$ nach wie vor signifikant geblieben ist und sich gegenüber dem p-Wert von 0.0068 in Tabelle 8.6 nur geringfügig geändert hat. Dies bedeutet, daß das leichte Ungleichgewicht hinsichtlich der Vitalität der Bäume auf den drei Versuchsflächen das wesentliche Ergebnis des Versuchs nicht nachweislich beeinflußt hat.

10.4 Makros für mehrfaktorielle Versuchsanlagen

Makro F2_LD_F1.SAS

Das Makro wird im SAS-Programm-Editor mit dem Befehl

%INCLUDE '*Pfad*\F2_LD_F1.SAS';

eingebunden. Der Datensatz muß als SAS-Datei zur Verfügung stehen und wird z.B. durch folgenden DATA-Step eingelesen:

```
DATA  SAS-Name;
INPUT  Individuum  Faktor1  Faktor2  Zeit  Zielvariable;
CARDS;
   1  1  1  1  X_1111
   :  :  :  :  :
   1  1  1  t  X_11n1t
   :  :  :  :  :
   n  a  b  t  X_abn_abt
;
RUN;
```

Ausgegeben werden die Rangmittelwerte und die relativen Effekte für die Gruppen, die Zeitpunkte und alle Wechselwirkungen zwischen den Gruppen und den einzelnen Zeitpunkten. Diese können für die graphische Präsentation der Ergebnisse verwendet werden.

Für alle Haupteffekte und Wechselwirkungen werden die Statistiken vom WALD-Typ Q_n und vom ANOVA-Typ F_n mit den zugehörigen p-Werten ausgegeben.

Das Makro wird im SAS-Programm-Editor durch

```
%F2_LD_F1( DATA     = SAS-Datensatz,
           VAR      = SAS-Name der Zielvariablen,
           FACTOR1  = SAS-Name des Whole-Plot-Faktors 1,
           FACTOR2  = SAS-Name des Whole-Plot-Faktors 2,
           TIME     = SAS-Name des Zeitfaktors,
           SUBJECT  = SAS-Name der Individuen);
```

aufgerufen.

Makro LD_F2.SAS

Das Makro wird im SAS-Programm-Editor mit dem Befehl

%INCLUDE '*Pfad*\LD_F2.SAS';

eingebunden. Der Datensatz muß als SAS-Datei zur Verfügung stehen und wird z.B. durch folgenden DATA-Step eingelesen:

DATA SAS-Name;
INPUT Individuum Zeit1 Zeit2 Zielvariable;
CARDS;

$$
\begin{array}{cccc}
1 & 1 & 1 & X_{111} \\
\vdots & \vdots & \vdots & \vdots \\
1 & 1 & t & X_{11t} \\
\vdots & \vdots & \vdots & \vdots \\
n & c & t & X_{nct}
\end{array}
$$

;
RUN;

Ausgegeben werden die Rangmittelwerte und die relativen Effekte für alle Zeitpunkte, Haupteffekte und Wechselwirkungen. Diese können bei der graphischen Präsentation der Verläufe für die relativen Behandlungseffekte verwendet werden.

Für alle Haupteffekte und Wechselwirkungen werden die Statistiken vom WALD-Typ Q_n und vom ANOVA-Typ F_n mit den zugehörigen p-Werten ausgegeben.

Das Makro wird im SAS-Programm-Editor durch

```
%LD_F2( DATA    = SAS-Datensatz,
        VAR     = SAS-Name der Zielvariablen,
        TIME1   = SAS-Name des Sub-Plot-Faktors 1 (Zeit 1),
        TIME2   = SAS-Name des Sub-Plot-Faktors 2 (Zeit 2),
        SUBJECT = SAS-Name der Individuen);
```

aufgerufen.

Makro F1_LD_F2.SAS

Das Makro wird im SAS-Programm-Editor mit dem Befehl

%INCLUDE '*Pfad*\F1_LD_F2.SAS';

eingebunden. Der Datensatz muß als SAS-Datei zur Verfügung stehen und wird z.B. durch folgenden DATA-Step eingelesen:

```
DATA  SAS-Name;
INPUT  Individuum  Faktor  Zeit1  Zeit2  Zielvariable;
CARDS;
```

$$\begin{array}{ccccc} 1 & 1 & 1 & 1 & X_{1111} \\ \vdots & \vdots & \vdots & \vdots & \vdots \\ 1 & 1 & 1 & t & X_{111t} \\ \vdots & \vdots & \vdots & \vdots & \vdots \\ n_a & a & c & t & X_{an_act} \end{array}$$

```
;
RUN;
```

Ausgegeben werden die Rangmittelwerte und die relativen Effekte für die Gruppen, die Zeitpunkte und alle Wechselwirkungen. Diese können für die graphische Präsentation der Verläufe für die einzelnen relativen Behandlungseffekte verwendet werden.

Für alle Haupteffekte und Wechselwirkungen werden die Statistiken vom WALD-Typ Q_n und vom ANOVA-Typ F_n mit den zugehörigen p-Werten ausgegeben.

Das Makro wird im SAS-Programm-Editor durch

```
%F1_LD_F2( DATA    = SAS-Datensatz,
           VAR     = SAS-Name der Zielvariablen,
           FACTOR  = SAS-Name des Whole-Plot-Faktors (Behandlung),
           TIME1   = SAS-Name des Sub-Plot-Faktors 1 (Zeit 1),
           TIME2   = SAS-Name des Sub-Plot-Faktors 2 (Zeit 2),
           SUBJECT = SAS-Name der Individuen);
```

aufgerufen.

11 Zahlreiche Meßzeitpunkte

11.1 Einleitung

Zahlreiche Meßzeitpunkte bei der Analyse von geplanten longitudinalen Versuchsanlagen (*experimental designs*) stellen ein großes Problem dar - sowohl in technischer als auch inhaltlicher Hinsicht. Wenn man für die Kovarianzmatrix der Meßwerte eines Individuums keine besondere Struktur annimmt, steigt die Anzahl der zu schätzenden Kovarianzen und Varianzen quadratisch mit der Anzahl der Zeitpunkte. Zu einer ausreichend präzisen Schätzung werden dann entsprechend viele Individuen benötigt. Ferner ist eine globale Aussage, daß 'irgendwo' bei den zahlreichen Meßzeitpunkten ein Unterschied vorhanden ist, schwierig zu interpretieren. Der Fragesteller erwartet im allgemeinen genauere Aussagen.

Zur Analyse von Beobachtungsstudien werden zum Beispiel Verfahren für *funktionale Modelle* verwendet, die mithilfe der Parameter eine spezifizierte Aussage bezüglich eines gefundenen Unterschieds ermöglichen. In einem funktionalen Modell wird versucht, für das allgemeine Modell 2.2 den Erwartungswert von X_{ijk} als Funktion der Zeit darzustellen. Für einen festen Zeitpunkt z_s, $s = 1, \ldots, t$, ist dann

$$X_{iks} = f(z_s \mid \boldsymbol{\theta}_i) + \eta_{iks}, \tag{11.1}$$

wobei $\boldsymbol{\theta}_i = (\theta_{i1}, \ldots, \theta_{iq})'$, $i = 1, \ldots, a$ unbekannte q-dimensionale Parametervektoren sind und $\boldsymbol{\eta}_{ik} = (\eta_{ik1}, \ldots, \eta_{ikt})' \sim G(\boldsymbol{x})$ mit $E(\boldsymbol{\eta}_{ik}) = \mathbf{0}$ ist ein Zufallsvektor, durch den die zufälligen Abweichungen von der festen Funktion $f(\cdot \mid \boldsymbol{\theta}_i)$ beschrieben werden. Es gibt zahlreiche Möglichkeiten, wie man $\boldsymbol{\eta}_{ik}$ oder $G(\boldsymbol{x})$ weiter modellieren kann. Hierauf soll aber nicht näher eingegangen werden.

Das Modell in (11.1) ist insofern ziemlich einschränkend, als es für jedes Individuum die gleiche funktionale Abhängigkeit von der Zeit fordert und nur eine zufällige Schwankung um diese Funktion zuläßt. Man kann dieses Modell allgemeiner fassen, indem man für jedes Individuum die Abhängigkeit von der Zeit durch die gleiche Klasse von Funktionen beschreibt, deren Koeffizienten aber von Individuum zu Individuum variieren dürfen. Für ein Individuum k in der Gruppe i wird somit die Abhängigkeit von der Zeit zum Zeitpunkt z_s durch eine Funktion $f(z_s \mid \boldsymbol{A}_{ik})$ beschrieben, wobei der Parametervektor $\boldsymbol{A}_{ik} = (A_{ik1}, \ldots, A_{ikq})'$ diese Funktion für das betreffende Individuum innerhalb einer bestimmten Klasse festlegt und ein Vektor von Zufallsvariablen ist. In einem solchen *Modell mit zufälligen Koeffizienten* beschreibt man den Meßwert

$$X_{iks} = f(z_s \mid \boldsymbol{A}_{ik}) + \epsilon_{iks}, \quad i = 1, \ldots, a, \quad k = 1, \ldots, n_i, \quad s = 1, \ldots, t_{ik} \tag{11.2}$$

durch eine zufällige Abweichung ϵ_{iks} von dieser Funktion $f(\cdot)$ zum Zeitpunkt z_s. Die Zufallsvariablen ϵ_{iks} sind für $(i, k) \neq (i', k')$ unabhängig mit $E(\epsilon_{iks}) = 0$, $s = 1, \ldots, t_{ik}$. Das Modell in (11.1) ist als Sonderfall in dem in (11.2) definierten Modell mit zufälligen Koeffizienten enthalten, wenn man $E(A_{ikr}) = \theta_{ir}$ und $Var(A_{ikr}) = 0$ annimmt.

Die Verwendung eines funktionalen Modells bietet sich bei der Untersuchung von Wachstumskurven und bei Beobachtungsstudien an. Die Zeitpunkte, zu denen eine Meßgröße an einem Individuum beobachtet wird, können vorgegeben sein oder sich aus bestimmten Umständen mehr oder weniger zufällig ergeben.

Funktionale Modelle bieten sich auch an, falls bei geplanten Versuchsanlagen (*experimental designs*) sehr viele Meßzeitpunkte im Verhältnis zur Anzahl der Individuen vorhanden sind. Man verwendet für $f(\cdot \mid \boldsymbol{A}_{ik})$ eine möglichst einfache Funktion, die durch wenige Parameter $A_{ik1}, \ldots, A_{ikq}$ beschrieben werden kann. Falls die einzelnen Parameter der Funktion $f(\cdot \mid \boldsymbol{A}_{ik})$ bezüglich des zugrunde liegenden biologischen oder medizinischen Problems eine gute Interpretation haben, können aufgrund eines funktionalen Modells dann sehr differenzierte Aussagen gemacht werden.

Die in (11.1) und (11.2) definierten funktionalen Modelle sind allerdings auf stetige, metrische Meßgrößen beschränkt und können in dieser Form nicht für Zähldaten oder rein ordinale Daten verwendet werden. Bei der Planung von Studien oder Experimenten mit solchen Daten ist also darauf zu achten, daß nur wenige und gleiche Meßzeitpunkte gewählt werden, falls man nichtparametrische Verfahren zur Analyse verwenden möchte.

Ziel dieses Buches ist es, nichtparametrische Modelle zur Auswertung von *experimental designs* zu beschreiben. Verfahren zur nichtparametrischen Analyse von Beobachtungsstudien, Wachstumskurven und Verlaufsdaten mit sehr vielen Meßzeitpunkten werden ausführlich in der Literatur behandelt. Hier sei auf die Bücher von MÜLLER (1988), LINDSEY (1993), LONGFORD (1993), DIGGLE, LIANG und ZEGER (1994), DAVIDIAN und GILTINAN (1995) sowie KSHIRSAGAR und SMITH (1995) verwiesen.

Die dort beschriebenen Verfahren sind jedoch zum Teil ziemlich kompliziert und sehr rechenaufwendig. Auch die großen Software-Hersteller bieten diese komplizierten nichtparametrischen Verfahren kaum an. Es kommt hinzu, daß die Anpassung der Verlaufskurven an bestimmte Funktionen metrische Beobachtungen verlangt, also nicht für ordinale Daten möglich ist. Hier ist man zur Zeit noch auf den Zugang über die verallgemeinerten linearen Modelle angewiesen, wobei sehr große Stichprobenumfänge nötig sind, um einigermaßen präzise Schätzer für die Modellparameter zu erhalten. Damit fallen diese Verfahren für den Bereich der klinischen Studien aus, bei denen z.B. Schmerz-Scores, graduelle Heilungserfolge oder etwa die Lebensqualität eine Rolle spielen. Hier besteht ein dringender Bedarf zur Entwicklung von Verfahren zur adäquaten Auswertung solcher Daten für kleine oder mittlere Stichprobenumfänge.

In diesem Abschnitt wird die Anwendung der in den vorangegangenen Abschnitten erläuterten Rangverfahren auf Versuchsanlagen mit zahlreichen Meßzeitpunkten beschrieben. Dies ist allerdings nur dann möglich, wenn die Menge der erhobenen Daten reduziert wird.

Bei der *Rastermethode* greift man besonders interessierende Zeitpunkte heraus, für die man eine Analyse durchführt, und benutzt die Messungen zu den übrigen Meßzeitpunkten lediglich zur Deskription der Daten. Dieses Verfahren ist sowohl für metrische als auch für rein ordinale Daten anwendbar.

Eine weitere Möglichkeit zur Auswertung longitudinaler Daten mit zahlreichen Meßzeitpunkten besteht darin, *summarische Effekte für bestimmte Zeitintervalle* (wie in Abschnitt 3.1.1 beschrieben) zu definieren. Man erhält so eine Versuchsanlage für longitudinale Daten mit *wenigen Zeitintervallen*. Zu beachten ist, daß viele summarische Effekte, wie z.B. die AUC oder Linearkombinationen der Beobachtungen, nur für metrische Daten definiert werden können. Diese Verfahren sind daher nicht in allen Fällen auf ordinale Daten anwendbar.

Für beide Methoden muß man im Einzelfall genau ergründen,

1. was die eigentliche Fragestellung des Versuchs oder der Untersuchung ist und
2. welche Bedeutung die einzelnen Meßzeitpunkte für die Fragestellung des Versuchs haben.

11.1.1 Die Fragestellung

In den Beispielen, die in den vorangegangenen Abschnitten diskutiert wurden, waren die Fragestellungen zumeist eng mit den Beobachtungszeitpunkten verknüpft. Dies ist offensichtlich in allen Beispielen der Fall, in denen nur zwei Zeitpunkte (z.B. *vorher* und *nachher*) vorhanden sind. Bei mehreren Zeitpunkten muß man schon die Frage stellen, ob wirklich die Änderung einer Verteilung zu genau diesen Zeitpunkten von Interesse ist oder ob nur ein genereller Trend über den beobachteten Zeitraum interessiert und die einzelnen Messungen zu den betreffenden Zeitpunkten nur erhoben wurden, um nicht einen möglichen Zeitpunkt einer Änderung zu verpassen.

Ist es zum Beispiel in der Schulter-Schmerz-Studie wirklich nötig, den Verlauf der Schmerz-Scores zu allen sechs Zeitpunkten miteinander zu vergleichen? Ist hier nicht eher nach einem generell rascheren Abnehmen der typischen Schulter-Schmerzen gefragt? Entsprechend wurden bei der Analyse dieser Studie auch nicht die Schmerz-Scores zu allen Zeitpunkten paarweise verglichen, sondern es wurde zum einen untersucht, ob insgesamt unter der Behandlung Y geringere Schmerzen beobachtet werden und zum anderen, ob Schmerzen unter der Behandlung Y schneller abnehmen als unter der Behandlung N (Wechselwirkung). Zusätzlich wurden mit entsprechenden Trend-Tests die globalen Fragen nach einem abnehmenden Trend der Schmerzen für beide Versuchsgruppen untersucht und es wurde weiterhin geprüft, ob der gefundene Unterschied mit zunehmender Zeit größer wird (gemusterte Wechselwirkung).

Um so nötiger ist es, die Fragestellung des Versuchs genau zu ergründen, wenn zahlreiche Meßzeitpunkte vorliegen. Man kann in diesem Fall nicht jeden Zeitpunkt als Stufe des Sub-Plot-Faktors 'Zeit' ansehen. Rein technisch hätte man hier das Problem, daß man entweder sehr viele Individuen benötigt oder aber die Statistik vom WALD-Typ zu extrem antikonservativen Entscheidungen führt. Bei der Statistik vom ANOVA-Typ wird im Falle zahlreicher Meßzeitpunkte der Freiheitsgrad der χ^2-Verteilung bzw. der erste Freiheitsgrad der F-Verteilung sehr verzerrt geschätzt und diese Verzerrung nimmt mit wachsender Anzahl von Zeitpunkten zu. Man ist dann auf Statistiken für gemusterte Alternativen angewiesen - und diese untersuchen ja gerade gezielt gestellte Fragen, nämlich bestimmte Zeitmuster.

Daher wird man in diesem Fall immer mit dem Fragesteller diskutieren müssen, ob z.B. ein bestimmter Trend, eine Änderung des Verlaufs zu einem bestimmten Zeitpunkt, eine raschere oder langsamere Änderung eines Trends oder etwa gleichartige Verläufe für zwei Verfahren untersucht werden sollen.

11.1.2 Bedeutung der Meßzeitpunkte für die Fragestellung

Eng verbunden mit der eigentlichen Fragestellung des Versuchs ist die Untersuchung der Bedeutung der einzelnen Meßzeitpunkte für die Fragestellung. Werden die einzelnen Beobachtungen der individuellen Verlaufskurven nur deshalb durchgeführt, weil sie ohnedies von einem Meßgerät in kurzen Intervallen erfaßt und aufgezeichnet werden oder weil die Beobachtungen routinemäßig anfallen, so muß man zuerst herausfinden, welche Frage eigentlich gelöst werden soll. Die Auskunft des Fragestellers, daß 'alle Unterschiede interessant sind', ist in diesem Zusammenhang wenig hilfreich. Zu einer adäquaten und aussagefähigen Analyse gehören schon genauere Vorstellungen darüber, was eigentlich untersucht werden soll. Anderenfalls läuft man Gefahr, die tatsächlichen Unterschiede mit allen möglichen Artefakten zu vermischen, so daß schließlich 'vor lauter Bäumen der Wald' nicht mehr zu sehen ist. Eine Reduktion der Daten auf die wirklich interessierenden Zeitpunkte kann dann zur Lösung der betreffenden Fragestellung wesentlich nützlicher sein als die Verwendung aller Daten. Dies soll anhand einiger Beispiele in den nächsten Abschnitten näher erläutert werden.

11.2 Beispiele

11.2.1 Gewichtsentwicklung von Wistar-Ratten

Zunächst soll anhand der Gewichtsentwicklung der Wistar-Ratten in Beispiel 1.3.8 in der Einleitung das Problem zahlreicher Zeitpunkte diskutiert werden. Die Tiere der Placebo-Gruppe haben in 21 Wochen im Durchschnitt etwa 60g - 70g, d.h. etwa 3g pro Woche zugenommen. Diese Gewichtszunahme liegt unterhalb der natürlichen Schwankung, die durch Nahrungs- und Flüssigkeitsaufnahme verursacht wird.

Somit ist ein Raster mit einem Abstand von einer Woche zu fein, um relevante Aussagen bezüglich einer Gewichtszunahme zu liefern. Legt man einen Abstand von sieben Wochen zugrunde, dann kann mit diesem Raster eine relevante Gewichtszunahme erfaßt werden. Zudem wird die gesamte Beobachtungszeit in drei gleich große Abschnitte aufgeteilt. Man betrachtet also nur das Körpergewicht der beiden Versuchsgruppen zu den Zeitpunkten 1, 8, 15 und 22. Diese Werte sind in der Tabelle 11.1 zusammengestellt.

Tabelle 11.1 *Gewichtsentwicklung der Wistar-Ratten (Beispiel 1.3.8) in den Wochen 1, 8, 15 und 22.*

Gewichte [g] von männlichen Wistar-Ratten					
		Woche			
	Tier	1	8	15	22
Placebo	1	363	374	405	430
	2	388	408	433	461
	3	334	356	381	392
	4	363	372	393	422
	5	379	393	414	448
	6	400	412	455	488
	7	324	339	361	392
	8	340	355	371	397
	9	350	364	380	402
	10	316	334	360	384
Verum	11	342	350	378	402
	12	337	352	376	385
	13	314	332	344	382
	14	365	383	405	426
	15	319	341	359	381
	16	401	414	464	496
	17	365	370	402	435
	18	328	342	358	382
	19	353	368	391	417
	20	302	314	312	328

In diesem Beispiel liegt eine Versuchsanlage mit zwei Behandlungsgruppen und 22 Zeitpunkten vor, die auf vier relevante Zeitpunkte reduziert worden sind.

Dies entspricht einer F1-LD-F1-Versuchsanlage, die entsprechend den in Abschnitt 8 beschriebenen Verfahren ausgewertet wird. Die Analyse ist in Tabelle 11.2 aufgelistet.

Hinsichtlich der Gewichtsentwicklung der Ratten ist die wesentliche Frage, ob diese in der Placebo- und Verumgruppe gleichartig ist. Diese Frage wird durch die Statistik der AT-Wechselwirkung untersucht ($F_n(AT) = 0.34, p = 0.672$). Somit liefern die Daten keinen Anhalt für einen möglichen unterschiedlichen Verlauf der Gewichtsentwicklung in den beiden Versuchsgruppen. Dieser Aussage entspricht der nahezu parallele Verlauf der beiden Kurven für die relativen Behandlungseffekte $\widehat{p}_{is}$, $i = 1, 2,\ s = 1, \ldots, 4$, in Abbildung 11.1.

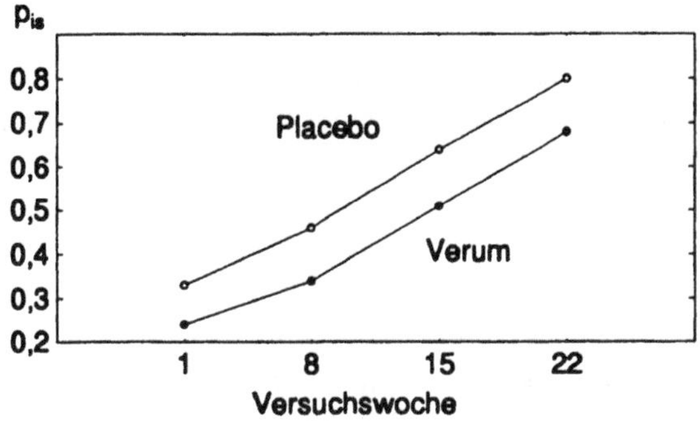

Abbildung 11.1 *Zeitverläufe der relativen Marginaleffekte für die beiden Versuchsgruppen der Toxizitätsstudie mit Wistar-Ratten.*

Tabelle 11.2 *Auswertung der Toxizitätsstudie (Gewichtsentwicklung von Wistar-Ratten, Beispiel 1.3.8). Die ursprünglichen 22 Zeitpunkte sind auf vier relevante Zeitpunkte reduziert worden. Die Ergebnisse sind mit dem SAS-Makro F1_LD_F1 berechnet worden. Die Handhabung des Makros ist in Abschnitt 8.4 erläutert, den Ausdruck aller Ergebnisse findet man in Abschnitt 14.8.*

	Relative Marginaleffete Versuchswoche			
Gruppe	1	8	15	22
Placebo	0.33	0.46	0.64	0.80
Verum	0.24	0.34	0.51	0.68

ANOVA-Typ Statistiken		p-Werte	f_1	f_2
$F_n(A)$	1.29	0.2712	1.00	17.51
$F_n(T)$	162.73	$< 10^{-5}$	1.66	∞
$F_n(AT)$	0.34	0.6720	1.66	∞

Für das Gewicht über alle vier Zeitpunkte ergibt sich mit $F_n(A) = 0.33$ und einem p-Wert von 0.27 ebenfalls kein signifikanter Unterschied für die beiden Versuchsgruppen. Natürlich ist in dieser Studie ein Zeiteffekt bei der Gewichtszunahme vorhanden. Es ist jedoch sinnvoll, auch diesen Effekt zu untersuchen. Beispielsweise könnte der Stichprobenumfang von $n = 10$ Tieren pro Versuchsgruppe zu gering sein, um diesen Effekt aufzudecken. Die Analyse ergibt $F_n(T) = 162.73$ und einen p-Wert $< 10^{-5}$. Dies belegt, daß der Stichprobenumfang sehr wohl groß genug ist, um einen deutlichen Effekt mit einem entsprechend kleinen p-Wert gegen ein zufälliges Versuchsergebnis abzugrenzen. Entsprechend ist das nicht signifikante Ergebnis für die AT-Wechselwirkung mit einem p-Wert von $p = 0.67$ dahingehend zu interpretieren, daß sich aus dem Versuch tatsächlich kein unterschiedlicher Verlauf der Gewichtsentwicklung für die beiden Versuchsgruppen ergibt.

11.2.2 Kortisol-Konzentration im Plasma (Beispiel 1.3.12)

Der Faktor 'Zeit' ist in dieser Versuchsanlage strukturiert: die beiden Faktoren T (Behandlung) mit den Stufen *vor Trainingsentzug* und *nach Trainingsentzug* und C (Stimulation) mit den beiden Stufen *m-CPP* und *Placebo* sind gekreuzt, so daß jeweils sieben Zeitpunkte zu vier verschiedenen Behandlungskombinationen untersucht sind. Die Struktur dieser Versuchsanlage ist wesentlich komplizierter als die des vorangegangenen Beispiels.

Zuerst gilt es, den vagen Begriff 'Kortisol-Konzentration im Plasma zu sieben Zeitpunkten' zu präzisieren. Eine ausführliche Diskussion mit dem klinischen Leiter der Studie ergab, daß nicht die Kortisol-Konzentration zu den einzelnen Zeitpunkten oder ein schnellerer Anstieg oder Abfall nach Stimulation von Interesse sind, sondern daß die Gesamtausschüttung über die vier Stunden nach der Stimulation die eigentliche Zielgröße der Untersuchung ist. Damit ist die Fläche unter der Kurve (AUC) - jeweils über die sieben Zeitpunkte - eine sinnvolle summarische Größe zur Beschreibung des Versuchsergebnisses. Man erhält somit für jeden Probanden und für jede der vier Behandlungskombinationen eine summarische Meßgröße, insgesamt also vier summarische Werte, die ebenfalls *wiederholte Messungen* sind. Dies entspricht einer LD-F2-Versuchsanlage, die in Abschnitt 10.1 beschrieben ist. Die 48 AUC-Werte sind in Tabelle 11.3 dargestellt. Die Auswertung mithilfe des Makros LD_F2 ist in Tabelle 11.4 zusammengestellt.

Tabelle 11.3 *Flächen unter der Kurve (AUC) für die Kortisol-Konzentration im Plasma über vier Stunden nach Stimulation vor und nach einem zweiwöchigen Trainingsentzug für 12 Marathon-Läufer.*

	Trainingsentzug			
	vor		nach	
	Stimulation		Stimulation	
Pat.	m-CPP	Placebo	m-CPP	Placebo
1	748	454	744	518
2	1272	631	1048	869
3	385	494	659	703
4	1002	930	938	1149
5	2258	1892	3431	2705
6	1646	966	1533	1197
7	1446	1253	1668	1755
8	1002	801	1472	1345
9	1190	976	1906	852
10	1123	1109	1639	944
11	1325	787	1156	858
12	1855	2120	2119	1627

Die Analyse ergibt, daß die Stimulation einen Einfluß auf die Kortisol-Konzentration im Plasma bei den Marathon-Läufern hat ($F_n(C) = 10.49$, $p = 0.0012$).

Der durch die Stimulation hervorgerufene Unterschied wird durch die Statistik für die CT-Wechselwirkung beschrieben. Man entnimmt aus Tabelle 11.4 die Werte $F_n(CT) = 0.57$ und $p = 0.4489$. Damit läßt sich auf dem 5%-Niveau kein Einfluß des Trainingsentzuges auf den durch die Stimulation hervorgerufenen Unterschied in der Kortisol-AUC nachweisen. Insgesamt ergibt sich jedoch ein signifikanter Einfluß des Trainingsentzugs auf die Kortisol-AUC ($F_n(T) = 6.11, p = 0.0135$).

Tabelle 11.4 *Auswertung der Kortisol-Konzentration im Plasma bei den 12 Marathon-Läufern (Beispiel 1.3.12), wobei die Fläche unter der Kurve als summarischer Effekt verwendet wurde. Die Ergebnisse sind mit dem SAS-Makro LD_F2 berechnet worden. Die Handhabung des Makros ist in Abschnitt 10.4 erläutert, den Ausdruck aller Ergebnisse findet man in Abschnitt 14.13.*

Faktor	Stufe	Rangmittel	Relative Marginaleffekte
Behandlung	vor	22.63	0.461
	nach	26.38	0.539
Stimulation	m-CPP	27.75	0.568
	Placebo	21.25	0.432
m-CPP	vor	26.75	0.547
m-CPP	nach	28.75	0.589
Placebo	vor	18.50	0.375
Placebo	nach	24.00	0.490

ANOVA-Typ Statistiken		p-Werte	f_1	f_2
$F_n(T)$	6.11	0.0135	1.00	∞
$F_n(C)$	10.49	0.0012	1.00	∞
$F_n(TC)$	0.57	0.4489	1.00	∞

Es sei ausdrücklich darauf hingewiesen, daß die hier vorgeschlagenen Vorgehensweisen eher 'Notlösungen' als adäquate Lösungen des Problems darstellen. Hier müssen künftige Forschungen zeigen, ob sich auch für die relativen Marginaleffekte Modelle mit zufälligen Koeffizienten entwickeln lassen, die dann sowohl für metrische als auch für rein ordinale Daten anwendbar sind. Damit ließen sich auch für den Fall zahlreicher Meßzeitpunkte fehlende Werte berücksichtigen oder sogar der Fall ungleicher Meßzeitpunkte behandeln.

12 Ausblick und offene Probleme

Die vorhandenen Verfahren können in einigen Punkten sicher noch verbessert oder ergänzt werden. So müßten z.B. noch Konfidenzintervalle für die relativen Marginaleffekte angegeben werden; ferner fehlt eine erwartungstreue Schätzung des ersten Freiheitsgrades für die Approximation der Statistik vom ANOVA-Typ und damit verbunden, eine Schätzung des zweiten Freiheitsgrades der Approximation durch die F-Verteilung. Ebenfalls ist eine Verbesserung der Statistiken im verbundenen Zweistichproben-Problem bei fehlenden Werten durch eine entsprechend optimale Gewichtung notwendig sowie eine Berücksichtigung des nichtparametrischen BEHRENS-FISHER-Problems im 2-Perioden Cross-Over-Versuch.

Zusätzlich zu diesen Verbesserungen und Erweiterungen wäre es für die Praxis unbedingt notwendig, folgende Probleme zu lösen:

1. Adäquate Verfahren für zahlreiche und ungleiche Meßzeitpunkte.
2. Berücksichtigung von stetigen und ordinalen Kovariablen.
3. Anwendung von Score-Funktionen zur optimalen (Daten-gesteuerten) Gewichtung bei den relativen Marginaleffekten.
4. Berücksichtigung fehlender Werte bei *informative missing data.*
5. Zensierte Daten.

Hinsichtlich der Berücksichtigung von stetigen und ordinalen Kovariablen liegen bereits erste theoretische Ergebnisse vor, die aber noch in die Praxis umgesetzt werden müssen. So muß im Beispiel der Schulter-Schmerz-Studie die Berücksichtigung des Alters der Patienten als offenes Problem (vorerst) zurückbleiben. Was die Anwendung von Score-Funktionen betrifft, sind alle Ergebnisse für Score-Funktionen mit beschränkter 2. Ableitung vorhanden (BRUNNER, MUNZEL und PURI 1996, MUNZEL 1996). Der besseren Lesbarkeit wegen sind diese Ergebnisse hier nicht beschrieben worden.

Longitudinale Daten sind jedoch nicht nur Daten, die über die Zeit erhoben werden, sondern auch solche Daten, bei denen die Zeit selbst die Beobachtung ist. Probleme treten dann auf, wenn die beobachteten *Überlebenszeiten* durch Beendigung der Untersuchung oder durch *Ausfälle (random drop-outs)* zensiert sind. Standardmäßig werden hierbei zur Zeit noch Modelle mit proportionalen Hazard-Funktionen vorausgesetzt. Erste Ansätze für faktorielle Versuchsanlagen, bei denen auf die Annahme der *proportional hazards* verzichtet wird und die vollständig nichtparametrische Modelle zulassen, sind von AKRITAS und BRUNNER (1997*b*) vorgestellt worden. Allerdings ist es zur Zeit noch nicht möglich, bezüglich stetiger oder ordinaler Kovariablen zu adjustieren. Auch hier muß die Zukunft zeigen, wie weit sich reale Versuche mit möglichst allgemeinen Modellen beschreiben und auswerten lassen.

13 Originaldaten

13.1 Panik-Skala-Studie I

CGI-Werte											
	Woche						Woche				
Patient	0	2	4	6	8	Patient	0	2	4	6	8
1	8	6	5	5	4	9	5	4	3	3	2
2	8	6	5	4	2	10	8	6	5	5	4
3	6	5	5	4	2	11	7	6	5	4	2
4	6	6	6	5	5	12	6	5	5	4	2
5	7	6	6	6	6	13	6	6	6	5	5
6	8	7	3	2	2	14	8	6	6	6	6
7	7	6	7	3	3	15	8	7	4	2	2
8	6	4	5	3	3	16	7	6	7	3	3

13.2 Panik-Skala-Studie II

P&A-Gesamtscores											
mit Agoraphobie						ohne Agoraphobie					
	Woche						Woche				
Patient	0	2	4	6	8	Patient	0	2	4	6	8
1	42	35	22	16	9	3	21	14	11	6	0
2	36	29	21	13	1	4	29	29	25	21	19
5	43	38	38	31	33	10	16	10	7	.	6
6	37	16	11	6	5	15	21	14	11	6	0
7	24	27	8	14	6	16	29	29	25	21	19
8	27	30	.	.	.	23	20	0	2	.	.
9	31	5	10	2	0	24	15	10	6	2	15
11	22	17	6	1	1	26	31	20	13	16	16
12	28	29	.	.	.	28	24	6	6	4	9
13	39	36	22	16	9	29	25	9	11	14	13
14	32	29	21	13	1	31	19	38	30	.	.
17	43	38	38	33	33	32	14	8	9	0	0
18	37	16	11	6	5	35	26	14	9	0	.
19	24	27	8	14	6						
20	34	26	25	35	24						
21	35	30	17	19	.						
22	30	48	22	22	26						
25	32	18	28	36	37						
27	26	5	6	2	2						
30	27	37	22	34	19						
33	21	23	16	.	.						
34	37	27	.	11	20						
36	26	26	14	31	31						
37	45	42	18	2	0						

13.3 Water-Maze-Test

Lernscore im Schwimm-Test											
Placebo			Dosis 1			Dosis 2			Dosis 3		
Mutter-	Tag		Mutter-	Tag		Mutter-	Tag		Mutter-	Tag	
Tier	1	7	Tier	1	7	Tier	1	7	Tier	1	7
73	13 11	21 21	18	14 21	21 21	61	19 21	18 21	243	9 20	18 14
92	14 20	13 21	10	20 11	21 20	31	12 21	21 21	186	15 9	11 5
37	17 14	21 21	56	21 13	21 21	64	16 5	20 14	108	13 20	21 11
75	7 0	20 16	33	20 21	20 20	8	20 20	21 21	145	21 8	21 21
45	15 16	21 17	41	1 0	15 18	58	19 20	0 21	193	21 18	21 21
14	20 15	21 21	57	20 20	17 19	40	8 2	18 21	95	12 11	19 15
82	14 18	18 21	29	14 19	18 21	84	19 19	19 21	154	14 0	21 18
22	21 14	21 20	2	21 15	19 12	86	10 17	21 15	136	19 18	9 21
49	7 11	19 6	176	18 15	15 13	66	21 21	17 20	97	11 9	3 14
125	20 21	21 21	106	21 11	21 18	162	11 20	21 21	153	18 8	21 21
159	20 5	21 20	165	20 18	21 21	188	18 6	0 21	238	11 6	7 21
101	12 13	19 15	217	6 11	21 21	148	6 15	18 21	140	13 6	21 15
164	1 17	19 21	236	21 18	21 21	200	15 19	21 21	120	1 5	21 12
228	18 21	17 15	96	21 18	16 21	205	13 4	20 6	181	12 6	21 0
221	16 18	21 18	131	14 21	21 21	235	16 19	21 19	128	13 15	19 18
199	11 21	20 21	109	21 15	21 20	216	0 0	6 5	123	10 14	14 11
203	20 19	14 21	98	8 11	13 0	170	3 17	19 19	185	12 12	19 16
						248	11 19	21 21	137	19 14	13 21
						178	19 21	16 19	219	18 21	21 21

13.4 α-Amylase-Studie

Aktivität der α-Amylase [U/ml]								
	Tag 1 Uhrzeit [h]				Tag 2 Uhrzeit [h]			
Proband	8	12	17	21	8	12	17	21
1	146.8	167.0	107.2	161.8	90.8	151.6	123.0	142.8
2	818.2	1314.2	1578.8	932.5	378.8	759.5	1881.2	572.6
3	394.4	1157.4	585.2	629.2	171.0	538.4	729.8	412.1
4	100.2	140.4	234.4	244.8	121.6	154.6	221.8	170.6
5	169.8	99.9	184.2	168.8	103.0	170.0	342.0	162.2
6	107.2	262.8	198.4	465.1	178.8	312.6	261.6	450.5
7	272.0	551.2	265.2	453.2	133.4	560.4	977.9	402.0
8	51.8	144.4	125.4	203.8	122.2	71.4	434.9	191.2
9	273.6	351.6	510.0	354.0	403.0	665.4	420.4	566.0
10	367.2	435.6	783.3	523.1	221.8	601.2	1028.5	713.4
11	519.2	264.6	321.4	1433.8	137.2	345.6	884.9	331.8
12	88.6	135.0	88.6	86.2	164.2	190.4	301.0	173.2
13	218.0	109.2	167.6	179.4	162.8	185.6	193.6	183.2
14	117.2	151.0	150.0	218.0	178.2	151.0	165.2	170.0

13.5 Asthma-Studie

4-Punkte Score					
Behandlungsfolge					
F/S			S/F		
Pat.-Nr.	Periode $s = 1$	Periode $s = 2$	Pat.-Nr.	Periode $s = 1$	Periode $s = 2$
3	4	4	1	2	4
4	3	1	2	3	4
7	4	1	5	4	4
8	4	3	6	4	4
9	4	4	10	4	4
11	4	3	12	4	4
15	4	3	13	4	4
16	4	1	14	4	3
19	4	3	17	3	4
20	4	1	18	2	4
22	4	3	21	2	4
23	4	2	24	3	4

13.6 Schulter-Schmerz-Studie

Schmerz-Score									
				Zeitpunkt					
Pat.-Nr.	Beh.	Geschl.	Alter	1	2	3	4	5	6
1	*Y*	*F*	64	1	1	1	1	1	1
3	*Y*	*F*	77	3	2	2	2	1	1
4	*Y*	*F*	54	1	1	1	1	1	1
5	*Y*	*F*	66	1	1	1	1	1	1
8	*Y*	*F*	24	2	2	1	1	1	1
9	*Y*	*F*	56	1	1	1	1	1	1
10	*Y*	*F*	29	3	1	1	1	1	1
12	*Y*	*F*	68	2	1	1	1	1	2
16	*Y*	*F*	70	1	1	1	1	1	1
18	*Y*	*F*	65	2	1	1	1	1	1
19	*Y*	*F*	61	4	4	2	4	2	2
20	*Y*	*F*	67	4	4	4	2	1	1
21	*Y*	*F*	32	1	1	1	2	1	1
22	*Y*	*F*	33	1	1	1	2	1	2
2	*Y*	*M*	41	3	2	1	1	1	1
6	*Y*	*M*	56	1	2	1	1	1	1
7	*Y*	*M*	81	1	3	2	1	1	1
11	*Y*	*M*	65	1	1	1	1	1	1
13	*Y*	*M*	77	1	2	2	2	2	2
14	*Y*	*M*	35	3	1	1	1	3	3
15	*Y*	*M*	66	2	1	1	1	1	1
17	*Y*	*M*	79	1	1	1	1	1	1
23	*N*	*F*	20	5	2	3	5	5	4
24	*N*	*F*	50	1	5	3	4	5	3
25	*N*	*F*	40	4	4	4	4	1	1
28	*N*	*F*	34	3	4	3	3	3	2
30	*N*	*F*	82	1	1	1	1	1	1
33	*N*	*F*	65	1	3	2	2	1	1
34	*N*	*F*	53	2	2	3	4	2	2
35	*N*	*F*	40	2	2	1	3	3	2
36	*N*	*F*	58	1	1	1	1	1	1
38	*N*	*F*	41	5	5	5	4	3	3
40	*N*	*F*	60	5	4	4	4	2	2
26	*N*	*M*	54	4	4	4	4	4	3
27	*N*	*M*	34	2	3	4	3	3	2
29	*N*	*M*	56	3	3	4	4	4	3
31	*N*	*M*	56	1	1	1	1	1	1
32	*N*	*M*	52	1	5	5	5	4	3
37	*N*	*M*	63	1	1	1	1	1	1
39	*N*	*M*	72	3	3	3	3	1	1
41	*N*	*M*	61	1	3	3	3	2	1

13.7 γ-GT-Studie

γ-GT [U/l]									
Placebo					Verum				
	Tag nach OP					Tag nach OP			
Pat.-Nr.	−1	3	7	10	Pat.-Nr.	−1	3	7	10
2	5	4	8	6	1	44	12	10	9
3	8	45	61	39	5	15	14	14	15
4	30	32	42	35	6	8	10	9	9
7	20	26	23	20	8	12	17	28	31
10	17	18	18	18	9	7	26	29	22
15	17	19	36	28	11	8	10	9	12
16	114	20	6	14	12	32	226	118	76
13	7	26	10	10	18	109	104	66	48
19	275	89	59	46	14	53	49	50	49
20	8	12	12	14	17	56	162	111	79
22	15	26	43	39	21	11	15	26	12
23	5	8	11	12	24	38	100	47	67
28	14	20	18	16	25	13	167	139	110
30	11	20	22	21	26	50	30	29	35
31	27	30	26	23	27	13	21	29	15
32	11	13	59	38	29	7	8	7	9
34	18	31	30	15	33	7	14	25	19
35	14	27	22	15	36	11	11	12	15
39	19	62	53	38	37	192	157	92	66
40	75	55	47	39	38	14	12	20	16
41	11	28	12	43	42	24	9	10	12
43	8	34	30	17	44	9	14	16	13
46	26	32	29	24	45	16	32	28	20
48	11	34	43	49	47	9	13	12	13
					49	19	14	13	12
					50	8	10	10	11

13.8 Gewichtsentwicklung von Wistar-Ratten

Gewichte [g] von männlichen Wistar-Ratten

	Tier	Woche 1	2	3	4	5	6	7	8	9	10	11
	1	363	369	371	371	370	378	369	374	378	376	392
	2	388	396	399	400	398	401	405	408	411	416	419
	3	334	338	347	346	351	356	355	356	356	355	361
	4	363	361	364	367	365	366	373	372	366	377	379
Placebo	5	379	381	385	389	389	391	384	393	388	389	396
	6	400	408	414	418	420	426	423	412	429	427	435
	7	324	323	325	335	331	339	342	339	340	344	347
	8	340	345	349	345	343	347	352	355	355	359	363
	9	350	355	358	364	360	366	360	364	365	364	373
	10	316	321	321	325	329	330	333	334	332	333	343
	11	342	345	348	352	353	355	345	350	354	360	366
	12	337	341	340	344	348	355	355	352	357	355	362
	13	314	320	321	323	325	331	332	332	334	334	340
	14	365	370	370	375	379	381	378	383	385	390	397
Verum	15	319	323	321	325	326	334	334	341	337	341	349
	16	401	404	404	408	413	418	411	414	421	428	435
	17	365	365	368	371	375	379	371	370	372	373	380
	18	328	331	333	333	337	340	345	342	344	347	352
	19	353	358	361	362	366	363	363	368	373	371	376
	20	302	307	306	306	311	313	315	314	288	301	303

	Tier	Woche 12	13	14	15	16	17	18	19	20	21	22
	1	391	394	402	405	413	403	417	416	422	429	430
	2	420	422	433	433	438	433	441	446	451	454	461
	3	369	374	374	381	386	383	389	397	388	393	392
	4	381	388	391	393	404	397	407	406	413	416	422
Placebo	5	399	399	405	414	417	423	431	436	447	446	448
	6	437	439	448	455	467	463	469	472	484	486	488
	7	350	348	361	361	375	369	377	378	385	383	392
	8	362	363	368	371	376	373	378	384	386	392	397
	9	369	371	379	380	385	385	388	395	397	398	402
	10	345	341	357	360	364	370	370	374	375	380	384
	11	371	377	381	378	394	393	396	403	400	400	402
	12	362	366	368	376	384	376	379	416	384	384	385
	13	341	341	345	344	359	356	366	371	371	376	382
	14	398	399	404	405	412	409	419	429	422	424	426
Verum	15	346	352	357	359	369	366	368	369	375	376	381
	16	439	448	457	464	478	476	481	481	489	490	496
	17	383	397	397	402	408	406	408	414	422	425	435
	18	347	357	357	358	370	366	370	371	378	379	382
	19	374	386	386	391	394	389	397	400	407	411	417
	20	305	311	311	312	318	315	320	323	326	325	328

13.9 Plasma-Renin-Aktivität im Serum

Gruppe	Prob. Nr.	Zeit [h] 0	2	6	8	12
Propanolol	1	2.1	1.08	0.86	1.12	0.86
	5	1.4	0.76	0.7	0.78	0.94
	9	1.18	0.98	1.02	1.2	1.04
	17	1.52	0.88	0.78	0.76	1.3
	21	1.4	1.1	0.56	0.68	0.76
	25	1.6	0.92	1.16	1.24	0.84
	29	1.22	0.66	0.56	0.48	0.5
	33	1.12	1.24	1.02	0.68	0.58
	37	1.96	0.98	0.94	1.0	0.92
	45	1.6	1.14	1.22	1.12	1.16
Dobutamin	2	1.0	2.24	1.88	1.24	0.86
	6	2.56	7.98	3.04	1.4	0.94
	14	3.32	6.5	3.24	1.94	1.44
	18	1.84	8.72	4.2	2.06	1.6
	22	2.32	10.12	6.26	2.56	2.38
	26	0.82	4.68	2.96	1.32	1.08
	30	0.86	4.9	1.86	1.14	0.68
	34	1.1	6.86	2.78	1.5	1.2
	35	2.52	9.4	4.74	2.08	1.86
	38	2.24	6.42	2.86	1.56	1.14
	42	0.96	4.68	2.46	1.48	1.06
	46	1.66	4.38	2.82	2.3	1.82
	50	0.74	3.32	1.06	0.92	0.72
Fenoterol	3	3.66	5.38	2.7	1.46	0.94
	7	5.96	12.56	5.62	1.2	1.86
	10	3.56	6.06	8.92	3.18	1.32
	15	1.6	3.34	4.68	3.46	1.5
	19	1.26	4.6	4.2	2.34	1.52
	23	1.86	4.5	6.86	2.72	1.34
	27	2.38	4.46	5.94	5.02	1.08
	31	2.62	24.22	11.86	4.7	1.82
	39	1.9	5.08	2.2	1.56	1.38
	43	0.98	3.1	4.8	2.32	1.7
	47	3.9	8.72	4.84	3.02	1.38
	49	0.74	2.8	2.72	1.32	0.68
	51	1.04	3.06	2.88	2.04	0.96
Placebo	4	2.12	2.2	1.9	1.6	0.86
	8	2.3	2.08	1.46	3.32	1.34
	12	1.6	1.92	1.7	1.58	1.22
	16	0.74	0.9	0.86	0.64	0.66
	20	1.76	1.88	1.44	1.02	0.82
	24	1.64	1.76	1.36	1.02	1.08
	28	2.36	1.68	1.36	0.94	1.3
	32	4.92	2.74	1.84	1.4	1.8
	36	1.06	2.08	1.2	0.8	0.98
	40	0.74	1.04	1.0	0.88	0.7
	44	3.04	1.3	1.54	1.16	1.56
	48	2.06	1.84	2.1	1.38	1.74
	52	2.54	3.08	1.9	1.7	2.0

13.10 Stammzell-Konzentrat-Studie

CFU-GM [10^5/kg]						
	Vorbelastung					
	niedrig			hoch		
Geschlecht	Probe Nr.	Zeit vor	Zeit nach	Probe Nr.	Zeit vor	Zeit nach
männlich	90	1.4580	1.4160	126	0.3062	0.9332
	104	1.6550	0.8020	129	8.5612	3.4091
	105	3.0160	1.8210	130	9.6213	4.7529
	117	0.8110	0.7880	131	0.1959	0.1306
	118	1.6120	1.5040	133	0.1117	0.0480
	145	0.1580	0.1450	173	1.5493	1.2823
	146	0.1660	0.1120	227	4.2278	3.1098
	147	0.2870	0.3180	233	0.7913	0.5422
	149	0.7460	0.4930	276	4.9270	2.3970
	150	1.1900	1.8090	122	0.4773	0.0052
	151	2.4150	1.0610	124	0.1128	0.0001
	163	157.4910	220.3630	128	5.8334	0.7693
	179	7.1520	4.5660	132	0.3433	0.0470
	186	1.5650	1.3240	153	1.3296	0.1980
	188	9.2190	5.3350	154	0.7254	0.2014
	189	3.0970	2.1090	158	0.0464	0.0001
	190	0.9720	0.4000	159	0.0476	0.0163
	191	0.8110	1.0690	170	1.1199	0.3497
	194	1.8430	1.8090	180	6.6170	1.4413
	199	2.5290	1.9260	182	6.3366	5.1669
	200	7.3290	4.7940	196	25.9010	5.2857
	201	0.9550	0.7850	197	24.6086	5.5666
	217	4.2000	1.7240	192	7.3737	5.3001
	218	1.9720	0.6820	210	1.4671	0.6009
	219	1.7070	1.2520	215	4.2110	0.8592
	241	4.0680	1.1470	216	3.0246	0.2541
	240	3.8100	2.4112	225	2.1081	0.6161
	260	12.7812	8.1911	226	5.1752	1.9086
	89	0.3831	0.1406	228	5.4066	1.5767
	203	3.3303	1.2813	230	2.5655	0.6168
				231	0.7454	0.0001
				232	1.1831	0.4089
				275	5.5803	2.1059
				278	1.6842	0.5235

Stammzell-Konzentrat-Studie

CFU-GM [10^5/kg]						
	Vorbelastung					
	niedrig			hoch		
Geschlecht	Probe Nr.	Zeit vor	Zeit nach	Probe Nr.	Zeit vor	Zeit nach
weiblich	81	10.1244	5.1882	98	1.6431	0.0001
	80	10.3349	10.8221	100	2.5143	0.6760
	82	56.3474	23.4543	103	3.2593	0.0001
	111	2.1101	1.4730	123	0.8671	0.3797
	167	78.1618	47.5676	125	0.2489	0.1796
	168	29.8228	24.9230	127	1.0408	0.7623
	169	23.3391	16.7338	134	0.2229	0.2102
	178	14.1810	11.2791	135	0.4363	0.2947
	110	0.4749	0.0001	136	0.5056	0.3503
	193	6.4677	5.5746	155	0.0167	0.0089
	205	4.7832	2.1098	166	0.4843	0.5776
	237	5.0919	4.0376	277	0.3092	0.3048
	238	22.8646	14.4114	156	0.0688	0.0087
	242	2.0113	1.2189	157	0.0666	0.0142
	262	4.1265	3.3135	164	0.6747	0.0001
	269	4.4289	1.9756	165	1.1980	0.3697
	271	13.3139	8.3652	209	0.7455	0.2418
	83	27.0348	0.0001	211	8.7576	0.7576
	195	20.8549	5.2709	222	4.4324	0.4564
	198	25.5843	0.9185	223	4.2018	0.8875
	234	3.7311	0.6631	224	2.3906	0.4021
	235	4.4278	1.4917	272	0.5707	0.0001
	236	10.8107	1.2982	273	2.5430	0.3114
	263	9.2134	1.4149	274	1.4143	0.0152
	267	0.5541	0.0788	279	1.5365	0.3466
	268	3.7812	1.0060	280	0.5133	0.1915

13.11 SO_4-Konzentration

Fläche D0								
Sonde	Monat	89/90	90/91	91/92	92/93	93/94	94/95	95/96
21	Nov.	11.4	10.9	10.2	11.5	10.9	9.4	9.8
	Dez.	12.7	10.5	10.3	10.1	10.4	9.3	10.2
	Jan.	12.3	7.6	9.8	9.7	8.6	9.3	9.4
	Feb.	9.8	.	9.8	9.7	9.1	8.0	9.3
22	Nov.	11.7	11.3	12.1	12.1	13.9	9.5	9.1
	Dez.	12.4	11.9	13.1	13.6	14.1	11.0	10.0
	Jan.	13.0	12.3	13.4	14.1	12.7	11.4	9.8
	Feb.	12.3	.	13.5	14.5	13.8	10.5	9.7
23	Nov.	11.8	12.8	.	13.4	14.0	13.4	12.6
	Dez.	12.7	13.0	13.8	13.8	13.7	13.8	13.1
	Jan.	13.6	11.8	13.9	14.0	15.8	13.1	13.9
	Feb.	13.1	.	13.4	14.5	15.6	13.2	13.1
24	Nov.	13.6	14.1	13.9	14.7	15.6	12.8	11.3
	Dez.	13.6	14.4	14.3	14.7	14.7	12.3	11.3
	Jan.	14.4	13.8	14.3	14.3	13.8	12.3	.
	Feb.	13.8	.	14.4	15.4	14.3	11.7	.
25	Nov.	9.8	9.8	9.4	9.7	10.9	7.4	7.6
	Dez.	10.0	10.1	10.4	9.7	10.8	8.3	8.0
	Jan.	10.4	9.9	10.2	10.3	10.5	8.9	8.5
	Feb.	10.6	.	10.3	11.0	9.5	8.6	8.1
26	Nov.	16.7	16.5	15.8	15.1	17.6	15.9	14.9
	Dez.	16.3	17.0	17.5	15.1	15.2	14.6	14.4
	Jan.	16.9	13.6	16.5	13.7	12.2	14.9	.
	Feb.	16.5	.	15.7	16.8	.	13.2	.
27	Nov.	7.7	8.4	8.4	8.9	9.7	7.3	8.1
	Dez.	7.1	9.9	9.6	8.3	9.7	8.6	8.8
	Jan.	8.2	9.8	9.9	8.7	9.8	9.0	.
	Feb.	8.2	.	10.1	9.8	.	8.9	.
28	Nov.	10.5	9.8	10.2	10.2	10.7	.	10.5
	Dez.	9.6	10.4	10.3	9.8	10.9	9.2	11.3
	Jan.	10.1	10.6	10.2	10.4	11.2	10.7	.
	Feb.	10.5	.	10.7	10.8	.	10.5	.
29	Nov.	11.1	11.8	12.2	11.3	11.9	10.5	11.4
	Dez.	12.0	11.7	12.2	11.7	12.1	11.5	11.5
	Jan.	12.4	11.8	12.0	11.1	12.1	11.2	11.5
	Feb.	.	.	11.9	11.8	.	11.5	10.9
30	Nov.	8.6	8.5	8.9	8.6	10.3	8.8	8.6
	Dez.	8.5	9.1	9.4	9.0	9.8	8.2	9.3
	Jan.	9.4	9.5	9.8	8.9	8.8	9.3	.
	Feb.	9.4	.	9.6	10.1	.	9.6	9.6

SO_4-Konzentration

Fläche D2								
Sonde	Monat	89/90	90/91	91/92	92/93	93/94	94/95	95/96
21	Nov.	30.4	20.4	19.4	20.3	21.1	12.5	10.9
	Dez.	29.9	27.8	22.0	19.0	19.3	11.7	11.3
	Jan.	30.3	29.5	19.6	19.2	15.9	13.0	12.4
	Feb.	29.1	.	22.9	20.1	15.2	10.5	11.7
22	Nov.	12.3	11.4	10.4	11.8	13.1	10.6	8.5
	Dez.	12.2	11.9	11.4	11.8	12.4	9.9	8.8
	Jan.	13.9	.	10.6	11.4	11.4	9.7	9.5
	Feb.	12.6	.	11.1	12.0	10.4	10.2	8.8
23	Nov.	10.0	10.1	10.0	10.4	9.8	8.3	7.2
	Dez.	10.7	10.4	9.9	10.4	9.5	8.0	7.4
	Jan.	11.2	10.4	9.7	9.6	9.1	.	.
	Feb.	10.6	.	10.2	10.2	8.7	7.7	.
24	Nov.	5.2	6.5	8.3	7.8	8.2	6.8	6.3
	Dez.	.	6.6	6.4	7.6	7.9	6.9	6.4
	Jan.	6.9	6.8	6.3	7.3	8.1	6.6	.
	Feb.	5.9	.	6.0	7.3	8.0	6.1	5.9
25	Nov.	6.1	6.5	5.7	7.1	8.3	7.5	7.0
	Dez.	6.1	6.3	5.9	7.3	8.3	7.3	7.3
	Jan.	11.9	6.1	5.9	7.0	8.6	7.6	7.8
	Feb.	.	.	6.2	8.0	7.9	7.8	7.2
26	Nov.	14.2	14.2	.	14.8	15.2	9.1	9.6
	Dez.	14.9	14.9	.	12.8	13.5	9.1	10.4
	Jan.	16.4	13.7	18.8	10.9	8.5	.	10.8
	Feb.	16.1	.	.	.	.	8.5	10.7
27	Nov.	8.8	9.7	10.9	10.2	10.0	8.8	7.9
	Dez.	9.4	10.3	9.8	10.4	9.9	8.1	7.8
	Jan.	.	10.3	9.6	10.0	9.9	8.0	8.4
	Feb.	9.8	.	.	10.1	.	8.1	7.5
28	Nov.	12.5	11.9	11.5	12.2	11.3	10.8	9.8
	Dez.	.	12.7	12.5	12.3	11.3	10.7	9.8
	Jan.	13.2	12.3	11.8	10.9	11.5	.	.
	Feb.	12.6	.	.	.	.	10.3	.
29	Nov.	7.0	6.9	6.7	7.5	7.7	6.8	6.2
	Dez.	7.3	7.1	7.0	7.9	7.8	6.7	6.5
	Jan.	7.9	7.3	7.2	7.5	7.6	6.6	6.9
	Feb.	7.6	.	7.5	8.1	.	6.6	6.5
30	Nov.	5.4	5.6	5.3	6.1	7.5	7.0	6.3
	Dez.	5.7	5.8	5.6	6.5	7.6	7.0	6.4
	Jan.	.	5.7	5.7	6.5	7.3	.	.
	Feb.	6.3	.	5.9	7.1	.	6.5	6.4

SO_4-Konzentration

Fläche D1								
Sonde	Monat	89/90	90/91	91/92	92/93	93/94	94/95	95/96
21	Nov.	10.2	9.5	8.0	8.9	9.7	8.5	7.7
	Dez.	10.3	9.4	9.0	9.3	9.4	8.7	7.9
	Jan.	10.5	8.8	8.9	8.7	9.2	8.8	8.0
	Feb.	12.3	.	9.2	9.2	9.2	7.9	8.2
22	Nov.	9.4	9.9	8.4	9.9	10.0	8.9	8.2
	Dez.	9.8	9.4	9.6	10.0	9.8	8.7	8.5
	Jan.	9.8	9.6	8.8	7.5	8.6	9.0	8.7
	Feb.	12.5	.	10.1	.	8.5	8.0	7.5
23	Nov.	12.1	12.3	9	9.1	11.4	8.6	8.2
	Dez.	13.1	11.6	10.5	9.0	11.1	8.2	8.8
	Jan.	12.5	12.8	8.2	8.7	9.3	8.9	9.1
	Feb.	15.8	.	10.8	11.0	9.8	7.9	9.4
24	Nov.	10.3	13.3	11.1	9.6	12.5	7.9	9.1
	Dez.	14.5	11.7	10.3	8.3	8.9	7.9	9.9
	Jan.	14.5	13.6	9.7	7.6	8.3	8.1	.
	Feb.	17.4	14.8	10.8	10.6	7.1	7.6	10.1
25	Nov.	9.6	7.3	6.6	7.0	7.1	5.8	5.8
	Dez.	8.3	7.8	7.6	6.3	6.9	5.9	6.0
	Jan.	8.5	7.6	7.4	7.1	6.9	6.0	6.2
	Feb.	10.4	.	7.5	.	6.5	6.3	6.3
26	Nov.	5.9	5.8	4.9	5.5	7.0	7.0	7.2
	Dez.	6.2	7.0	5.5	5.5	7.2	6.9	7.3
	Jan.	6.5	6.0	6.2	6.5	7.5	.	7.9
	Feb.	6.3	.	6.1	6.4	.	7.2	7.5
27	Nov.	10.8	11.2	10.7	10.8	11.2	7.3	8.7
	Dez.	12.0	11.1	12.2	10.7	9.8	7.7	9.1
	Jan.	11.5	11.8	11.1	9.6	8.4	8.1	9.5
	Feb.	14.8	.	11.6	.	.	7.9	9.2
28	Nov.	13	11.4	10.3	9.0	10.2	8.8	8.3
	Dez.	13.6	10.9	10.4	8.5	10.1	8.2	8.4
	Jan.	13.3	10.5	9.3	7.7	8.9	8.6	9.5
	Feb.	14.9	.	10.0	9.4	.	8.4	9.0
29	Nov.	11.6	11.1	10.8	11.3	10.8	9.3	9.4
	Dez.	11.6	11.1	11.3	8.8	10.7	8.8	9.7
	Jan.	11.6	11.3	10.7	10.2	8.8	10.0	10.2
	Feb.	.	12.2	11.1	10.8	.	9.1	9.8
30	Nov.	12.6	11.9	10.4	11.3	11.2	9.2	8.9
	Dez.	12.0	10.6	11.7	10.2	11.1	9.7	8.7
	Jan.	12.2	11.6	10.9	9.3	9.5	8.7	.
	Feb.	.	.	11.2	11.6	.	9.3	7.9

13.12 Kronenvitalität

Fläche D0					Fläche D2					Fläche D1				
	Jahr					Jahr					Jahr			
Baum	93	94	95	96	Baum	93	94	95	96	Baum	93	94	95	96
569	2	2	2	2	547	8	4	4	5	646	2	3	2	1
570	1	1	1	1	549	1	1	1	1	647	6	4	4	5
589	3	1	2	2	551	4	4	4	3	648	3	2	2	2
590	2	1	1	3	561	4	3	3	3	649	1	1	1	1
592	5	4	3	4	562	2	1	1	2	650	4	5	4	2
593	1	1	1	2	564	5	3	3	3	651	6	5	5	3
601	4	3	3	4	566	3	4	4	3	652	8	7	6	5
602	4	4	4	4	567	4	3	3	2	682	3	2	2	2
611	1	1	2	3	596	5	4	4	4	683	3	2	2	2
613	3	2	2	2	597	2	1	2	2	684	5	4	4	5
618	4	2	3	3	599	5	2	2	3	685	2	2	2	3
619	6	5	4	4	614	7	5	5	5	686	3	3	1	2
620	2	1	2	2	615	6	4	5	6	687	5	4	3	2
636	3	3	4	2	616	6	6	3	3	693	6	4	4	4
638	3	2	1	3	617	4	3	5	3	694	8	7	8	7
639	1	1	2	1	626	5	4	3	3	695	5	3	2	3
653	6	7	6	5	627	1	2	2	2	696	4	1	1	2
655	1	1	1	1	628	2	1	1	1	697	3	2	3	2
656	6	3	3	3	629	6	4	4	5	698	4	4	4	4
657	1	1	1	2	630	3	2	2	1	723	4	4	4	3
659	8	5	6	4	631	4	3	3	2	724	6	4	4	4
681	1	2	1	1	632	2	1	1	1	725	5	4	3	2
					633	3	4	3	3	726	3	3	1	1
										733	4	4	5	4
										735	4	4	4	2
										736	3	3	2	1
										737	6	5	5	4

13.13 Kortisol-Konzentration im Plasma

Kortisol-Konzentration [μg/dl] vor Trainingsentzug

	Stimulation mit m-CPP						
	Zeit						
Proband	0	30	60	90	120	180	240
1	4.21	4.77	3.07	4.52	1.77	2.06	3.69
2	4.86	3.57	2.49	4.71	7.02	6.29	6.08
3	3.52	2.72	1.55	1.93	1.62	0.82	0.81
4	5.95	4.93	4.85	6.86	5.38	2.30	1.13
5	12.83	12.20	10.24	9.32	9.03	7.74	8.08
6	4.10	2.68	2.95	6.48	9.90	8.61	8.64
7	6.09	5.71	5.42	7.14	5.86	6.13	5.82
8	7.28	5.19	4.23	3.48	3.94	3.93	3.08
9	7.90	6.92	5.20	4.40	4.98	4.29	3.14
10	4.99	4.16	3.54	4.13	6.89	4.94	2.89
11	6.41	5.26	4.61	4.11	6.71	6.34	4.22
12	7.76	6.32	5.45	6.77	10.50	7.96	7.75

	Placebo						
	Zeit						
Proband	0	30	60	90	120	180	240
1	3.76	2.88	3.21	2.63	0.71	1.01	1.46
2	4.17	3.39	3.15	1.81	1.35	3.04	2.49
3	6.64	4.97	3.04	1.87	1.22	0.51	0.40
4	5.42	4.81	5.01	3.74	3.46	3.25	3.05
5	11.03	9.85	9.20	8.17	7.48	6.44	6.23
6	3.61	4.48	4.34	2.56	5.19	3.86	3.51
7	4.41	3.69	2.80	5.90	4.60	7.69	4.90
8	5.81	4.22	3.32	3.38	3.64	2.79	1.85
9	4.99	4.06	4.36	5.55	3.66	3.83	2.92
10	8.44	5.70	4.08	3.27	3.81	4.71	4.55
11	4.24	5.00	4.38	3.58	3.13	2.30	1.85
12	7.61	5.82	7.58	7.36	9.43	11.48	9.00

Kortisol-Konzentration im Plasma

Kortisol-Konzentration [μg/dl] nach Trainingsentzug

	Stimulation mit m-CPP						
	Zeit						
Proband	0	30	60	90	120	180	240
1	1.02	1.07	1.57	4.84	4.15	3.96	2.65
2	4.32	4.20	3.55	3.00	3.79	5.57	5.21
3	6.07	4.30	4.45	2.88	2.44	1.54	0.57
4	7.15	5.97	5.31	4.54	3.68	2.03	2.29
5	14.29	13.21	12.79	16.88	16.35	13.38	13.06
6	5.99	4.10	4.76	3.31	4.15	9.54	10.64
7	6.16	6.14	6.62	2.70	6.24	8.80	9.82
8	6.04	4.96	3.67	3.73	8.44	7.13	6.77
9	6.14	5.06	7.09	13.76	11.70	7.10	4.79
10	7.84	6.12	5.83	7.25	9.08	6.02	5.84
11	6.45	5.57	4.20	3.56	2.89	2.97	1.78
12	7.40	7.78	9.23	9.06	10.91	8.52	7.46
	Placebo						
	Zeit						
Proband	0	30	60	90	120	180	240
1	1.37	0.78	1.05	2.69	2.21	2.61	3.54
2	5.90	4.60	3.54	2.94	2.40	2.78	5.79
3	4.44	3.53	4.54	2.47	2.55	2.56	1.73
4	8.02	5.83	5.01	5.87	4.96	3.78	2.58
5	14.67	13.94	13.38	12.24	10.69	9.45	8.33
6	6.25	4.77	4.04	3.95	5.14	5.91	4.48
7	7.96	6.51	5.41	4.44	7.62	7.44	11.86
8	8.30	5.45	4.48	3.32	2.10	8.19	7.89
9	6.72	5.12	4.06	3.57	3.47	2.50	2.09
10	4.48	3.53	3.65	3.83	5.54	3.69	2.54
11	6.23	5.58	4.50	4.12	4.55	5.06	4.28
12	6.18	4.84	4.51	4.38	7.13	9.77	7.18

14 Ergebnisse der SAS-Makros

14.1 Panik-Skala-Studie I

```
                    LD_1F --- subjects x T
                 T: fixed, subjects: random

                  SAS-data-filename: pssi
                 response-variable: scores

                   Class Level Information


                    CLASS          LEVELS
                    T     WOCHE         5

            Total number of observations  80
            Total number of subjects      16
            Number of missing values      0

       RTE  - relative treatment Effects
       Nobs - Number of observations (do not count
       the repeated measurements within the cells)

   Source        Time  Rank means        Nobs        RTE

  woche            0     66.09375          16    0.81992
  woche            2     50.50000          16    0.62500
  woche            4     41.28125          16    0.50977
  woche            6     25.62500          16    0.31406
  woche            8     19.00000          16    0.23125


 ----------------------------------------------------------

                    Statistics        df1        df2    p-value

 Wald Chi^2(df1)     126.69460    4.00000        .       0.00000
 Hotelling F(df1,df2) 25.33892    4.00000   12.00000     0.00001
 Anova Chi^2(df1)/df1 36.93664    2.23413        .       0.00000

 ----------------------------------------------------------

                    Patternd Alternatives
                 SAS-pattern-filename: patt

Time points            0         2         4         6         8
Selected Pattern       5         4         3         2         1

                     p-values (one-sided)

                 Statistic    N(0,1)    t(n-1)

                   8.37678   0.00000   0.00000

 ----------------------------------------------------------
```

14.2 Panik-Skala-Studie II

14.2.1 LOCF (last observation carried forward)

```
              F1_LD_F1 --- subjects(A) x T
       A(-FACTOR), T(-TIME): fixed, subjects: random

                SAS-datafile-name: pssiil
                 Response variable: wert

                 Class Level Information


                  CLASS           LEVELS
                  A      AGORA         2
                  T      ZEIT          5

          Total number of observations       185

              Number of missing values         0

        RTE  - Relative Treatment Effects
        Nobs - Number of observations (do not count
        the repeated measurements within the cells)

       SOURCE            Rank mean        Nobs         RTE

      agora       0      106.12083         120   0.5709234
      agora       1       68.77692          65   0.3690644
      zeit        1      127.25321          37   0.6851525
      zeit        2      100.31651          37   0.5395487
      zeit        3       78.39583          37   0.4210586
      zeit        4       69.24038          37   0.3715696
      zeit        5       62.03846          37   0.3326403
      agora*zeit  0*1    149.08333          24   0.8031532
      agora*zeit  0*2    125.97917          24   0.6782658
      agora*zeit  0*3     93.79167          24   0.5042793
      agora*zeit  0*4     87.75000          24   0.4716216
      agora*zeit  0*5     74.00000          24   0.3972973
      agora*zeit  1*1    105.42308          13   0.5671518
      agora*zeit  1*2     74.65385          13   0.4008316
      agora*zeit  1*3     63.00000          13   0.3378378
      agora*zeit  1*4     50.73077          13   0.2715177
      agora*zeit  1*5     50.07692          13   0.2679834
```

```
                         Wald-type-statistic
          Approximation for   large sample sizes with Chi-Square_DF

                                W         DF     P_VALUE

               A          9.28818    1.00000    0.00231
               T         82.62362    4.00000    0.00000
               AT         8.14748    4.00000    0.08632

                         Anova-type-statistic
          Box-Approximation for small sample sizes with Chi-square_DF

                                B         DF     P_VALUE

               A          9.28818    1.00000    0.00231
               T         32.60628    2.45043    0.00000
               AT         1.33056    2.45043    0.26441

                         Anova-type-statistic
          modified Box-Approximation for the whole-plot factor A
                   for small sample sizes with F(DF1,DF2)

                           B        DF1        DF2    P_VALUE

            A        9.28818    1.00000   25.02091    0.00538


               Tests for the simple >> zeit << effect (T)
                  Wald-type (Chi-square_DF1, asymptotic)
                ANOVA-Type (Chi-square_DF1/DF1, asymptotic)

             Statistic  agora          T        DF1    P_VALUE

            Wald        0        58.44437    4.00000   0.00000
            ANOVA       0        31.20178    2.10633   0.00000
            Wald        1        48.11631    4.00000   0.00000
            ANOVA       1        37.39847    2.15756   0.00000

            Pattern-Test for pairwise agora * zeit interaction

        Approximation for large sample sizes with normal-distribution
                 Approximation for small sample sizes with t_DF
                   SAS-Datafile: pat, Pattern-variable: w

                          T   P_VALUE_NV           DF P_VALUE_T_DF

          0*1       1.08236      0.13955     27.60686      0.14423


          LEVELS          1          2          3          4          5

          PATTERN         1          4          3          2          1
```

14.2.2 Zufällig fehlende Werte

```
        F1_LD_F1 --- subjects(A) x T
A(=FACTOR), T(=TIME): fixed, subjects: random

          SAS-datafile-name: pssiif
          Response variable: wert

          Class Level Information


           CLASS         LEVELS
           A     AGORA        2
           T     ZEIT         5

      Total number of observations      169

          Number of missing values       16

  RTE  = Relative Treatment Effects
  Nobs = Number of observations (do not count
  the repeated measurements within the cells)

 SOURCE           Rank mean        Nobs         RTE

agora       0      94.01381         110  0.5533362
agora       1      62.42077          59  0.3663951
zeit        1     117.23958          37  0.6907668
zeit        2      92.51042          37  0.5444403
zeit        3      69.69597          34  0.4094436
zeit        4      59.01548          31  0.3462454
zeit        5      52.62500          30   0.308432
agora*zeit 0*1    136.47917          24  0.8046105
agora*zeit 0*2    116.02083          24  0.6835552
agora*zeit 0*3     81.23810          21  0.4777402
agora*zeit 0*4     75.88095          21  0.4460411
agora*zeit 0*5     60.45000          20  0.3547337
agora*zeit 1*1     98.00000          13  0.5769231
agora*zeit 1*2     69.00000          13  0.4053254
agora*zeit 1*3     58.15385          13   0.341147
agora*zeit 1*4     42.15000          10  0.2464497
agora*zeit 1*5     44.80000          10  0.2621302
```

```
                    Wald-type-statistic
Approximation for   large sample sizes with Chi-Square_DF

                       W          DF     P_VALUE

     A           8.42737     1.00000     0.00370
     T         119.79340     4.00000     0.00000
     AT         13.49344     4.00000     0.00910

                    Anova-type-statistic
 Box-Approximation for small sample sizes with Chi-square_DF

                       B          DF     P_VALUE

     A           8.42737     1.00000     0.00370
     T          32.08927     2.69351     0.00000
     AT          1.75200     2.69351     0.15997

                    Anova-type-statistic
   modified Box-Approximation for the whole-plot factor A
          for small sample sizes with F(DF1,DF2)

                  B         DF1          DF2    P_VALUE

 A          8.42737     1.00000     28.62587    0.00704


          Tests for the simple >> zeit << effect (T)
             Wald-type (Chi-square_DF1, asymptotic)
           ANOVA-Type (Chi-square_DF1/DF1, asymptotic)

  Statistic  agora            T        DF1     P_VALUE

 Wald        0         80.45053    4.00000     0.00000
 ANOVA       0         35.46455    2.06141     0.00000
 Wald        1         88.89869    4.00000     0.00000
 ANOVA       1         32.01626    2.21396     0.00000


      Pattern-Test for pairwise agora * zeit interaction

Approximation for large sample sizes with normal-distribution
       Approximation for small sample sizes with t_DF
           SAS-Datafile: pat, Pattern-variable: w

                 T    P_VALUE_NV           DF P_VALUE_T_DF

  0*1      0.99353       0.16023     15.98673      0.16763


 LEVELS           1            2            3            4            5

 PATTERN          1            4            3            2            1
```

14.2.3 Nur vollständige Verläufe

```
                 F1_LD_F1 --- subjects(A) x T
        A(=FACTOR), T(=TIME): fixed, subjects: random

                  SAS-datafile-name: pssiiv
                  Response variable: wert

                  Class Level Information


                   CLASS           LEVELS
                   A     AGORA          2
                   T     ZEIT           5

             Total number of observations       140

                 Number of missing values         0

         RTE  = Relative Treatment Effects
         Nobs = Number of observations (do not count
         the repeated measurements within the cells)
```

SOURCE		Rank mean	Nobs	RTE
agora	0	78.15263	95	0.5546617
agora	1	54.34444	45	0.3846032
zeit	1	99.44737	28	0.7067669
zeit	2	76.66813	28	0.5440581
zeit	3	59.22515	28	0.4194653
zeit	4	51.52924	28	0.3644946
zeit	5	44.37281	28	0.3133772
agora*zeit	0*1	114.39474	19	0.8135338
agora*zeit	0*2	94.94737	19	0.6746241
agora*zeit	0*3	68.39474	19	0.4849624
agora*zeit	0*4	63.94737	19	0.4531955
agora*zeit	0*5	49.07895	19	0.3469925
agora*zeit	1*1	84.50000	9	0.6
agora*zeit	1*2	58.38889	9	0.4134921
agora*zeit	1*3	50.05556	9	0.3539683
agora*zeit	1*4	39.11111	9	0.2757937
agora*zeit	1*5	39.66667	9	0.2797619

```
                     Wald-type-statistic
Approximation for   large sample sizes with Chi-Square_DF

                          W          DF     P_VALUE

            A        5.50433    1.00000    0.01897
            T      122.86897    4.00000    0.00000
            AT      10.22370    4.00000    0.03682

                     Anova-type-statistic
 Box-Approximation for small sample sizes with Chi-square_DF

                          B          DF     P_VALUE

            A        5.50433    1.00000    0.01897
            T       35.58829    2.69286    0.00000
            AT       1.99224    2.69286    0.11968

                     Anova-type-statistic
    modified Box-Approximation for the whole-plot factor A
            for small sample sizes with F(DF1,DF2)

                    B         DF1         DF2    P_VALUE

       A      5.50433    1.00000   19.07437    0.02992


          Tests for the simple >> zeit << effect (T)
            Wald-type (Chi-square_DF1, asymptotic)
          ANOVA-Type (Chi-square_DF1/DF1, asymptotic)

        Statistic  agora            T         DF1    P_VALUE

       Wald        0         84.79699    4.00000    0.00000
       ANOVA       0         30.26008    2.10697    0.00000
       Wald        1        158.26575    4.00000    0.00000
       ANOVA       1         50.09147    2.25396    0.00000


      Pattern-Test for pairwise agora * zeit interaction

Approximation for large sample sizes with normal-distribution
        Approximation for small sample sizes with t_DF
            SAS-Datafile: pat, Pattern-variable: w

                   T    P_VALUE_NV            DF P_VALUE_T_DF

    0*1      1.22235       0.11079      19.92763       0.11792


    LEVELS           1           2           3           4           5

    PATTERN          1           4           3           2           1
```

14.3 Water-Maze-Test

```
              F1_LD_F1 --- subjects(A) x T
    A(=FACTOR), T(=TIME): fixed, subjects: random

                 SAS-datafile-name: wmt
                 Response variable: score

                 Class Level Information

                  CLASS          LEVELS
                  A     TREAT         4
                  T     DAY           2

           Total number of observations      288

              Number of missing values         0

      RTE  = Relative Treatment Effects
      Nobs = Number of observations (do not count
      the repeated measurements within the cells)

   SOURCE                Rank mean       Nobs        RTE

  treat     Dosis 1      161.84559         34  0.5602277
  treat     Dosis 2      146.62500         38  0.5073785
  treat     Dosis 3      120.34211         38  0.4161184
  treat     Placebo      151.77941         34  0.5252757
  day       1            115.62248         72  0.3997308
  day       7            174.67357         72  0.6047693
  treat*day Dosis 1*1    139.41176         17  0.4823325
  treat*day Dosis 1*7    184.27941         17   0.638123
  treat*day Dosis 2*1    118.05263         19  0.4081689
  treat*day Dosis 2*7    175.19737         19  0.6065881
  treat*day Dosis 3*1     89.15789         19  0.3078399
  treat*day Dosis 3*7    151.52632         19  0.5243969
  treat*day Placebo*1    115.86765         17  0.4005821
  treat*day Placebo*7    187.69118         17  0.6499694


                   Wald-type-statistic
Approximation for   large sample sizes with Chi-Square_DF

                          W        DF    P_VALUE

          A         6.97643   3.00000   0.07265
          T        59.73776   1.00000   0.00000
          AT        1.50581   3.00000   0.68093

                   Anova-type-statistic
 Box-Approximation for small sample sizes with Chi-square_DF

                          B        DF    P_VALUE

          A         2.40124   2.94534   0.06685
          T        59.73776   1.00000   0.00000
          AT        0.54099   2.93526   0.65030

                   Anova-type-statistic
    modified Box-Approximation for the whole-plot factor A
           for small sample sizes with F(DF1,DF2)

                     B        DF1        DF2   P_VALUE

     A         2.40124   2.94534   66.20318    0.07661
```

```
            Tests for the simple >> day << effect (T)
              Wald-type (Chi-square_DF1, asymptotic)
           ANOVA-Type (Chi-square_DF1/DF1, asymptotic)

          Statistic  treat              T       DF1     P_VALUE

         Wald        Dosis 1      7.26734   1.00000    0.00702
         ANOVA       Dosis 1     30.77930   1.00000    0.00000
         Wald        Dosis 2     12.43576   1.00000    0.00042
         ANOVA       Dosis 2     47.12500   1.00000    0.00000
         Wald        Dosis 3     23.31038   1.00000    0.00000
         ANOVA       Dosis 3     88.33406   1.00000    0.00000
         Wald        Placebo     22.67650   1.00000    0.00000
         ANOVA       Placebo     96.04164   1.00000    0.00000


                 Test for pairwise comparisons

     PAIRS              TEST                 T          DF    P_VALUE

   Dosis 1*Dosis 2  treat           0.78426    1.00000    0.37584
   Dosis 1*Dosis 2  day            19.28568    1.00000    0.00001
   Dosis 1*Dosis 2  treat*day       0.27933    1.00000    0.59714
   Dosis 1*Dosis 3  treat           6.04952    1.00000    0.01391
   Dosis 1*Dosis 3  day            25.90705    1.00000    0.00000
   Dosis 1*Dosis 3  treat*day       0.69000    1.00000    0.40616
   Dosis 1*Placebo  treat           0.40773    1.00000    0.52312
   Dosis 1*Placebo  day            26.99102    1.00000    0.00000
   Dosis 1*Placebo  treat*day       1.44029    1.00000    0.23009
   Dosis 2*Dosis 3  treat           2.52481    1.00000    0.11207
   Dosis 2*Dosis 3  day            33.25882    1.00000    0.00000
   Dosis 2*Dosis 3  treat*day       0.06354    1.00000    0.80099
   Dosis 2*Placebo  treat           0.11192    1.00000    0.73797
   Dosis 2*Placebo  day            33.93907    1.00000    0.00000
   Dosis 2*Placebo  treat*day       0.43966    1.00000    0.50729
   Dosis 3*Placebo  treat           4.35908    1.00000    0.03681
   Dosis 3*Placebo  day            45.66275    1.00000    0.00000
   Dosis 3*Placebo  treat*day       0.22670    1.00000    0.63399


               Pattern-group-test (group=treat)

 Approximation for large sample sizes with normal-distribution
         Approximation for small sample sizes with t_DF
           SAS-Datafile: pat, Pattern-variable: w

                 T    P_VALUE_NV            DF P_VALUE_T_DF

          2.26629       0.01172     43.20100       0.01425


         LEVELS     Dosis 1    Dosis 2    Dosis 3   Placebo

         PATTERN          3          2          1         4
```

14.4 α-Amylase-Studie

14.4.1 Unstrukturierte Zeitpunkte: LD_F1

```
                    LD_1F --- subjects x T
                  T: fixed, subjects: random

                  SAS-data-filename: alpha1
                  response-variable: amylase

                   Class Level Information


                     CLASS        LEVELS
                     T   ZEIT          8

             Total number of observations  112
              Total number of subjects      14
              Number of missing values      0

         RTE  - relative treatment Effects
         Nobs - Number of observations (do not count
         the repeated measurements within the cells)

      Source        Time  Rank means        Nobs         RTE

     zeit              1    44.89286          14     0.39636
     zeit              2    52.32143          14     0.46269
     zeit              3    55.78571          14     0.49362
     zeit              4    66.53571          14     0.58960
     zeit              5    35.03571          14     0.30835
     zeit              6    60.07143          14     0.53189
     zeit              7    75.03571          14     0.66550
     zeit              8    62.32143          14     0.55198


    ----------------------------------------------------------

                     Statistics        df1        df2     p-value

  Wald Chi^2(df1)        65.57034    7.00000       .        0.00000
  Hotelling F(df1,df2)    5.04387    7.00000    7.00000    0.02437
  Anova Chi^2(df1)/df1    8.03734    4.74669       .        0.00000

    ----------------------------------------------------------

                     Patternd Alternatives
                   SAS-pattern-filename: gew

Time points              1         2         3         4         5         6
:                        7         8

Selected Pattern         1         2         4         3         1         2
:                        4         3


                      p-values (one-sided)

                  Statistic    N(0,1)    t(n-1)

                    5.58624   0.00000   0.00004

    ----------------------------------------------------------
```

14.4.2 Strukturierte Zeitpunkte: LD_F2

```
                 LD_F2 --- subjects x T x C
               T, C: fixed, subjects: random

                SAS-datafile-name:   alpha2
                Response variable:   amylase

                  Class Level Information


                 CLASS              LEVELS
                 T       TAG             2
                 C       UHRZEIT         4

         Total number of observations        112
         Total number of subjects             14
          Number of missing values             0

        RTE  - Relative Treatment Effects
        Nobs - Number of Observations (do not count
        the repeated measurements within the cells)

      SOURCE             Rank mean        Nobs        RTE

     tag          1        54.88393         56    0.48557
     tag          2        58.11607         56    0.51443
     uhrzeit      8        39.96429         28    0.35236
     uhrzeit     12        56.19643         28    0.49729
     uhrzeit     17        65.41071         28    0.57956
     uhrzeit     21        64.42857         28    0.57079
     tag*uhrzeit 1* 8      44.89286         14    0.39636
     tag*uhrzeit 1*12      52.32143         14    0.46269
     tag*uhrzeit 1*17      55.78571         14    0.49362
     tag*uhrzeit 1*21      66.53571         14    0.58960
     tag*uhrzeit 2* 8      35.03571         14    0.30835
     tag*uhrzeit 2*12      60.07143         14    0.53189
     tag*uhrzeit 2*17      75.03571         14    0.66550
     tag*uhrzeit 2*21      62.32143         14    0.55198


                    Wald-type-statistic
     Approximation for large sample sizes with Chi^2_DF

                     QF          DF    p-value

           T      0.67610   1.00000    0.41093
           C     35.86476   3.00000    0.00000
           TC    14.30209   3.00000    0.00252

                    ANOVA-type-statistic
  Box-Approximation for small sample size with Chi^2_df
                -estimated degree of freedom

                     QF          DF    p-value

           T      0.67610   1.00000    0.41095
           C     14.26720   2.85834    0.00000
           TC     5.22428   2.18425    0.00416
```

14.5 Asthma-Studie

```
                  Split-Plot-Design --- C(A) x B
             A and B: fixed --- C: random (subjects)

                              TPCOD

                     SAS-data-filename: cov
                     response-variable: wert

                    Class Level Information

                      CLASS          LEVELS
                      A    BEH            2
                      B    ZEIT           2

             Total number of observations        48

               Number of missing values        0

 SOURCE          Rank mean  Relative Marginal Effects  Replications

beh      F_S      22.20833                    0.45226            24
beh      S_F      26.79167                    0.54774            24
zeit     1        26.79167                    0.54774            24
zeit     2        22.20833                    0.45226            24
beh*zeit F_S*1    31.83333                    0.65278            12
beh*zeit F_S*2    12.58333                    0.25174            12
beh*zeit S_F*1    21.75000                    0.44271            12
beh*zeit S_F*2    31.83333                    0.65278            12

                Relative Residual Effect    -0.09549
                Relative Period Effect       0.09549
                Relative Cross-Over Effect   0.30556
                Relative Direct Effect       0.21875


        Tests for the Residual, Period and Cross-Over effect

                          Statistic        p_value        d.f.
                                     N(0,1)        t_n           n

    Residual    p_lambda  -1.72678   0.08421   0.09844  21.66007
    Period      p_pi       1.69664   0.08976   0.10542  19.81147
    Cross-Over  p_delta    5.42925   0.00000   0.00003  19.81147


           Tests for the relative direct treatment effect

              asymptotic Wilcoxon-Mann-Whitney-Test

                     U   P_VALUE (one-sided)   P_VALUE (two_sided)

                2.27486              0.01146                 0.02291

                 exact Wilcoxon-Mann-Whitney-Test

                                     1         2

                   rank sum     181.5     118.5

                          One-sided Two-sided

                   P_VALUE    0.02059   0.04119
```

14.6 Schulter-Schmerz-Studie

14.6.1 Frauen (alle)

```
                    LD_1F --- subjects x T
                  T: fixed, subjects: random

                   SAS-data-filename: sss1
                   response-variable: score

                   Class Level Information


                     CLASS          LEVELS
                     T    TIME           6

              Total number of observations  84
              Total number of subjects      14
              Number of missing values      0

         RTE  - relative treatment Effects
         Nobs - Number of observations (do not count
         the repeated measurements within the cells)

       Source        Time  Rank means       Nobs        RTE

       time             1    53.00000         14    0.62500
       time             2    43.64286         14    0.51361
       time             3    40.03571         14    0.47066
       time             4    45.46429         14    0.53529
       time             5    33.71429         14    0.39541
       time             6    39.14286         14    0.46003


    ----------------------------------------------------------

                    Statistics         df1         df2    p-value

 Wald Chi^2(df1)       22.29520     5.00000      .         0.00046
 Hotelling F(df1,df2)   3.08703     5.00000     9.00000    0.06765
 Anova Chi^2(df1)/df1   3.12327     2.86223      .         0.02679

    ----------------------------------------------------------

                    Patternd Alternatives
                  SAS-pattern-filename: gew

Time points              1         2         3         4         5         6
Selected Pattern         6         5         4         3         2         1

                     p-values (one-sided)

                  Statistic    N(0,1)    t(n-1)

                    1.96240   0.02486   0.03574

    ----------------------------------------------------------
```

14.6.2 Frauen (ohne Patientin Nr. 19)

```
                    LD_1F --- subjects x T
                  T: fixed, subjects: random

                   SAS-data-filename: sss2
                   response-variable: score

                   Class Level Information


                     CLASS        LEVELS
                     T    TIME        6

              Total number of observations  78
              Total number of subjects      13
              Number of missing values      0

         RTE  - relative treatment Effects
         Nobs - Number of observations (do not count
         the repeated measurements within the cells)

   Source        Time  Rank means       Nobs         RTE

  time              1     49.65385        13     0.63018
  time              2     40.15385        13     0.50838
  time              3     37.34615        13     0.47239
  time              4     42.23077        13     0.53501
  time              5     31.00000        13     0.39103
  time              6     36.61538        13     0.46302


      ----------------------------------------------------------

                   Statistics        df1         df2    p-value

 Wald Chi^2(df1)        18.98303   5.00000      .         0.00194
 Hotelling F(df1,df2)    2.53107   5.00000   8.00000     0.11678
 Anova Chi^2(df1)/df1    2.74044   2.87100      .         0.04407

Attention:
Do not use the Wald-type- statistic, because the covariance matrix is singular.

      ----------------------------------------------------------

                   Patternd Alternatives
                 SAS-pattern-filename: gew

  Time points           1         2         3         4         5         6
  Selected Pattern      6         5         4         3         2         1

                     p-values (one-sided)

                 Statistic    N(0,1)    t(n-1)

                  1.81585   0.03470   0.04722

      ----------------------------------------------------------
```

14.6.3 Alle Patienten (ohne Schichtung)

```
                 F1_LD_F1 --- subjects(A) x T
      A(=FACTOR), T(=TIME): fixed, subjects: random

                  SAS-datafile-name: sss3
                  Response variable: score

                  Class Level Information


                   CLASS          LEVELS
                   A      TREAT        2
                   T      TIME         6

          Total number of observations        246

              Number of missing values          0

       RTE  = Relative Treatment Effects
       Nobs = Number of observations (do not count
       the repeated measurements within the cells)

      SOURCE           Rank mean        Nobs          RTE

     treat      N     156.39474          114  0.6337184
     treat      Y      95.09091          132  0.3845159
     time       1     130.34569           41   0.527828
     time       2     138.50778           41  0.5610072
     time       3     128.46830           41  0.5201963
     time       4     135.30622           41  0.5479928
     time       5     113.76077           41  0.4604096
     time       6     108.06818           41   0.437269
     treat*time N*1   142.73684           19  0.5781985
     treat*time N*2   171.94737           19  0.6969405
     treat*time N*3   168.36842           19   0.682392
     treat*time N*4   178.15789           19  0.7221866
     treat*time N*5   148.15789           19  0.6002353
     treat*time N*6   129.00000           19  0.5223577
     treat*time Y*1   117.95455           22  0.4774575
     treat*time Y*2   105.06818           22  0.4250739
     treat*time Y*3    88.56818           22  0.3580007
     treat*time Y*4    92.45455           22   0.373799
     treat*time Y*5    79.36364           22  0.3205839
     treat*time Y*6    87.13636           22  0.3521803
```

```
                       Wald-type-statistic
   Approximation for   large sample sizes with Chi-Square_DF

                               W          DF    P_VALUE

            A          17.86272    1.00000    0.00002
            T          18.90653    5.00000    0.00200
            AT         25.46254    5.00000    0.00011

                      Anova-type-statistic
    Box-Approximation for small sample sizes with Chi-square_DF

                               B          DF    P_VALUE

            A          17.86272    1.00000    0.00002
            T           4.07512    2.89168    0.00736
            AT          3.77247    2.89168    0.01106

                      Anova-type-statistic
       modified Box-Approximation for the whole-plot factor A
             for small sample sizes with F(DF1,DF2)

                          B         DF1        DF2   P_VALUE

       A          17.86272   1.00000   28.58916   0.00022

             Tests for the simple >> time << effect (T)
               Wald-type (Chi-square_DF1, asymptotic)
            ANOVA-Type (Chi-square_DF1/DF1, asymptotic)

        Statistic  treat            T        DF1    P_VALUE

        Wald        N         33.13637   5.00000   0.00000
        ANOVA       N         10.18371   2.56224   0.00001
        Wald        Y         15.24536   5.00000   0.00936
        ANOVA       Y          5.54072   3.03695   0.00080
```

14.6.4 Alle Patienten (nach Geschlecht geschichtet)

```
F2_LD_F1 --- subjects(A x B) x T
A, B, T: fixed, subjects: random

SAS-datafile-name: sss3
Response variable: score

Class Level Information

CLASS          LEVELS
A    TREAT        2
B    SEX          2
T    TIME         6

Total number of observations     246
Total number of subjects          41
Number of missing values           0

RTE  - Relative Treatment Effects
Nobs - Number of observations (do not count
the repeated measurements within the cells)
```

SOURCE		Rank mean	Nobs	RTE
treat	N	155.91477	114	0.63177
treat	Y	95.03795	132	0.38430
sex	F	127.09334	150	0.51461
sex	M	123.85938	96	0.50146
time	1	128.12886	41	0.51882
time	2	139.17796	41	0.56373
time	3	128.89489	41	0.52193
time	4	133.23539	41	0.53957
time	5	115.24696	41	0.46645
time	6	108.17411	41	0.43770
treat*sex	N*F	158.95455	66	0.64412
treat*sex	N*M	152.87500	48	0.61941
treat*sex	Y*F	95.23214	84	0.38509
treat*sex	Y*M	94.84375	48	0.38351
treat*time	N*1	140.55682	19	0.56934
treat*time	N*2	171.49432	19	0.69510
treat*time	N*3	169.47727	19	0.68690
treat*time	N*4	177.39489	19	0.71908
treat*time	N*5	148.40909	19	0.60126
treat*time	N*6	128.15625	19	0.51893
treat*time	Y*1	115.70089	22	0.46830
treat*time	Y*2	106.86161	22	0.43236
treat*time	Y*3	88.31250	22	0.35696
treat*time	Y*4	89.07589	22	0.36006
treat*time	Y*5	82.08482	22	0.33165
treat*time	Y*6	88.19196	22	0.35647
sex*time	F*1	139.16396	25	0.56367
sex*time	F*2	137.32468	25	0.55620
sex*time	F*3	125.85227	25	0.50956
sex*time	F*4	141.84578	25	0.57458
sex*time	F*5	109.46266	25	0.44294
sex*time	F*6	108.91071	25	0.44069
sex*time	M*1	117.09375	16	0.47396
sex*time	M*2	141.03125	16	0.57127
sex*time	M*3	131.93750	16	0.53430
sex*time	M*4	124.62500	16	0.50457
sex*time	M*5	121.03125	16	0.48996
sex*time	M*6	107.43750	16	0.43471
treat*sex*time	N*F*1	154.36364	11	0.62546

```
treat*sex*time N*F*2   174.36364        11     0.70676
treat*sex*time N*F*3   162.45455        11     0.65835
treat*sex*time N*F*4   182.22727        11     0.73873
treat*sex*time N*F*5   146.81818        11     0.59479
treat*sex*time N*F*6   133.50000        11     0.54065
treat*sex*time N*M*1   126.75000         8     0.51321
treat*sex*time N*M*2   168.62500         8     0.68343
treat*sex*time N*M*3   176.50000         8     0.71545
treat*sex*time N*M*4   172.56250         8     0.69944
treat*sex*time N*M*5   150.00000         8     0.60772
treat*sex*time N*M*6   122.81250         8     0.49721
treat*sex*time Y*F*1   123.96429        14     0.50189
treat*sex*time Y*F*2   100.28571        14     0.40563
treat*sex*time Y*F*3    89.25000        14     0.36077
treat*sex*time Y*F*4   101.46429        14     0.41042
treat*sex*time Y*F*5    72.10714        14     0.29109
treat*sex*time Y*F*6    84.32143        14     0.34074
treat*sex*time Y*M*1   107.43750         8     0.43471
treat*sex*time Y*M*2   113.43750         8     0.45910
treat*sex*time Y*M*3    87.37500         8     0.35315
treat*sex*time Y*M*4    76.68750         8     0.30971
treat*sex*time Y*M*5    92.06250         8     0.37221
treat*sex*time Y*M*6    92.06250         8     0.37221
```

```
                     Wald-type-statistic
         Approximation for large sample sizes with Chi^2_DF

                          QF         DF     p-value

              A     16.40129    1.00000    0.00005
              B      0.04629    1.00000    0.82966
              T     16.34274    5.00000    0.00593
              AB     0.03584    1.00000    0.84986
              AT    27.51450    5.00000    0.00005
              BT    12.37903    5.00000    0.02995
              ABT    5.11865    5.00000    0.40157

Attention:
Do not use the Wald-type- statistic, because the covariance matrix is singular.

                      ANOVA-Type-statistic
          Box-Approximation for small sample size with Chi^2_(df)
                    -estimated degree of freedom

                          QF         DF     p-value

              A     16.40129    1.00000    0.00005
              B      0.04629    1.00000    0.82966
              T      3.38219    2.70075    0.02124
              AB     0.03584    1.00000    0.84986
              AT     3.71077    2.70075    0.01401
              BT     1.14435    2.70075    0.32735
              ABT    0.43755    2.70075    0.70543

                      Anova-type-statistic
      modified Box-Approximation for the whole-plot factors A and B
                for small sample size with F(df1,df2)
                   -estimated degrees of freedom

                   QF         DF1        DF2     p-value

           A    16.40129    1.00000   21.86453    0.00054
           B     0.04629    1.00000   21.86453    0.83165
           AB    0.03584    1.00000   21.86453    0.85160
```

14.7 γ-GT-Studie

```
                F1_LD_F1 --- subjects(A) x T
        A(=FACTOR), T(=TIME): fixed, subjects: random

                 SAS-datafile-name: gamma
                Response variable: gamma_gt

                  Class Level Information

                    CLASS       LEVELS
                    A   BEH          2
                    T   TAG          4

          Total number of observations        200

             Number of missing values           0

        RTE  - Relative Treatment Effects
        Nobs - Number of observations (do not count
        the repeated measurements within the cells)

  SOURCE                Rank mean        Nobs        RTE

 beh      placebo       103.95833          96  0.5172917
 beh      verum          97.30769         104  0.4840385
 tag      -1             80.47196          50  0.3998598
 tag       3            108.39103          50  0.5394551
 tag       7            109.17468          50  0.5433734
 tag      10            104.49439          50   0.519972
 beh*tag placebo*-1      77.52083          24  0.3851042
 beh*tag placebo* 3     116.16667          24  0.5783333
 beh*tag placebo* 7     113.29167          24  0.5639583
 beh*tag placebo*10     108.85417          24  0.5417708
 beh*tag verum   *-1     83.42308          26  0.4146154
 beh*tag verum   * 3    100.61538          26  0.5005769
 beh*tag verum   * 7    105.05769          26  0.5227885
 beh*tag verum   *10    100.13462          26  0.4981731
```

```
                    Wald-type-statistic
  Approximation for   large sample sizes with Chi-Square_DF

                              W          DF    P_VALUE

           A            0.22669    1.00000    0.63399
           T           14.37455    3.00000    0.00244
           AT           2.80068    3.00000    0.42339

                    Anova-type-statistic
   Box-Approximation for small sample sizes with Chi-square_DF

                              B          DF    P_VALUE

           A            0.22669    1.00000    0.63399
           T            8.47053    1.76737    0.00040
           AT           0.93020    1.76737    0.38453

                    Anova-type-statistic
      modified Box-Approximation for the whole-plot factor A
            for small sample sizes with F(DF1,DF2)

                         B         DF1         DF2    P_VALUE

     A            0.22669    1.00000    45.70325    0.63626


           Tests for the simple >> tag << effect (T)
            Wald-type (Chi-square_DF1, asymptotic)
          ANOVA-Type (Chi-square_DF1/DF1, asymptotic)

     Statistic  beh                 T          DF1    P_VALUE

     Wald       placebo    13.12979    3.00000    0.00436
     ANOVA      placebo    12.43954    1.95265    0.00000
     Wald       verum       3.62893    3.00000    0.30442
     ANOVA      verum       5.16247    1.42826    0.01271


       Pattern-Test for pairwise beh * tag interaction

  Approximation for large sample sizes with normal-distribution
          Approximation for small sample sizes with t_DF
              SAS-Datafile: pat, Pattern-variable: w

                            T    P_VALUE_NV            DF P_VALUE_T_DF

placebo*verum         1.36098       0.08676      47.51404       0.08997


       LEVELS          -1          3          7          10

       PATTERN          1          4          3           2
```

14.8 Gewichtsentwicklung von Wistar-Ratten

```
              F1_LD_F1 --- subjects(A) x T
        A(=FACTOR), T(=TIME): fixed, subjects: random

                 SAS-datafile-name: wistar
                 Response variable: gewicht

                  Class Level Information

                   CLASS          LEVELS
                   A      BEH          2
                   T      WOCHE        4

          Total number of observations        80

              Number of missing values         0

      RTE  = Relative Treatment Effects
      Nobs = Number of observations (do not count
      the repeated measurements within the cells)

  SOURCE                  Rank mean        Nobs          RTE

 beh       placebo         45.12500          40    0.5578125
 beh       verum           35.87500          40    0.4421875
 woche      1              23.47500          20    0.2871875
 woche      8              32.30000          20       0.3975
 woche     15              46.32500          20    0.5728125
 woche     22              59.90000          20       0.7425
 beh*woche placebo* 1      27.10000          10       0.3325
 beh*woche placebo* 8      37.00000          10      0.45625
 beh*woche placebo*15      51.70000          10         0.64
 beh*woche placebo*22      64.70000          10       0.8025
 beh*woche verum   * 1     19.85000          10     0.241875
 beh*woche verum   * 8     27.60000          10      0.33875
 beh*woche verum   *15     40.95000          10     0.505625
 beh*woche verum   *22     55.10000          10       0.6825
```

```
                    Wald-type-statistic
  Approximation for   large sample sizes with Chi-Square_DF

                              W          DF    P_VALUE

          A          1.29081    1.00000    0.25590
          T        347.01655    3.00000    0.00000
          AT         2.15813    3.00000    0.54024

                    Anova-type-statistic
  Box-Approximation for small sample sizes with Chi-square_DF

                              B          DF    P_VALUE

          A          1.29081    1.00000    0.25590
          T        162.72921    1.66045    0.00000
          AT         0.33903    1.66045    0.67195

                    Anova-type-statistic
    modified Box-Approximation for the whole-plot factor A
          for small sample sizes with F(DF1,DF2)

                       B         DF1         DF2   P_VALUE

     A          1.29081    1.00000  17.51468   0.27121


       Tests for the simple >> woche << effect (T)
          Wald-type (Chi-square_DF1, asymptotic)
       ANOVA-Type (Chi-square_DF1/DF1, asymptotic)

   Statistic  beh              T          DF1    P_VALUE

   Wald       placebo   488.45846    3.00000    0.00000
   ANOVA      placebo   236.25027    1.55695    0.00000
   Wald       verum      99.28460    3.00000    0.00000
   ANOVA      verum     120.67247    1.62086    0.00000
```

14.9 Plasma-Renin-Studie

14.9.1 Analyse der AUC

```
                              NONPARAMETRIC
                             ONE-WAY LAYOUT

  Data Information, Estimation, Confidence Intervals (alpha = 0.05)

                             Data Set: auc

                      Total Sample Size:        49

                                                      Confidence Intervals
  Nr.  Class Levels          n_i  Rank Means       p_i        p_L        p_U

    1 dobutamin              13    33.461538  0.6726845  0.5975791  0.7477898
    2 fenoterol              13    38.153846  0.7684458  0.7064233  0.8304684
    3 placebo                13    17.153846  0.3398744  0.2874271  0.3923217
    4 propanolol             10          7.1  0.1346939  0.0900828   0.179305


                     Hypothesis Testing: F_1 = ... = F_a

                                     p-Values
                     Statistic      Chi-Sq. Appr.    F-Appr.        Exact

  Kruskal-Wallis 35.189312              1.1111E-7          .            0
  F-Test Rank    123.60922                      0  7.755E-13            .

              Number of Simulations for the Exact p-Value: 5000
                             The SAS System                             203
                                                08:47 Tuesday, March 10, 1998

                     Pairwise Comparisons (alpha = 0.05)

Samples Statistic            p-Values               Decision (Holm-Proc.)
                       Normal  t-Appr.       Exact   Normal t-Appr.   Exact

1    2   -1.374174 0.1693878 0.1826319 0.1886626          0       0       0
1    3   4.9184978 8.7211E-7 0.0000571 0.0000792          1       1       1
1    4   8.4613034         0 4.8504E-8 1.7482E-6          1       1       1
2    3    6.856498 7.057E-12 5.4339E-7 1.1538E-6          1       1       1
2    4   11.273757         0 4.064E-10 1.7482E-6          1       1       1
3    4   3.8808923 0.0001041 0.0009293 0.0012604          1       1       1
```

14.9.2 Auswertung als Mehr-Gruppen-Versuchsanlage

```
                    F1_LD_F1 --- subjects(A) x T
          A(=FACTOR), T(=TIME): fixed, subjects: random

                       SAS-datafile-name: pra
                       Response variable: pra

                       Class Level Information


                        CLASS         LEVELS
                        A    BEH           4
                        T    ZEIT          5

               Total number of observations       245

                   Number of missing values         0

           RTE  = Relative Treatment Effects
           Nobs = Number of observations (do not count
           the repeated measurements within the cells)

      SOURCE                   Rank mean        Nobs         RTE

     beh       dobutamin       143.70000          65   0.5844898
     beh       fenoterol       166.61538          65    0.678022
     beh       placebo         109.14615          65   0.4434537
     beh       propanolol       57.40000          50   0.2322449
     zeit       0              125.19423          49    0.508956
     zeit       2              157.15577          49   0.6394113
     zeit       6              136.37788          49   0.5546036
     zeit       8              103.47115          49   0.4202904
     zeit      12               73.87788          49   0.2995016
     beh*zeit dobutamin * 0    109.30769          13    0.444113
     beh*zeit dobutamin * 2    223.19231          13   0.9089482
     beh*zeit dobutamin * 6    181.23077          13   0.7376766
     beh*zeit dobutamin * 8    121.42308          13   0.4935636
     beh*zeit dobutamin *12     83.34615          13   0.3381476
     beh*zeit fenoterol * 0    142.57692          13   0.5799058
     beh*zeit fenoterol * 2    218.73077          13   0.8907378
     beh*zeit fenoterol * 6    213.38462          13   0.8689168
     beh*zeit fenoterol * 8    164.84615          13   0.6708006
     beh*zeit fenoterol *12     93.53846          13   0.3797488
     beh*zeit placebo   * 0    135.19231          13   0.5497645
     beh*zeit placebo   * 2    136.50000          13    0.555102
     beh*zeit placebo   * 6    111.34615          13   0.4524333
     beh*zeit placebo   * 8     84.11538          13   0.3412873
     beh*zeit placebo   *12     78.57692          13   0.3186813
     beh*zeit propanolol* 0    113.70000          10   0.4620408
     beh*zeit propanolol* 2     50.20000          10   0.2028571
     beh*zeit propanolol* 6     39.55000          10   0.1593878
     beh*zeit propanolol* 8     43.50000          10   0.1755102
     beh*zeit propanolol*12     40.05000          10   0.1614286
```

```
                    Wald-type-statistic
Approximation for   large sample sizes with Chi-Square_DF

                     W          DF       P_VALUE

A             128.62571    3.00000     0.00000
T             235.49208    4.00000     0.00000
AT            163.92753   12.00000     0.00000

                    Anova-type-statistic
Box-Approximation for small sample sizes with Chi-square_DF

                     B          DF       P_VALUE

A              23.74689    2.61025     0.00000
T              53.66771    3.10821     0.00000
AT             16.03977    7.77843     0.00000

                    Anova-type-statistic
   modified Box-Approximation for the whole-plot factor A
           for small sample sizes with F(DF1,DF2)

                  B          DF1          DF2     P_VALUE

A          23.74689      2.61025     38.76767     0.00000


         Tests for the simple >> zeit << effect (T)
           Wald-type (Chi-square_DF1, asymptotic)
        ANOVA-Type (Chi-square_DF1/DF1, asymptotic)

Statistic  beh                    T          DF1     P_VALUE

Wald       dobutamin      156.01063      4.00000     0.00000
ANOVA      dobutamin      185.83761      2.40769     0.00000
Wald       fenoterol      248.40752      4.00000     0.00000
ANOVA      fenoterol       97.33874      2.15013     0.00000
Wald       placebo         43.91642      4.00000     0.00000
ANOVA      placebo         39.88290      3.28314     0.00000
Wald       propanolol      65.96339      4.00000     0.00000
ANOVA      propanolol      79.81230      3.26323     0.00000


              Test for pairwise comparisons

PAIRS                    TEST                T          DF     P_VALUE

dobutamin *fenoterol     beh           2.76006     1.00000     0.09664
dobutamin *fenoterol     zeit         67.59471     2.54261     0.00000
dobutamin *fenoterol     beh*zeit      2.22934     2.54261     0.09326
dobutamin *placebo       beh           4.31983     1.00000     0.03767
dobutamin *placebo       zeit         43.05031     3.18359     0.00000
dobutamin *placebo       beh*zeit     15.55153     3.18359     0.00000
dobutamin *propanolol    beh          45.14933     1.00000     0.00000
dobutamin *propanolol    zeit         26.23191     3.04484     0.00000
dobutamin *propanolol    beh*zeit     40.45454     3.04484     0.00000
fenoterol *placebo       beh          15.35466     1.00000     0.00009
fenoterol *placebo       zeit         28.74496     2.76224     0.00000
fenoterol *placebo       beh*zeit     10.62155     2.76224     0.00000
fenoterol *propanolol    beh         115.06906     1.00000     0.00000
fenoterol *propanolol    zeit         18.47065     2.79665     0.00000
fenoterol *propanolol    beh*zeit     26.09430     2.79665     0.00000
placebo   *propanolol    beh          14.10805     1.00000     0.00017
placebo   *propanolol    zeit         21.19481     3.48822     0.00000
placebo   *propanolol    beh*zeit      5.29672     3.48822     0.00060
```

14.10 Stammzell-Konzentrat-Studie

14.10.1 Männer (alle Patienten)

```
                 F1_LD_F1 --- subjects(A) x T
        A(=FACTOR), T(=TIME): fixed, subjects: random

                 SAS-datafile-name: sks2
                  Response variable: cfu

                 Class Level Information


                 CLASS               LEVELS
                 A       VORBEL           2
                 T       ZEIT             2

          Total number of observations        128

              Number of missing values          0

       RTE  = Relative Treatment Effects
       Nobs = Number of observations (do not count
       the repeated measurements within the cells)

  SOURCE                   Rank mean         Nobs          RTE

 vorbel       hoch          60.78676           68  0.4709903
 vorbel       niedrig       68.70833           60  0.5328776
 zeit         1             74.07255           64  0.5747855
 zeit         2             55.42255           64  0.4290824
 vorbel*zeit hoch    *1     73.41176           34  0.5696232
 vorbel*zeit hoch    *2     48.16176           34  0.3723575
 vorbel*zeit niedrig*1      74.73333           30  0.5799479
 vorbel*zeit niedrig*2      62.68333           30  0.4858073


Tests for Group Effect, Time Effect and Interaction (2x2-Design)

 Approximation for large sample sizes with normal-distribution
         Approximation for small sample sizes with t_DF

                 STATISTIC        P_VALUE           DF
                              N(0,1)        t_n            n

     A           -0.92218   0.35643   0.36002  61.73828
     T            8.34245   0.00000   0.00000  58.61071
     AT           2.95229   0.00315   0.00453  58.61071
```

14.10.2 Männer (hohe Vorbelastung)

```
                    LD_1F --- subjects x T
                     T: fixed, subjects: random

                      SAS-data-filename: sks1
                       response-variable: cfu

                      Class Level Information


                        CLASS         LEVELS
                        T    TIME          2

               Total number of observations  68
               Total number of subjects      34
               Number of missing values      0

          RTE  = relative treatment Effects
          Nobs = Number of observations (do not count
          the repeated measurements within the cells)

       Source        Time  Rank means        Nobs        RTE

     time               1    40.89706          34    0.59407
     time               2    28.10294          34    0.40593

-----------------------------------------------------------

                        p-values (two-sided)

                      Statistics      N(0,1)      t(n-1)

              H_0^F    -7.99460     0.00000     0.00000
              H_0^p    -6.94456     0.00000     0.00000
```

14.10.3 Frauen (alle Patientinnen)

```
                  F1_LD_F1 --- subjects(A) x T
          A(=FACTOR), T(=TIME): fixed, subjects: random

                    SAS-datafile-name: sks3
                     Response variable: cfu

                    Class Level Information


                    CLASS               LEVELS
                    A      VORBEL            2
                    T      ZEIT              2

             Total number of observations       104

                 Number of missing values         0

          RTE  = Relative Treatment Effects
          Nobs = Number of observations (do not count
          the repeated measurements within the cells)
```

SOURCE		Rank mean	Nobs	RTE
vorbel	hoch	32.84615	52	0.3110207
vorbel	niedrig	72.15385	52	0.6889793
zeit	1	62.34615	52	0.5946746
zeit	2	42.65385	52	0.4053254
vorbel*zeit	hoch *1	44.15385	26	0.4197485
vorbel*zeit	hoch *2	21.53846	26	0.2022929
vorbel*zeit	niedrig*1	80.53846	26	0.7696006
vorbel*zeit	niedrig*2	63.76923	26	0.608358

```
Tests for Group Effect, Time Effect and Interaction (2x2-Design)

 Approximation for large sample sizes with normal-distribution
        Approximation for small sample sizes with t_DF
```

	STATISTIC	P_VALUE N(0,1)	t_n	DF n
A	-7.72910	0.00000	0.00000	44.84991
T	7.24200	0.00000	0.00000	49.30167
AT	1.07498	0.28238	0.28761	49.30167

14.11 SO_4-Konzentration

```
                F1_LD_F1 --- subjects(A) x T
        A(=FACTOR), T(=TIME): fixed, subjects: random

                  SAS-datafile-name: so4
                  Response variable: so4

                  Class Level Information


                 CLASS               LEVELS
                 A         FLAECHE        3
                 T         SAISON         7

            Total number of observations       823

                Number of missing values         0

        RTE  = Relative Treatment Effects
        Nobs = Number of observations (do not count
        the repeated measurements within the cells)
```

SOURCE		Rank mean	Nobs	RTE
flaeche	D0	521.44529	70	0.6329833
flaeche	D1	340.78333	70	0.413467
flaeche	D2	353.37513	70	0.4287669
saison	89/90	491.91528	30	0.5971024
saison	90/91	452.53056	30	0.5492473
saison	91/92	431.21250	30	0.5233445
saison	92/93	413.82222	30	0.5022141
saison	93/94	440.78931	30	0.5349809
saison	94/95	302.33194	30	0.366746
saison	95/96	303.80694	30	0.3685382
flaeche*saison	D0*89/90	533.25000	10	0.6473269
flaeche*saison	D0*90/91	523.91667	10	0.6359862
flaeche*saison	D0*91/92	552.66250	10	0.6709143
flaeche*saison	D0*92/93	543.38750	10	0.6596446
flaeche*saison	D0*93/94	586.16702	10	0.7116246
flaeche*saison	D0*94/95	456.10833	10	0.5535946
flaeche*saison	D0*95/96	454.62500	10	0.5517922
flaeche*saison	D1*89/90	525.99167	10	0.6385075
flaeche*saison	D1*90/91	443.35000	10	0.5380923
flaeche*saison	D1*91/92	361.25000	10	0.4383354
flaeche*saison	D1*92/93	297.15417	10	0.3604546
flaeche*saison	D1*93/94	325.40833	10	0.3947853
flaeche*saison	D1*94/95	198.81250	10	0.2409629
flaeche*saison	D1*95/96	233.51667	10	0.2831308
flaeche*saison	D2*89/90	416.50417	10	0.5054729
flaeche*saison	D2*90/91	390.32500	10	0.4736634
flaeche*saison	D2*91/92	379.72500	10	0.4607837
flaeche*saison	D2*92/93	400.92500	10	0.4865431
flaeche*saison	D2*93/94	410.79256	10	0.4985329
flaeche*saison	D2*94/95	252.07500	10	0.3056804
flaeche*saison	D2*95/96	223.27917	10	0.2706916

Wald-type-statistic
Approximation for large sample sizes with Chi-Square_DF

	W	DF	P_VALUE
A	6.74284	2.00000	0.03434
T	95.45702	6.00000	0.00000
AT	65.35523	12.00000	0.00000

Anova-type-statistic
Box-Approximation for small sample sizes with Chi-square_DF

	B	DF	P_VALUE
A	2.59514	1.79053	0.08087
T	28.36624	2.48948	0.00000
AT	4.98805	4.32608	0.00034

Anova-type-statistic
modified Box-Approximation for the whole-plot factor A
for small sample sizes with F(DF1,DF2)

	B	DF1	DF2	P_VALUE
A	2.59514	1.79053	21.88056	0.10222

Tests for the simple >> saison << effect (T)
Wald-type (Chi-square_DF1, asymptotic)
ANOVA-Type (Chi-square_DF1/DF1, asymptotic)

Statistic	flaeche	T	DF1	P_VALUE
Wald	D0	67.88903	6.00000	0.00000
ANOVA	D0	19.87644	2.06315	0.00000
Wald	D1	49.28151	6.00000	0.00000
ANOVA	D1	57.18555	2.31397	0.00000
Wald	D2	453.03871	6.00000	0.00000
ANOVA	D2	28.96843	1.80625	0.00000

Pattern-Statistics (normal,t_DF) for the simple time effects
SAS-Datafile: pat

Approximation for large sample sizes with normal-distribution
Approximation for small sample sizes with t_DF

		T	DF	P_VALUE
D0	normal	2.06826	.	0.01931
D0	t	2.06826	9.00000	0.03428
D1	normal	5.60494	.	0.00000
D1	t	5.60494	9.00000	0.00017
D2	normal	3.14113	.	0.00084
D2	t	3.14113	9.00000	0.00595

Each row is one pattern

Levels	89/90	90/91	91/92	92/93	93/94	94/95	95/96
D0	7	6	5	4	3	2	1
D1	7	6	5	4	3	2	1
D2	7	6	5	4	3	2	1

Test for pairwise comparisons

PAIRS	TEST	T	DF	P_VALUE
D0*D1	flaeche	6.25914	1.00000	0.01236
D0*D1	saison	20.30451	2.79996	0.00000
D0*D1	flaeche*saison	9.21737	2.79996	0.00001
D0*D2	flaeche	2.93508	1.00000	0.08667
D0*D2	saison	15.58552	2.21038	0.00000
D0*D2	flaeche*saison	1.58682	2.21038	0.20188
D1*D2	flaeche	0.01826	1.00000	0.89252
D1*D2	saison	24.57620	2.22302	0.00000
D1*D2	flaeche*saison	4.29109	2.22302	0.01088

14.12 Kronenvitalität

14.12.1 Ohne Schichtung der Bäume

```
                 F1_LD_F1 --- subjects(A) x T
        A(=FACTOR), T(=TIME): fixed, subjects: random

                 SAS-datafile-name: kronen
                  Response variable: score

                  Class Level Information


                    CLASS          LEVELS
                    A    DACH           3
                    T    TIME           4

          Total number of observations       288

              Number of missing values         0

        RTE  = Relative Treatment Effects
        Nobs = Number of observations (do not count
        the repeated measurements within the cells)
```

SOURCE		Rank mean	Nobs	RTE
dach	0	117.75568	88	0.4071378
dach	1	162.21759	108	0.5615194
dach	2	149.28261	92	0.5166063
time	93	172.14929	72	0.5960045
time	94	137.84590	72	0.4768955
time	95	133.47555	72	0.4617207
time	96	128.87043	72	0.4457307
dach*time	0*93	135.22727	22	0.467803
dach*time	0*94	103.68182	22	0.3582702
dach*time	0*95	110.09091	22	0.380524
dach*time	0*96	122.02273	22	0.4219539
dach*time	1*93	197.98148	27	0.6856996
dach*time	1*94	168.20370	27	0.5823045
dach*time	1*95	150.44444	27	0.5206404
dach*time	1*96	132.24074	27	0.4574331
dach*time	2*93	183.23913	23	0.6345109
dach*time	2*94	141.65217	23	0.4901117
dach*time	2*95	139.89130	23	0.4839976
dach*time	2*96	132.34783	23	0.457805

Wald-type-statistic
Approximation for large sample sizes with Chi-Square_DF

	W	DF	P_VALUE
A	4.51004	2.00000	0.10487
T	58.06110	3.00000	0.00000
AT	14.81997	6.00000	0.02170

Anova-type-statistic
Box-Approximation for small sample sizes with Chi-square_DF

	B	DF	P_VALUE
A	2.35285	1.96815	0.09601
T	21.38914	2.72915	0.00000
AT	3.11363	5.34683	0.00677

Anova-type-statistic
modified Box-Approximation for the whole-plot factor A
for small sample sizes with F(DF1,DF2)

	B	DF1	DF2	P_VALUE
A	2.35285	1.96815	64.39790	0.10405

Tests for the simple >> time << effect (T)
Wald-type (Chi-square_DF1, asymptotic)
ANOVA-Type (Chi-square_DF1/DF1, asymptotic)

Statistic	dach	T	DF1	P_VALUE
Wald	0	10.13729	3.00000	0.01743
ANOVA	0	10.91577	2.72588	0.00000
Wald	1	42.58396	3.00000	0.00000
ANOVA	1	39.73635	2.46379	0.00000
Wald	2	25.64491	3.00000	0.00001
ANOVA	2	31.22302	2.67965	0.00000

Pattern-Statistics (normal,t_DF) for the simple time effects
SAS-Datafile: pat1

Approximation for large sample sizes with normal-distribution
Approximation for small sample sizes with t_DF

	T	DF	P_VALUE
0 normal	0.90681	.	0.18225
0 t	0.90681	21.00000	0.18740
1 normal	5.94467	.	0.00000
1 t	5.94467	26.00000	0.00000
2 normal	4.35144	.	0.00001
2 t	4.35144	22.00000	0.00013

Each row is one pattern

Levels	93	94	95	96
0	4	3	2	1
1	4	3	2	1
2	4	3	2	1

Test for pairwise comparisons

PAIRS	TEST	T	DF	P_VALUE
0*1	dach	4.45129	1.00000	0.03487
0*1	time	11.86840	2.66612	0.00000
0*1	dach*time	5.80584	2.66612	0.00100
0*2	dach	2.01285	1.00000	0.15597
0*2	time	10.71206	2.78981	0.00000
0*2	dach*time	2.29948	2.78981	0.07993
1*2	dach	0.42268	1.00000	0.51560
1*2	time	23.70655	2.65010	0.00000
1*2	dach*time	1.15008	2.65010	0.32471

Pattern-Test for pairwise dach * time interaction

Approximation for large sample sizes with normal-distribution
Approximation for small sample sizes with t_DF
SAS-Datafile: pat2, Pattern-variable: w

	T	P_VALUE_NV	DF	P_VALUE_T_DF
0*1	3.53208	0.00021	46.33820	0.00047
0*2	2.37736	0.00872	42.87266	0.01098
1*2	-1.19494	0.88394	47.79949	0.88100

LEVELS	93	94	95	96
PATTERN	1	2	3	4

14.12.2 Mit Schichtung der Bäume

```
F2_LD_F1 --- subjects(A x B) x T
A, B, T: fixed, subjects: random

SAS-datafile-name: schicht
Response variable: score

Class Level Information


CLASS              LEVELS
A       DACH            3
B       POS_NEG         2
T       TIME            3

Total number of observations      216
Total number of subjects           72
Number of missing values            0

RTE  - Relative Treatment Effects
Nobs - Number of observations (do not count
the repeated measurements within the cells)
```

SOURCE		Rank mean	Nobs	RTE
dach	0	104.20833	66	0.48013
dach	1	109.53627	81	0.50480
dach	2	102.72354	69	0.47326
pos_neg	0	60.93395	99	0.27979
pos_neg	1	150.04482	117	0.69234
time	94	109.46596	72	0.50447
time	95	104.99013	72	0.48375
time	96	102.01206	72	0.46996
dach*pos_neg	0*0	53.75000	42	0.24653
dach*pos_neg	0*1	154.66667	24	0.71373
dach*pos_neg	1*0	66.53333	30	0.30571
dach*pos_neg	1*1	152.53922	51	0.70389
dach*pos_neg	2*0	62.51852	27	0.28712
dach*pos_neg	2*1	142.92857	42	0.65939
dach*time	0*94	98.77679	22	0.45499
dach*time	0*95	102.37500	22	0.47164
dach*time	0*96	111.47321	22	0.51376
dach*time	1*94	124.36912	27	0.57347
dach*time	1*95	108.15294	27	0.49839
dach*time	1*96	96.08676	27	0.44253
dach*time	2*94	105.25198	23	0.48496
dach*time	2*95	104.44246	23	0.48122
dach*time	2*96	98.47619	23	0.45359
pos_neg*time	0*94	63.56323	33	0.29196
pos_neg*time	0*95	58.95926	33	0.27064
pos_neg*time	0*96	60.27937	33	0.27676
pos_neg*time	1*94	155.36870	39	0.71698
pos_neg*time	1*95	151.02101	39	0.69686
pos_neg*time	1*96	143.74475	39	0.66317
dach*pos_neg*time	0*0*94	42.42857	14	0.19411
dach*pos_neg*time	0*0*95	52.50000	14	0.24074
dach*pos_neg*time	0*0*96	66.32143	14	0.30473
dach*pos_neg*time	0*1*94	155.12500	8	0.71586
dach*pos_neg*time	0*1*95	152.25000	8	0.70255
dach*pos_neg*time	0*1*96	156.62500	8	0.72280
dach*pos_neg*time	1*0*94	84.15000	10	0.38727
dach*pos_neg*time	1*0*95	60.10000	10	0.27593
dach*pos_neg*time	1*0*96	55.35000	10	0.25394
dach*pos_neg*time	1*1*94	164.58824	17	0.75967

```
dach*pos_neg*time 1*1*95   156.20588        17    0.72086
dach*pos_neg*time 1*1*96   136.82353        17    0.63113
dach*pos_neg*time 2*0*94    64.11111         9    0.29450
dach*pos_neg*time 2*0*95    64.27778         9    0.29527
dach*pos_neg*time 2*0*96    59.16667         9    0.27160
dach*pos_neg*time 2*1*94   146.39286        14    0.67543
dach*pos_neg*time 2*1*95   144.60714        14    0.66716
dach*pos_neg*time 2*1*96   137.78571        14    0.63558
```

```
                   Wald-type-statistic
    Approximation for large sample sizes with Chi^2_DF

                  QF          DF     p-value

         A      0.53653    2.00000   0.76470
         B    104.58341    1.00000   0.00000
         T      2.20678    2.00000   0.33175
         AB     0.96365    2.00000   0.61766
         AT    10.10462    4.00000   0.03870
         BT     0.96335    2.00000   0.61775
         ABT    2.47517    4.00000   0.64909

                   ANOVA-Type-statistic
  Box-Approximation for small sample size with Chi^2_(df)
              -estimated degree of freedom

                  QF          DF     p-value

         A      0.22538    1.87509   0.78403
         B    104.58341    1.00000   0.00000
         T      1.33064    1.83719   0.26370
         AB     0.49328    1.87509   0.59854
         AT     3.39802    3.56426   0.01168
         BT     0.56526    1.83719   0.55380
         ABT    0.53074    3.56426   0.69233

                   Anova-type-statistic
modified Box-Approximation for the whole-plot factors A and B
            for small sample size with F(df1,df2)
              -estimated degrees of freedom

              QF          DF1         DF2     p-value

     A      0.22538    1.87509   35.24198    0.78542
     B    104.58341    1.00000   35.24198    0.00000
     AB     0.49328    1.87509   35.24198    0.60284
```

14.13 Kortisol-Konzentration im Plasma

```
                 LD_F2 --- subjects x T x C
               T, C: fixed, subjects: random

                SAS-datafile-name:   horm2
                 Response variable:   auc

                 Class Level Information


                   CLASS          LEVELS
                   T    LAUF          2
                   C    GABE          2

         Total number of observations          48
         Total number of subjects              12
          Number of missing values              0

        RTE  - Relative Treatment Effects
        Nobs - Number of Observations (do not count
        the repeated measurements within the cells)

      SOURCE              Rank mean        Nobs          RTE

     lauf       1           22.62500          24      0.46094
     lauf       2           26.37500          24      0.53906
     gabe       Pbo         21.25000          24      0.43229
     gabe       mCPP        27.75000          24      0.56771
     lauf*gabe  1*Pbo       18.50000          12      0.37500
     lauf*gabe  1*mCPP      26.75000          12      0.54688
     lauf*gabe  2*Pbo       24.00000          12      0.48958
     lauf*gabe  2*mCPP      28.75000          12      0.58854

                   Wald-type-statistic
     Approximation for large sample sizes with Chi^2_DF

                          QF          DF     p-value

             T       6.11111     1.00000     0.01343
             C      10.49294     1.00000     0.00120
             TC      0.57361     1.00000     0.44883

                   ANOVA-type-statistic
   Box-Approximation for small sample size with Chi^2_df
                -estimated degree of freedom

                         QF           DF     p-value

             T      6.11111     1.00000     0.01345
             C     10.49294     1.00000     0.00120
             TC     0.57361     1.00000     0.44885
```

Symbolverzeichnis und Abkürzungen

Allgemeine Symbole

$X_{i\cdot}$	der · im Index bezeichnet die Summation über alle Stufen des zweiten Index.
$\overline{X}_{i\cdot}$	arithmetischer Mittelwert über alle Stufen des zweiten Index.
$\sim$	verteilt nach, verteilt wie
$\dot{\sim}$	approximativ verteilt nach
$\doteq$	asymptotisch äquivalent, siehe Satz 5.2, S. 63 mit der folgenden Anmerkung.
$\oplus$	Kronecker-Summe, siehe Abschnitt 4.4
$\otimes$	Kronecker-Produkt, siehe Abschnitt 8.3.1
$'$	Das Symbol $'$ bezeichnet einen transponierten Vektor oder eine transponierte Matrix.
$\widehat{\ }$	Das Dach über einem Buchstaben bedeutet einen Schätzwert für die betreffende Größe. *Anmerkung*: bei einer Verteilungsfunktion bezeichnet $\widehat{F}(x)$ die empirische Verteilungsfunktion.
$Cov(\boldsymbol{X})$	Kovarianzmatrix des Zufallsvektors $\boldsymbol{X}$
$E(X)$	Erwartungswert von X
H_0^F	nichtparametrische Hypothese bezüglich der Verteilungsfunktionen, s. (3.12) auf S. 38
H_0^p	nichtparametrische Hypothese bezüglich der relativen Marginaleffekte, s. (3.13) auf S. 39
H_0^μ	parametrische Hypothese bezüglich der Parameter $\mu_1, \ldots, \mu_a$, s. Proposition 3.2 auf S. 39
$\log(x)$	natürlicher Logarithmus von x
$\max(\cdot)$	Maximum von $(\cdot)$
$\min(\cdot)$	Minimum von $(\cdot)$
μ	konstanter Parameter, z.B. Erwartungswert
p_i	relativer Behandlungseffekt (für summarische Effekte), s. Abschnitt 3.1.1, S. 32
p_{is}	relativer Marginaleffekt (für das nichtparametrische Marginalmodell), s. Abschnitt 3.1.2, S. 34
σ^2	Varianz
$Var(X)$	Varianz von X

Vektoren und Matrizen

$\boldsymbol{C}$	(allgemeine) Kontrastmatrix, s. (3.10) auf S. 36
$\boldsymbol{C}_A$	Kontrastmatrix für den Faktor A in einer mehrfaktoriellen Versuchsanlage; s. Abschnitt 8.3.1 (Versuchsanlagen für mehrere Gruppen) und Abschnitt 10.2 (mehrfaktorielle Versuchsanlagen)
$diag\{\cdots\}$	Diagonalmatrix der Elemente innerhalb der Klammern
$\mathbf{1}_a$	a-dimensionaler Einservektor $(1,\ldots,1)'$, als Spaltenvektor zu verstehen, s. Abschnitt 3.2.1
$\mathbf{1}'_a$	a-dimensionaler Einservektor $(1,\ldots,1)$, als Zeilenvektor zu verstehen, s. Abschnitt 3.2.1
$\boldsymbol{I}_a$	a-dimensionale Einheitsmatrix, s. Abschnitt 3.2.1
$\boldsymbol{J}_a$	$a \times a$-dimensionale Einsermatrix, $\boldsymbol{J}_a = \mathbf{1}_a\mathbf{1}'_a$, s. Formel (3.11) in Abschnitt 3.2.1
$r(\boldsymbol{M})$	Rang einer beliebigen Matrix $\boldsymbol{M}$
$\boldsymbol{M}^-$	Verallgemeinerte Inverse einer beliebigen Matrix $\boldsymbol{M}$.
$\boldsymbol{\mu}_d$	Spaltenvektor von Konstanten $\mu_1,\ldots,\mu_d$ mit einer Spalte und d Zeilen.
$\boldsymbol{\mu}'_d$	Zeilenvektor von Konstanten $\mu_1,\ldots,\mu_d$ mit einer Zeile und d Spalten.
$\boldsymbol{P}_a$	$a \times a$ zentrierende Matrix, $\boldsymbol{P}_a = \boldsymbol{I}_a - \frac{1}{a}\boldsymbol{J}_a$, s. Formel (3.11) in Abschnitt 3.2.1
$\boldsymbol{p}$	Vektor der relativen Marginaleffekte, die Dimension hängt von der speziellen Versuchsanlage ab.
$\lvert\boldsymbol{S}\rvert$	Determinante einer quadratischen Matrix $\boldsymbol{S}$. *Anmerkung:* Falls $\boldsymbol{S}$ eine 1×1 Matrix (Skalar) ist, dann bezeichnet $\lvert\boldsymbol{S}\rvert$ den Absolutbetrag.
$\boldsymbol{S}^{-1}$	Inverse einer (nicht-singulären) quadratischen Matrix $\boldsymbol{S}$.
$\boldsymbol{w}$	Vektor der Gewichte $w_1,\ldots,w_a$ für das Muster bei gemusterten Alternativen, s. Abschnitt 5.5 auf S. 61
$L_n(\boldsymbol{w})$	Statistik für gemusterte Alternativen, zu verstehen als Linearform in $\boldsymbol{w} = (w_1,\ldots,w_a)'$, s. Abschnitt 5.5 auf S. 61
$\mathrm{tr}(\boldsymbol{M})$	Spur einer quadratischen Matrix $\boldsymbol{M}$.

Verteilungen, Funktionen und Zufallsvariable

$c(x)$	Normalisierte Version der Zählfunktion (siehe Definition 4.1 auf Seite 41)
$c^-(x)$	Links-stetige Version der Zählfunktion (siehe Definition 4.1 auf Seite 41)
$c^+(x)$	Rechts-stetige Version der Zählfunktion (siehe Definition 4.1 auf Seite 41)
χ^2_f	zentrale Chi-quadrat-Verteilung mit f Freiheitsgraden
$\chi^2_{f;1-\alpha}$	unteres $(1-\alpha)$-Quantil von χ^2_f
χ^2_f/f	Verteilung der Zufallsvariable Z/f, wobei $Z \sim \chi^2_f$ ist; d.h. $\chi^2_f/f = F(f,\infty)$
$F(f_1, f_2)$	zentrale F-Verteilung mit f_1 und f_2 Freiheitsgraden
$F(f,\infty)$	siehe: χ^2_f/f
$F_{1-\alpha}(f_1, f_2)$	unteres $(1-\alpha)$-Quantil von $F(f_1, f_2)$
$F^+(x)$	rechts-stetige Verteilungsfunktion, s. Definition 2.1, S. 24
$F^-(x)$	links-stetige Verteilungsfunktion, s. Definition 2.1, S. 24
$F(x)$	normalisierte Verteilungsfunktion, s. Definition 2.1, S. 24
$H(x)$	gewichtetes Mittel aller Verteilungsfunktionen der Versuchsanlage
$N(\mu, \sigma^2)$	univariate Normalverteilung mit Erwartungswert μ und Varianz σ^2
$N(0,1)$	Standardnormalverteilung
$N(\boldsymbol{\mu}, \boldsymbol{S})$	multivariate Normalverteilung mit Erwartungswertvektor $\boldsymbol{\mu}$ und Kovarianzmatrix $\boldsymbol{S}$
R_{ks}	Mittel-Rang von X_{ks} unter allen Beobachtungen - kurz *Rang von* X_{ks} genannt, s. Abschnitt 4.2 auf S. 43ff
$R^{(s)}_{ks}$	Mittel-Rang von X_{ks} unter allen Beobachtungen zum Zeitpunkt s, s. Abschnitt 7.1.3 und Schema 7.3 auf S. 76
t_f	zentrale t-Verteilung mit f Freiheitsgraden
$t_{f;1-\alpha}$	unteres $(1-\alpha)$-Quantil von t_f
W^+_n	WILCOXON-Vorzeichen-Statistik, s. Formel (7.4) auf S. 74

Abkürzungen

ANOVA	Analysis of Variance, Varianzanalyse
Fx-LD-Fx	allgemeine Versuchsanlage mit longitudinalen Daten, spezielle Modelle: s. S. 26 - 29; Eklärung der Notation: nach Definition 2.2 auf S. 25
F1-LD-F1	Versuchsanlage mit longitudinalen Daten für mehrere Gruppen, Modell 2.3 auf S. 27 und Schema 2.3 auf S. 28
F1-LD-F2	Versuchsanlage mit longitudinalen Daten für mehrere Gruppen und strukturierter Zeit (zwei sub-plot Faktoren); Modell 2.5 auf S. 29
F2-LD-F1	Versuchsanlage mit longitudinalen Daten für mehrere Gruppen mit zwei whole-plot Faktoren (Strukturierung der Gruppen), Modell 2.4 auf S. 28 und Schema 2.4 auf S. 28
LD-F1	Versuchsanlage mit longitudinalen Daten für eine homogene Gruppe von Individuen, Modell 2.1 auf S. 26 und Schema 2.1 auf S. 26
LD-F2	Versuchsanlage mit longitudinalen Daten für eine homogene Gruppe von Individuen und strukturierter Zeit (zwei sub-plot Faktoren); Modell 2.2 auf S. 26 und Schema 2.2 auf S. 27
LOCF	Abkürzung für 'last observation carried forward' bei fehlenden Werten; s. Abschnitt 7.2.4 und die Auswertung der Panik-Score Studie II in Tabelle 8.5 auf S. 126

Literatur

AGRESTI, A. (1984). *Analysis of Ordinal Categorical Data.* Wiley, New York.

AGRESTI, A. (1989). A Survey of Models for Repeated Ordered Categorical Data. *Statistics in Medicine* **8**, 1209–1224.

AKRITAS, M. G. (1990). The rank transform method in some two-factor designs. *Journal of the American Statistical Association* **85**, 73–78.

AKRITAS, M. G. und ARNOLD, S. F. (1994). Fully nonparametric hypotheses for factorial designs I: Multivariate repeated measures designs. *Journal of the American Statistical Association* **89**, 336–343.

AKRITAS, M. G., ARNOLD, S. F. und BRUNNER, E. (1997). Nonparametric hypotheses and rank statistics for unbalanced factorial designs. *Journal of the American Statistical Association* **92**, 258–265.

AKRITAS, M. G. und BRUNNER, E. (1996). Rank tests for patterned alternatives in factorial designs with interactions. *Festschrift on the Occasion of the* 65th *birthday of Madan L. Puri*, VSP-International Science Publishers, Utrecht, The Netherlands, 277–288.

AKRITAS, M. G. und BRUNNER, E. (1997*a*). A unified approach to ranks tests in mixed models. *Journal of Statistical Planning and Inference* **61**, 249–277.

AKRITAS, M. G. und BRUNNER, E.(1997*b*). Nonparametric Methods for Factorial Designs with Censored Data. *Journal of the American Statistical Association* **92**, 568–576.

ARCHAMBAULT, W.A.T., JR., MACK, G.A. und WOLFE, D.A. (1977). K-Sample Rank Tests using Pair-Specific Scoring Functions. *Canadian Journal of Statistics* **5**, 195–207.

ARNOLD, S. F. (1981). *The Theory of Linear Models and Multivariate Analysis.* Wiley, New York.

BANDELOW, B. (1995). Assessing the efficacy of treatments for panic disorder and agoraphobia. II. The Panic and Agoraphobia Scale. *Intern. Clin. Psychopharmacol.*, **10**, 73–82.

BANDELOW, B. (1997). *Panik– und Agoraphobieskala (PAS).* Hogrefe, Göttingen.

BASILEVSKY, A. (1983). *Applied Matrix Algebra in the Statistical Sciences.* North-Holland, Amsterdam.

BOX, G. E. P. (1954). Some theorems on quadratic forms applied in the study of analysis of variance problems, I. Effect of inequality of variance in the one-way classification. *The Annals of Mathematical Statistics* **25**, 290–302.

BRUNNER, E. und DENKER, M. (1994). Rank statistics under dependent observations and applications to factorial designs. *Journal of Statistical Planning and Inference* **42**, 353–378.

BRUNNER, E., DETTE, H. und MUNK, A.(1997). Box-Type Approximations in Nonparametric Factorial Designs. *Journal of the American Statistical Association* **92**, 1494–1502.

BRUNNER, E., MUNZEL, U. und PURI, M. L. (1996). Rank-Score Tests in Factorial Designs: Mixed Model. *preprint*.

BRUNNER, E. und NEUMANN, N. (1982). Rank Tests for Correlated Random Variables. *Biometrical Journal* **24**, 373–389.

BRUNNER, E. und PURI, M. L. (1996). Nonparametric methods in design and analysis of experiments. *Handbook of Statistics*, **13**, 631–703.

BRUNNER, E., PURI, M. L. und SUN, S. (1995). Nonparametric methods for stratified two-sample designs with application to multi clinic trials. *Journal of the American Statistical Association* **90**, 1004–1014.

BÜNING, H. und TRENKLER, G. (1994). *Nichtparametrische statistische Methoden*. Walter de Gruyter, Berlin, New York, zweite Auflage.

DAVIDIAN, M. und GILTINAN, D. M. (1995). *Nonlinear models for repeated measurement data*. Chapman & Hall.

DENKER, M. und RÖSLER, U. (1985). A moment estimate for rank statistics. *Journal of Statistical Planning and Inference* **12**, 269–284.

DIGGLE, P. J., LIANG, K.-Y. und ZEGER, S. L. (1994). *Analysis of longitudinal data*. Oxford Statistical Science Series No. 13, Oxford University Press, Oxford.

FLIGNER, M. A. und POLICELLO, G. E. II (1981). Robust Rank Procedures for the Behrens-Fisher Problem. *Journal of Statistical Association* **76**, 162–168.

GOVINDARAJULU, Z. (1975). Robustness of Mann-Whitney-Wilcoxon test to dependence in the variables. *Studia Scientiarum mathematicarum Hungarica* **10**, 39–45.

GRIZZLE, J. E. (1965). The Two-Period Change-Over Design and its Use in Clinical Trials. *Biometrics* **21**, 467–480.

GRIZZLE, J. E. (1974). Corrections: Grizzle, J. E. (1965). The Two-Period Change-Over Design and its Use in Clinical Trials. *Biometrics* **30**, 727.

HALLIN, M. und PURI, M. L. (1988). Optimal rank-based procedures for time series analysis: testing an ARMA model against other ARMA models. *Annals of Statistics*, **16**, 402–432.

HALLIN, M. und PURI, M. L. (1994). Aligned rank tests for linear models with autocorrelated error terms. *Journal of Multivariate Analysis*, **50**, 175–237.

HETTMANSPERGER, T. P. und NORTON, R. M. (1987). Tests for patterned alternatives in k-sample problems. *Journal of the American Statistical Association* **82**, 292–299.

HEWITT, E. und STROMBERG, K. (1969). *Real and Abstract Analysis*. Springer, Berlin, Heidelberg, New York, second edition.

HOLTBRÜGGE, W. und SCHUMACHER, M. (1991). A Comparison of Regression Models for the Analysis of Ordered Categorical Data. *Applied Statistics* **40**, 249–259.

HOLLANDER, M., PLEDGER, G. und LIN, P. E. (1974). Robustness of the Wilcoxon test to a certain dependency between samples. *Annals of Statistics* **2**, 177–181.

KOCH, G. G. (1970). The Use of Non-Parametric Methods in the Statistical Analysis of the Two-Period Change-Over Design. *Biometrics* **28**, 577–584.

KOCH, G. G., LANDIS, J. R., FREEMAN, J. L., FREEMAN, D. H. und LEHNEN, R. G. (1977). A General Methodology for the Analysis of Experiments with Repeated Measurement of Categorical Data. *Biometrics* **33**, 133–158.

KOCH, G. G. und REINFURT, D. W. (1971). The Analysis of Categorical Data from Mixed Models. *Biometrics* **27**, 157–173.

KRUSKAL, W. H. und WALLIS, W. A. (1952). The Use of Ranks in One-Criterion Variance Analysis. *Journal of the American Statistical Association* **47**, 583–621.

KSHIRSAGAR, A. M. und SMITH, W. B. (1995). *Growth curves*. Marcel Dekker.

LEHMACHER, W. (1987). *Verlaufskurven und Crossover*. In: Medizinische Informatik und Statistik, Bd. 67 (K. Überla, P.L. Reichertz und N. Victor, Hrsg.), Springer.

LIANG, K.-Y. und ZEGER, S. L. (1986). Longitudinal data analysis using generalized linear models. *Biometrika* **73**, 13-22.

LINDSEY, J. K. (1993). *Models for Repeated Measurements*. Oxford Statistical Science Series No. 10, Oxford University Press, Oxford.

LONGFORD, N. T. (1993). *Random Coefficient Models*. Oxford Statistical Science Series No. 11, Oxford University Press, Oxford.

LUMLEY, T. (1996). Generalized estimating equations for ordinal data: A note on working correlation structures. *Biometrics* **52**, 354–361.

MANN, H. B. und WHITNEY, D. R. (1947). On a test of whether one of two random variables is stochastically larger then the other. *The Annals of Mathematical Statistics* **18**, 50–60.

MATHAI, A. M. und PROVOST, S. B. (1992). *Quadratic Forms in Random Variables*. Marcel Dekker, New York.

MCCULLAGH, P. und NELDER, J. A. (1983). *Generalized Linear Models*. Chapman and Hall, London, New York.

MEHTA, C. R., PATEL, N. R. und SENCHAUDHURI, P. (1988). Importance Sampling for Estimating Exact Probabilities in Permutational Inference. *Journal of the American Statistical Association* **83**, 999–1005.

MÜLLER, H.-G. (1988). *Nonparametric regression analysis of longitudinal data*. Springer, Berlin.

MUNZEL, U. (1994). *Asymptotische Normalität linearer Rangstatistiken bei Bindungen unter Abhängigkeit*. Diplomarbeit am Insitut für Mathematische Stochastik der Universität Göttingen.

MUNZEL, U. (1996). *Multivariate nichtparametrische Verfahren für feste Effekte in mehrfaktoriellen Versuchsanlagen*. Dissertation am Insitut für Mathematische Stochastik der Universität Göttingen.

MUNZEL, U. (1998). Nonparametric methods for paired samples. *Statistica Neerlandica*, to appear.

OLSON, C. L. (1974). Comparative Robustness of Six Tests in Multivariate Analysis. *Journal of the American Statistical Association* **69**, 894–908.

RAO, C. R. und MITRA, S. K. (1971). *Generalized Inverse of matrices and its applications*. Wiley, New York.

RENCHER, A. C. (1995). *Methods of Multivariate Analysis*. Wiley, New York.

SCHMIDT, K. und TRENKLER, G. (1998). *Moderne Matrix-Algebra*. Springer, Berlin.

SEARLE, S. R. (1966). *Matrix Algebra for the Biological Sciences.* Wiley, New York.

SENN, S. (1993). *Cross-over Trials in Clinical Research.* Wiley, New York.

STREITBERG, B. und ROEHMEL, J. (1986). Exact distribution for permutation and rank tests: An introduction to some recently published algorithms. *Statitical Software Newsletter* **12**, 10–17.

THOMPSON, G. L. (1990). Asymptotic Distribution of Rank Statistics Under Dependencies with Multivariate Applications. *Journal of Multivariate Analysis* **33**, 183–211.

THOMPSON, G. L. (1991). A Unified Approach to Rank Tests for Multivariate and Repeated Measures Designs. *Journal of the American Statistical Association* **33**, 410–419.

ZEGER, S. L. und LIANG, K.-Y. (1986). Longitudinal data analysis for discrete and continuous outcomes. *Biometrics* **42**, 121-130.

ZEGER, S. L. und LIANG, K.-Y. (1992). An Overview of Methods for the Analysis of Longitudinal Data. *Statistics in Medicine* **11**, 1825–1839.

ZIMMERMANN, H. (1985). Exact Calculation of Permutational Distributions for Two Independent Samples. *Biometrical Journal* **27**, 431–434.

Sachverzeichnis

www.ingramcontent.com/pod-product-compliance
Lightning Source LLC
LaVergne TN
LVHW060624300926
849162LV00008B/1707
* 9 7 8 3 4 8 6 2 4 9 1 5 6 *